代謝センシング

－健康，食，美容，薬，そして脳の代謝を知る－

Metabolic Sensing

－Learn the Metabolism in Health, Dieting, Beauty, Medicine and Brain－

監修：三林浩二

Supervisor : Kohji Mitsubayashi

シーエムシー出版

刊行にあたって

日本人の平均寿命（2017年）は女性が87.26歳，男性が81.09歳に達し，過去最高を更新している。また，介護を受けたり寝たきりになったりせず，日常生活を送れる“健康寿命”（2016年）についても女性74.79歳，男性72.14歳で，こちらも延伸している。そして少子化の影響もあり，総人口に占める65歳以上人口の割合（高齢化率）も27.3%に達しており，健康で活力のある生活が期待されている。このような背景のなか，日本のみならず世界的にも健康への意識は高く，“食生活の改善”，“スポーツの推奨”，“人間ドック等の健康管理”などが注目され，健康にかかわる「代謝」が話題となり，科学的な見地での代謝の理解が求められている。

身体には常に状態を保つ生体恒常性があり，多くの体内成分は安定に保たれており，全てが大きく変動しているわけでない。しかし，“食でのエネルギー代謝”でわかるように，代謝に関連する体の状態は常に変化し，またそこに関わる体内成分・濃度や生体情報は時間的に変動している。つまり代謝を理解するには，時間そして体内の空間（臓器）に視点をおいて変化を理解・評価すること，つまり「代謝センシング」が重要である。

例えば，我々のエネルギー代謝の多くは「糖代謝」であるが，空腹時や有酸素運動で体内の血糖値が低下すると，蓄えていた脂肪よりエネルギーを取り出す「脂肪代謝」が機能する。この両者の代謝活動は食生活や運動，そして食後の経過時間などで常に変動している。また糖尿病患者では，血糖値を制御するホルモンの一つであるインシュリンの作用が十分でなく，脂肪代謝が優勢的に働く。現在は，脂肪代謝にて生成される呼気成分を高感度かつ連続的に計測可能なセンサが開発されたことから，非観血に代謝の状態をセンシングできるようになりつつある。その他，“食”での栄養成分やアミノ酸，そして食生活のリズムがエネルギー代謝に関連する。また飲酒での「アルコール代謝」は，アルコール脱水素酵素などの肝臓の代謝酵素やその機能，そして個人の常習性などにより変わってくる。もちろん先天的な代謝異常等のように疾病に基づくものや，加齢に伴い代謝が変化し発病する病気もある。代謝を診断・評価する技術や機器も発達しており，メタボ検診に始まり，内臓脂肪，動脈硬化などの医療検査のほか，ウェアラブルデバイスを利用した代謝の常時モニタリングも進められている。評価すべき対象も，身体での血液・タンパク質・核酸・生体ガスなどから，脳・骨・細胞さらには細胞内器官へと広がりをみせている。このように「代謝センシング」は疾病，加齢，食，スポーツ，そして生理学研究など幅広い領域で重要となっている。

本書では，代謝のメカニズムを理解すると共に，そのセンシング及び評価技術にも焦点をおきながら，第Ⅰ編では健康・美容・スポーツの効果を維持するための代謝評価について，第Ⅱ編では食生活に関連する代謝と健康に関して，第Ⅲ編では疾病診断・バイオ計測・薬物代謝評価・脳イメージング研究について，各分野にて活躍されている第一線の研究者に最新の研究と世界の動向を概説していただいている。本書が当該の学術領域および関連産業の発展の一助になることを願うものである。

2018年9月

東京医科歯科大学　生体材料工学研究所

三林浩二

執筆者一覧（執筆順）

三林浩二	東京医科歯科大学　生体材料工学研究所　医療デバイス研究部門 センサ医工学分野　教授
大野　智	島根大学　医学部附属病院　臨床研究センター　教授
朽木　勤	兵庫大学　健康科学部　健康システム学科　教授；健康科学部長
佐藤哲也	京都女子大学　大学院家政学研究科
宮脇尚志	京都女子大学　大学院家政学研究科　教授
荒川貴博	東京医科歯科大学　生体材料工学研究所　医療デバイス研究部門 センサ医工学分野　講師
當麻浩司	東京医科歯科大学　生体材料工学研究所　医療デバイス研究部門 センサ医工学分野　助教
北村忠弘	群馬大学　生体調節研究所　代謝シグナル解析分野　教授
西澤美幸	㈱タニタ　企画開発部　主席研究員
池田義雄	㈱タニタ　コア技術研究所　名誉所長
斎藤一郎	鶴見大学　歯学部　病理学講座　教授
宮本浩二	TDK㈱　新事業推進センター　IoT システムズビジネスユニット ユニット長
橋本和則	TDK㈱　新事業推進センター　IoT システムズビジネスユニット ソフトウェア開発グループ　部長
笠岡　衛	TDK㈱　新事業推進センター　IoT システムズビジネスユニット ハードウェア開発グループ　課長
山田祐樹	㈱NTT ドコモ　先進技術研究所　研究主任

檜山　　聡　㈱NTT ドコモ　先進技術研究所　主幹研究員
三輪茉那美　愛知学院大学　心身科学部　健康栄養学科
大澤俊彦　愛知学院大学　心身科学部　健康栄養学科　客員教授
北風智也　神戸大学大学院　科学技術イノベーション研究科　学術研究員
原田直樹　大阪府立大学大学院　生命環境科学研究科　応用生命科学専攻　講師
山地亮一　大阪府立大学大学院　生命環境科学研究科　応用生命科学専攻　教授
山岡一平　㈱大塚製薬工場　メディカルフーズ研究所　主任研究員
大嶋俊二　アサヒグループホールディングス㈱　コアテクノロジー研究所
主幹研究員
小田裕昭　名古屋大学　大学院生命農学研究科　栄養生化学　准教授
田中茂穂　(国研)医薬基盤・健康・栄養研究所　国立健康・栄養研究所
栄養・代謝研究部　部長
五十嵐美樹　東京農工大学大学院　農学研究院　応用生命化学専攻　特任講師
須藤明日香　東京農工大学大学院　農学研究院　応用生命化学専攻
木村郁夫　東京農工大学大学院　農学研究院　応用生命化学専攻
テニュアトラック准教授
竹森　　洋　岐阜大学　工学部　化学・生命工学科　教授
熊谷彩子　関西大学　化学生命工学部　特任助教
牧村有紀美　岐阜大学　工学部　化学・生命工学科
森田(平田)洋子　岐阜大学　工学部　化学・生命工学科　教授
藤巻基紀　順天堂大学　大学院医学研究科　神経学

斉木臣二　順天堂大学　大学院医学研究科　神経学　准教授

服部信孝　順天堂大学　大学院医学研究科　神経学　教授

金子希代子　帝京大学　薬学部　医薬化学講座　臨床分析学研究室　教授

福内友子　帝京大学　薬学部　医薬化学講座　臨床分析学研究室　助教

山岡法子　帝京大学　薬学部　医薬化学講座　臨床分析学研究室　准教授

田所　功　岡山大学　大学院医歯薬学総合研究科　脳神経内科学　医員

山下　徹　岡山大学　大学院医歯薬学総合研究科　脳神経内科学　講師

阿部康二　岡山大学　大学院医歯薬学総合研究科　脳神経内科学　教授

松田哲也　玉川大学　脳科学研究所　教授

野田政樹　横浜市立みなと赤十字病院　院長

江面陽一　東京医科歯科大学　難治疾患研究所　准教授

重藤　元　(国研)産業技術総合研究所　健康工学研究部門　研究員

舟橋久景　広島大学大学院　先端物質科学研究科　准教授

岡橋伸幸　大阪大学　大学院情報科学研究科　バイオ情報工学専攻
バイオ情報計測学講座　助教

松田史生　大阪大学　大学院情報科学研究科　バイオ情報工学専攻
バイオ情報計測学講座　教授

清水　浩　大阪大学　大学院情報科学研究科　バイオ情報工学専攻
代謝情報工学講座　教授

中川　崇　富山大学　大学院医学薬学研究部(医学)　病態代謝解析学講座
准教授

目　　次

【第Ⅰ編　健康・美容・スポーツの効果を維持するための代謝評価】

第1章　特定健康診査・特定保健指導（メタボ健診）について

大野　智

第2章　代謝機能測定項目（安静時代謝，内臓脂肪厚，動脈硬化度）

朽木　勤

第3章　生体インピーダンス法を用いた新しい内臓脂肪測定法

佐藤哲也，宮脇尚志

第4章 生体ガス—糖尿病における呼気アセトン＆イソプロパノールガス濃度—

荒川貴博，當麻浩司，三林浩二

第5章 インスリン／グルカゴン シグナリング **北村忠弘**

第6章 体組成・代謝評価の測定をダイエットに生かす

西澤美幸，池田義雄

第7章 老化研究と抗加齢医学 **斎藤一郎**

第8章　医療・ヘルスケアの様々な用途に対応したウェアラブルセンサ Silmee™ W20　宮本浩二，橋本和則，笠岡　衛

第9章　生体ガス計測におけるドコモの取り組み　山田祐樹，檜山　聡

【第Ⅱ編　食と代謝】

第10章　代謝・栄養　三輪茉那美，大澤俊彦

第11章　カロテンとその代謝物による骨格筋へのヘルスベネフィット　北風智也，原田直樹，山地亮一

第12章 体温によるアミノ酸代謝のセンシング 山岡一平

第13章 呼気におけるアルコール代謝のセンシング

當麻浩司，荒川貴博，三林浩二

第14章 日常的な飲酒時のアルコール代謝動態 ～食の影響を中心に～ 大嶋俊二

第15章 時間栄養学 小田裕昭

第 16 章　総エネルギー消費量の推定法　田中茂穂

【第Ⅲ編 代謝機能を利用したバイオ計測・疾病診断・薬物代謝評価・脳イメージング研究】

第 17 章　腸内細菌叢由来代謝物質とエネルギー代謝

五十嵐美樹，須藤明日香，木村郁夫

第 18 章　ミトコンドリア機能評価

竹森　洋，熊谷彩子，牧村有紀美，森田(平田)洋子

第19章　パーキンソン病におけるカフェイン代謝変化と診断への意義　藤巻基紀，斉木臣二，服部信孝

第20章　核酸代謝学―機器分析を用いたプリン代謝研究―　金子希代子，福内友子，山岡法子

第21章　脳循環代謝　田所　功，山下　徹，阿部康二

第22章　MRIによる脳イメージング　松田哲也

第23章　骨粗鬆症と代謝センシング　野田政樹，江面陽一

第24章　インスリンが関わる生細胞応答のセンシング

重藤　元，舟橋久景

第25章　動物培養細胞の ^{13}C代謝フラックス解析

岡橋伸幸，松田史生，清水　浩

第26章　NAD代謝による老化制御機構　**中川　崇**

第 27 章　代謝・疾病に基づく生体ガス成分の高感度バイオセンシング

魚臭症候群：トリメチルアミン，口臭：メチルメルカプタン，加齢：ノネナール

三林浩二，當麻浩司，荒川貴博

第Ⅰ編

健康・美容・スポーツの効果を
維持するための代謝評価

第1章　特定健康診査・特定保健指導（メタボ健診）について

大野　智*

1 「メタボ健診」とは？

メタボリックシンドロームとは，内臓脂肪型肥満（内臓脂肪蓄積）に高血圧・高血糖・脂質代謝異常が組み合わさり，心臓病や脳卒中などの動脈硬化性疾患をまねきやすい病態である。また，内臓脂肪型肥満は動脈硬化を進行させる原因のひとつであることが明らかとなってきているほか，高血圧・高血糖・脂質代謝異常などを引き起こす原因ともなる。しかも，これらが重複すると，またその数が多くなるほど，さらに動脈硬化が進行するリスクが高まるという考え方がある。

日本では平成20年（2008年）から，この考え方を取り入れ「特定健康診査・特定保健指導」通称，『メタボ健診』が始まった。この特定健康診査・特定保健指導は，メタボリックシンドロームの予防・改善を目的に，健診受診者が生活習慣と疾病発症との関連について理解を深め，生活習慣の改善に向けての動機づけを与えることを目指している。また，40歳～74歳のすべての国民に対して年1回の健診を行い，その結果を踏まえて保健指導を行うことを健康保険組合などの医療保険者に義務づけている。

2 メタボ健診の実際

特定健康診査では，通常の健診における項目にウエスト周囲径の測定がとり入れられた（表1）。特定健康診査の結果により健康の保持に努める必要がある者の基準は以下の通りである。

《腹囲》

男性85cm以上，女性90cm以上

腹囲が男性85cm未満・女性90cm未満でBMIが25kg/m^{2}以上

《追加リスク》

血糖：空腹時血糖100mg/dl以上，HbA1c（NGSP値）5.6%以上又は随時血糖100mg/dl以上

脂質：中性脂肪150mg/dl以上又はHDLコレステロール40mg/dl未満

血圧：収縮期130mmHg以上，拡張期85mmHg以上

（※糖尿病，高血圧症，脂質異常症の治療に係る薬剤を服用している者は除く）

そして，表2に示す通り，追加リスクの多少と喫煙歴の有無により，動機付け支援と積極的支援

* Satoshi Ohno　島根大学　医学部附属病院　臨床研究センター　教授

表1　特定健康診査の項目

■基本的な項目
◯質問票（服薬歴，喫煙歴等）◯身体測定（身長，体重，BMI，腹囲）
◯血圧測定　◯理学的検査（身体診察）◯検尿（尿糖，尿蛋白）
◯血液検査
・脂質検査（中性脂肪，HDL コレステロール，LDL コレステロール）※1
・血糖検査（空腹時血糖または HbA1c）※2
・肝機能検査（GOT，GPT，γ-GTP）
■詳細な健診の項目（※一定の基準の下，医師が必要と認めた場合に実施）
◯心電図　◯眼底検査　◯貧血検査（赤血球，血色素量，ヘマトクリット値）

※1：中性脂肪が 400 mg/dl 以上又は食後採血の場合，LDL コレステロールに代えて，Non-HDL コレステロールの測定でも可

※2：やむを得ず空腹時以外に採血を行い，HbA1c を測定しない場合は，食直後（食事開始時から 3.5 時間未満）を除き随時血糖による血糖検査を行うことを可とする

表2　特定保健指導の対象者（階層化）

<table>
<tr><th rowspan="2">腹囲</th><th>追加リスク</th><th rowspan="2">④喫煙歴</th><th colspan="2">対象</th></tr>
<tr><th>①血糖　②脂質　③血圧</th><th>40～64 歳</th><th>65～74 歳</th></tr>
<tr><td rowspan="3">85 cm 以上（男性）
90 cm 以上（女性）</td><td>2 つ以上該当</td><td>／</td><td rowspan="2">積極的支援</td><td rowspan="3">動機付け支援</td></tr>
<tr><td rowspan="2">1 つ該当</td><td>あり</td></tr>
<tr><td>なし</td><td></td></tr>
<tr><td rowspan="4">上記以外で
BMI が 25 以上</td><td>3 つ該当</td><td>／</td><td rowspan="2">積極的支援</td><td rowspan="4">動機付け支援</td></tr>
<tr><td rowspan="2">2 つ該当</td><td>あり</td></tr>
<tr><td>なし</td><td></td></tr>
<tr><td>1 つ該当</td><td>／</td><td></td></tr>
</table>

（注）喫煙歴の斜線欄は，階層化の判定が喫煙歴の有無に関係ないことを意味する

の階層化が行われる。動機づけ支援では，生活習慣と健診結果の関係の理解や生活習慣の振り返り，食事・運動などの生活習慣の改善に必要な実践的な指導をおこなう（原則 1 回の指導）。積極的支援では，動機づけ支援に加えて，定期的・継続的な支援を行うことで，行動目標達成に向けた取り組みをおこなう（3ヶ月から 6ヶ月の継続的な指導）。

3　メタボ健診の実施状況

厚生労働省が公表している資料[1)]によると，2015（平成 27）年度に特定健康診査の実施率が初めて 50％を超えた。制度開始から年度毎の推移を表 3 に示す。なお，国が目標とする特定健康診査・特定保健指導の実施率は，それぞれ 70％以上，45％以上としており依然として乖離があり，さらなる実施率の向上に向けた取り組みが必要と考える。

一方で，特定保健指導の対象者の割合は減少傾向にあり，そこから推計されるメタボリックシンドローム該当者および予備群も，2008（平成 20）年度と比較して 2016（平成 28 年度）で減少

表３　特定健康診査の実施率，特定保健指導の対象者割合・実施率

	特定健康診査 実施率	特定保健指導 対象者割合	特定保健指導 実施率
平成 28 年度（2016）	51.4%	17.0%	18.8%
平成 27 年度（2015）	50.1%	16.7%	17.5%
平成 26 年度（2014）	48.6%	16.8%	17.8%
平成 25 年度（2013）	47.6%	16.9%	17.7%
平成 24 年度（2012）	46.2%	17.7%	16.4%
平成 23 年度（2011）	44.7%	18.2%	15.0%
平成 22 年度（2010）	43.2%	18.3%	13.1%
平成 21 年度（2009）	41.3%	18.9%	12.3%
平成 20 年度（2008）	38.9%	19.9%	7.7%

表４　従来の保健指導と特定保健指導の比較

	従来の保健指導		特定保健指導
健診と保健指導の関係	健診に付加した保健指導	最新の科学的知識と課題抽出のための分析	メタボリックシンドロームに着目し生活習慣病予防のための保健指導を必要とする者を抽出する健診
特徴	保健指導を受けることを重視	→	保健指導の結果，成果を出せることを重視（利用者が生活習慣の改善に向けた目標を達成できる保健指導）
方法	一時点の健診結果のみに基づく，画一的な保健指導	生活習慣の改善を促す手法の導入	・健診結果だけでなく健診結果の経年変化や将来予測を踏まえた保健指導 ・一人一人のライフスタイルを踏まえた生活習慣の改善に向けた保健指導

率は 1.1％となっている。しかし，この減少率についても平成 20 年度比で 25％以上という目標値を掲げており，成果に関する目標も達成には程遠い現状がある。

4　特定保健指導の考え方

では，メタボ健診は制度上の設計ミスがあったのだろうか。従来の保健指導と特定保健指導とを比較した対照表を表４に示す。筆者個人の考えを述べると，本制度は従来の健診・保健指導と比べて非常に良くできたものになっているものの，人の行動を変容させることは想像以上に難しいことを示した結果であると捉える。つまり，人は正確な情報を提供されたからといって必ずしも合理的に判断できるわけではなく，この視点・考え方は，行動経済学の分野においても研究が進められてきている。

今後，メタボ健診の成果を向上させるため，つまり人に行動変容を促すためには，行動学，心理学，脳科学等の知見も踏まえ，多角的に取り組む必要があるのではないかと考える。

5　メタボ健診の質問票活用のすすめ

行動変容と一言で言っても，メタボリックシンドロームの予防のために何をどうすればよいのか直ぐには思いつかないかもしれない。ここで，厚生労働省が公開している特定健康診査における質問表（表5）に目を向けるとヒントが隠されている[2)]。喫煙歴，体重の増減，運動習慣，飲酒歴などメタボリックシンドロームに直結しそうな生活習慣のほか，歩行速度や睡眠時間，変わったところでは食事の食べる速度を尋ねる項目がある。なお，「食べる速度」に関して厚生労働省の資料には以下のような説明がある。

- 日本人を対象とした研究で食べる速さと肥満度（BMI）との間には関連がみられるという報告がある[3, 4)]。
- 食べる速度が速い者の割合は，やせ（BMI＜18.5 kg/m^2）及びふつう（18.5 kg/m^2≦BMI＜25.0 kg/m^2）の者に比べて，肥満者（BMI≧25.0 kg/m^2）で多いという調査結果がある[5)]。
- また，食べる速度が速い者は，遅い者と比べて，将来の糖尿病発症の危険が約2倍であるという研究がある[6)]。

さらに厚生労働省の資料には，早食いを改善するための工夫として「よく噛むことを意識する」，「会話しながら食事する」，「汁物で流し込むような食べ方をやめる」，「野菜を増やす」などの方法が紹介されている。行動変容を促す最初の一歩として役立つ情報が，この質問票に秘められているので，是非，目を向けてみていただきたい。

6　メタボ健診による医療費削減効果

特定健康診査・特定保健指導は，メタボリックシンドロームを切り口にした健康診断の受診率の向上と生活習慣と疾病との関連に関する啓発活動および行動変容が主な目的になっている。そして，関連する効果としてメタボリックシンドロームの罹患率の減少を目指しているものの，目標達成には程遠い現状があることは指摘したとおりである。

厚生労働省の第19回保険者による健診・保健指導等に関する検討会（平成28年4月13日）[7)]では，特定保健指導の対象者のうち，「指導（動機づけ支援・積極的支援）に参加した人」と「指導に参加しなかった人」の平成21〜25年度の5年間にわたる検査値の推移や病院への受診率，医療費などについて比較検討した結果を公表している。

その結果，積極的支援に参加した人は参加しなかった人と比べて，検査値において改善効果が継続していること，病院を受診した件数が少ないこと，医療費が少ないことが明らかとなった。もちろん，積極的支援に参加するような人は，健康に対する意識がもともと高いというセレクションバイアスの影響があることは否定できないが，メタボ健診による副次的効果として興味深い結果が示されたものと筆者個人は考える。

表５　標準的な質問票

	質問項目	回答
1-3	現在，ａからｃの薬の使用の有無*1)	
1	a.　血圧を下げる薬	①はい　②いいえ
2	b.　インスリン注射又は血糖を下げる薬	①はい　②いいえ
3	c.　コレステロール*2)を下げる薬	①はい　②いいえ
4	医師から，脳卒中（脳出血，脳梗塞等）にかかっているといわれたり，治療を受けたことがありますか。	①はい　②いいえ
5	医師から，心臓病（狭心症，心筋梗塞等）にかかっているといわれたり，治療を受けたことがありますか。	①はい　②いいえ
6	医師から，慢性の腎不全にかかっているといわれたり，治療（人工透析）を受けたことがありますか。	①はい　②いいえ
7	医師から，貧血といわれたことがある。	①はい　②いいえ
8	現在，たばこを習慣的に吸っている。 （※「現在，習慣的に喫煙している者」とは，「合計100本以上，又は6ヶ月以上吸っている者」であり，最近1ヶ月間も吸っている者）	①はい　②いいえ
9	20歳の時の体重から10kg以上増加している。	①はい　②いいえ
10	１回30分以上の軽く汗をかく運動を週２日以上，１年以上実施	①はい　②いいえ
11	日常生活において歩行又は同等の身体活動を１日１時間以上実施	①はい　②いいえ
12	ほぼ同じ年齢の同性と比較して歩く速度が速い。	①はい　②いいえ
13	この１年間で体重の増減が±3kg以上あった。	①はい　②いいえ
14	人と比較して食べる速度が速い。	①速い　②ふつう　③遅い
15	就寝前の２時間以内に夕食をとることが週に３回以上ある。	①はい　②いいえ
16	夕食後に間食（３食以外の夜食）をとることが週に３回以上ある。	①はい　②いいえ
17	朝食を抜くことが週に３回以上ある。	①はい　②いいえ
18	お酒（清酒，焼酎，ビール，洋酒など）を飲む頻度	①毎日　②時々　③ほとんど飲まない（飲めない）
19	飲酒日の１日当たりの飲酒量 清酒１合（180ml）の目安：ビール中瓶１本（約500ml），焼酎35度（80ml），ウイスキーダブル一杯（60ml），ワイン２杯（240ml）	①１合未満　②１～２合未満 ③２～３合未満　④３合以上
20	睡眠で休養が十分とれている。	①はい　②いいえ
21	運動や食生活等の生活習慣を改善してみようと思いますか。	①改善するつもりはない ②改善するつもりである（概ね６か月以内） ③近いうちに（概ね１か月以内）改善するつもりであり，少しずつ始めている ④既に改善に取り組んでいる（６か月未満） ⑤既に改善に取り組んでいる（６か月以上）
22	生活習慣の改善について保健指導を受ける機会があれば，利用しますか。	①はい　②いいえ

*1）医師の診断・治療のもとで服薬中の者を指す。　*2）中性脂肪も同様に取扱う。

7　今後の展望

現在，メタボ健診の最大の課題は，受診率の向上と支援による行動変容の促進である点は前述したとおりである。そして，本書の他項で取り上げられている最新の知見は，メタボ健診の改善策となる可能性を秘めている。本書がメタボ健診の目標達成の一助になることを願ってやまない。

文　　献

1) 厚生労働省：平成 27 年度　特定健康診査・特定保健指導の実施状況
(https://www.mhlw.go.jp/stf/seisakunitsuite/bunya/0000173202.html)
2) 厚生労働省：特定健康診査における標準的な質問票
(https://www.mhlw.go.jp/seisakunitsuite/bunya/kenkou_iryou/kenkou/seikatsu/dl/hoken-program2_02.pdf)
3) Sasaki S, *et al.* Self-reported rate of eating correlates with body mass index in 18-y-old Japanese women. *Int J Obes Relat Metab Disord.* **27**. 1405-10 (2003)
4) Otsuka R, *et al.* Eating fast leads to obesity: findings based on self-administered questionnaires among middle-aged Japanese men and women. *J Epidemiol.* **16**. 117-24 (2006)
5) 平成 21 年国民健康・栄養調査報告（全体版）. 39 頁
[http://www.mhlw.go.jp/bunya/kenkou/eiyou/h21-houkoku.html]
6) Sakurai M, *et al.* Self-reported speed of eating and 7-year risk of type 2 diabetes mellitus in middle-aged Japanese men. *Metabolism.* **61**. 1566-71 (2012)
7) 厚生労働省：第 19 回保険者による健診・保健指導等に関する検討会
(https://www.mhlw.go.jp/stf/shingi2/0000121287.html)

第2章　代謝機能測定項目
（安静時代謝，内臓脂肪厚，動脈硬化度）

朽木　勤*

1　代謝機能測定項目としての安静時代謝，内臓脂肪厚，動脈硬化度

1.1　メタボリックシンドロームの進行度評価

メタボリックシンドローム（Metabolic syndrome）は，WHO（1999）や日本内科8学会（2005）の定義からすると複合危険因子（multiple risk factors）を保有する状態をさし，その診断基準から内臓脂肪症候群ともいわれているが，本来ならば代謝症候群とすべきである。特定健康診査と特定保健指導（2008）は，メタボリックシンドロームに着目した健診とその結果に応じた早期介入を導入した生活習慣病対策である。

本章で取り上げるのは，特定健診には含まれていない検査を加えることによって，より代謝異常状態を客観的に，そして非侵襲的に評価することを目的とする。検査は受けるだけでなくそのフォローアップとして健康づくりの提案に活用し，代謝機能に着目した生活習慣病の予防・改善が期待できる。検査項目は，運動・身体活動と食事のバランスが影響すると考えられる以下の3項目を代謝機能測定項目として選択した（図1）。

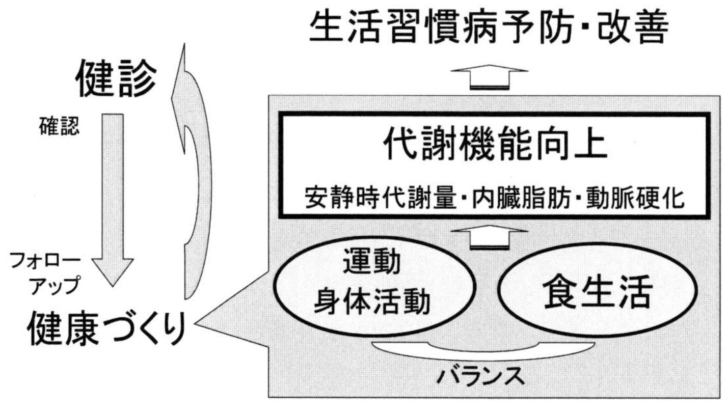

図1　代謝機能測定項目を指標とする健康づくり

＊　Tsutomu Kuchiki　兵庫大学　健康科学部　健康システム学科　教授；健康科学部長

代謝機能検査は、生活習慣病に関連するメタボリックシンドロームの進行度を評価します。
1 安静時代謝量(REE)
呼気ガス分析機で消費カロリーを測定します。
太りやすい体質を判定します

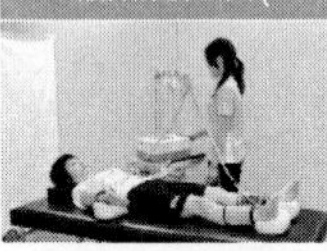

2 内臓脂肪厚(Pmax)
超音波で腹膜前脂肪厚を測定します。
メタボリックシンドロームのもとを判定します

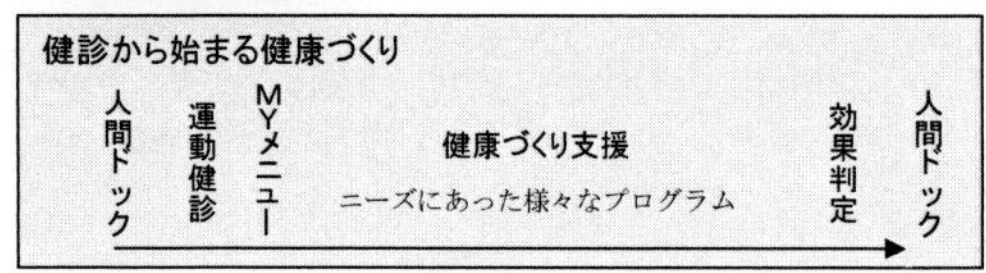

血圧脈波から血管の硬さと、つまり具合を測定します。
若々しい血管なのかを判定します

MYメニュー

ニーズにあった様々なプログラム

朽木ら(2009), 朽木(2007), 朽木(2009)

図２　代謝機能測定３項目

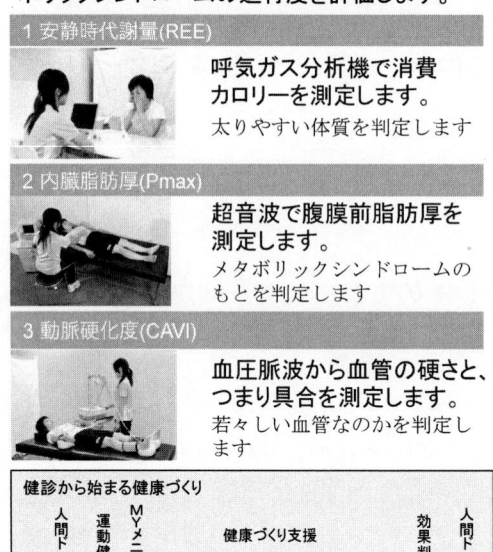

代謝機能測定項目は，①安静時代謝量（REE: Resting Energy Expenditure），②内臓脂肪厚（Pmax: muxmum of preperitoneal fat thickness　最大腹膜前脂肪厚），③動脈硬化度（CAVI: Cardio Ankle Vascular Index　心臓足首血管指数）である[1)]。この順番はメタボリックシンドロームの進行度に合わせて考えたもので，内臓脂肪蓄積を中心にその前にあるエネルギー代謝量の低下，そして内臓脂肪蓄積の先にある動脈硬化の状態を実際に測定することで評価するものである（図2）。

1.2　メタボリックシンドロームと代謝機能測定３項目

著者らは，代謝機能測定3項目とメタボリックシンドローム（MS）との関係を検討した[2)]。対象は健診の受診者934名（男性501名，女性433名），年齢は男性53.6±11.9歳，女性53.2±10.9歳である。MSは腹囲と血圧・血糖・脂質から判定基準に従って判定した。また問診票で服薬の有無を調査し，服薬内容は高血圧，糖尿病（内服薬，インスリン），脂質異常症，不整脈，抗凝固薬，痛風であった。MSの評価は該当と非該当，服薬は有りと無しの2要因による4群について，各項目を比較した。

体重あたりの「REE」は，MS該当者が女性では有意（p＝0.008）に低い値を示し，男性では有意ではないものの同様の傾向が確認され，服薬による差は認められなかった（図3）。「Pmax」

は，MS該当者が男（p＝0.0286）女（p＜0.0001）ともに，有意に高い値を示し，服薬では差がなかった（図4）。「CAVI」は男性ではMS該当者で男（p＝0.0018），女性（p＝0.0001）とともに高値を示し，服薬では男性でMS非該当者でも該当者でもそれぞれ服薬者が有意に（p＜0.0001）高い値を示した（図5）。

このように，REE，Pmax，CAVIを測定することによって，個々のメタボリックシンドロー

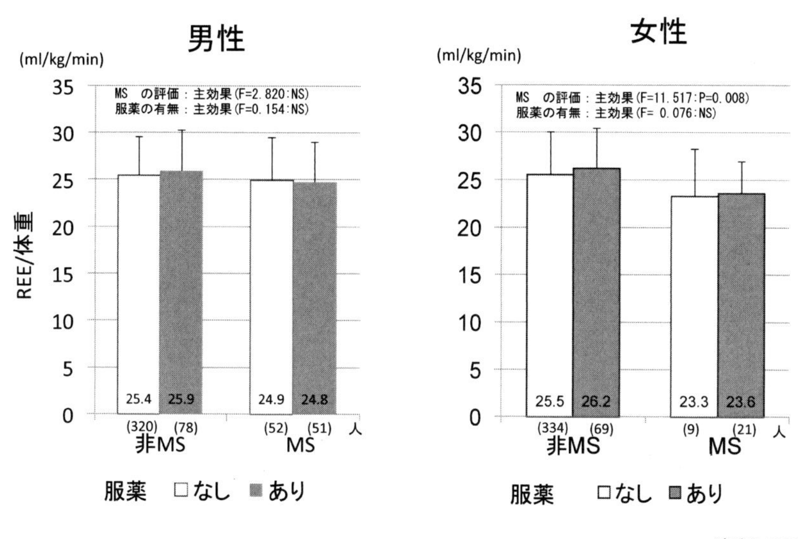

図3　REE/体重（MS・服薬別）

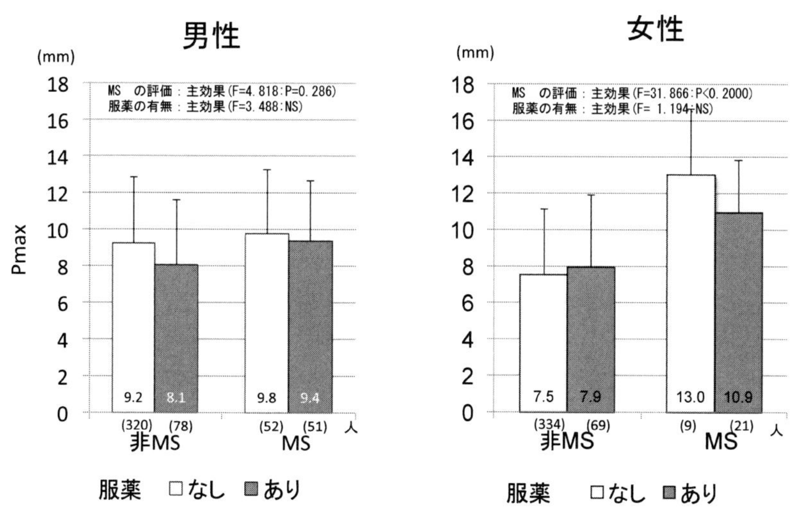

図4　Pmax（MS・服薬別）

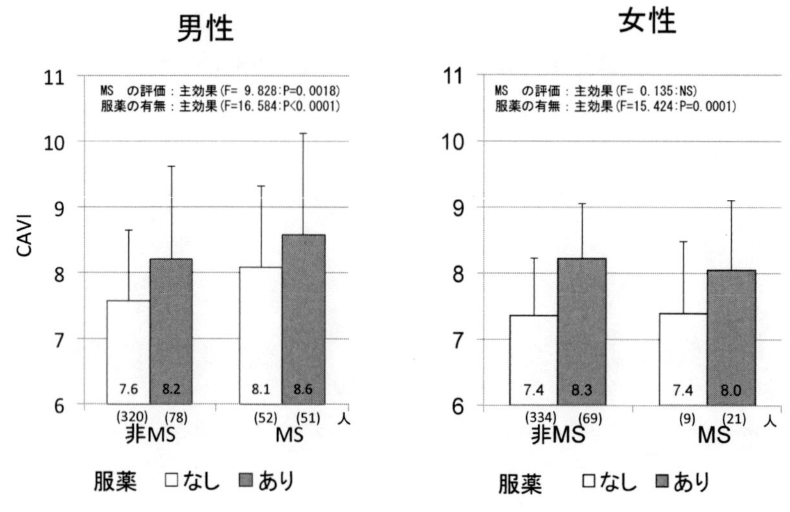

図５ CAVI（MS・服薬別）

ムの進行度を評価することが可能である。すなわち，代謝機能測定３項目は，代謝量の低下から内臓脂肪が蓄積することを予防し，動脈硬化や服薬治療に至る事態を回避するための具体的な健康づくりの提案に有用である。

2 安静時代謝 REE

2.1 安静時代謝量と基礎代謝量

一般成人の１日のエネルギー消費量は，安静時代謝量（REE: Resting Energy Expenditure）が 60～75%，運動誘発性熱産生（EIT: Exercise Induced Thermogenesis）が 15～30%，食事誘発性熱産生（DIT: Diet Induced Thermogenesis）が 10%の３つからなり，基礎代謝量（BEE: Basal Energy Expenditure）は REE の約 80%を占めるとされる。BEE は，体温維持，脳や心臓の機能，呼吸など，生命を維持するために必要最低限の代謝のことであり，時間帯や食事，室温などの測定条件を厳密に規定する必要があるため容易に測ることは難しい。その点，REE は横になったり，椅子に座って日常生活のなかで測定できる。REE は食事の影響や姿勢を保持するための筋活動などによって，BEE より 20%ほど高い値を示すことが知られている。

REE は METs（Metabolic Equivalents）算出の基準でもあり，エネルギー消費量の土台となる指標である。REE を測ることができれば，個別の METs を求めたり，REE と運動量の合計から食事の摂取量の目安にしたり，REE を BEE に換算して食事摂取の目安を求めることができる。

エネルギーは筋肉の他に，脳や内臓（肝臓，心臓，腎臓）で消費される。一般的に，体重の約

40％が筋肉の重量であることから，安静時代謝量の多くが筋肉で消費されていると思われがちだが，筋肉は BEE の約 20％を占めるに過ぎず，約 70％は脳や内臓器官（肝臓，心臓，腎臓）で消費される。しかし，それでも筋肉はエネルギー消費に影響する。

著者らは，REE と身体組成について検討した[3)]。対象者は女性 71 名，年齢 48.7 ± 11.9 歳である。その結果，BEE は加齢低下し，体重および除脂肪体重（LBM: Lean Body Mass）と有意に正の相関関係を示すことを明らかにした。すなわち，筋肉量を保持することが代謝状態を低下させないために重要であり，これがこれからの健康づくりのねらいとなっていくべきと考える。

2. 2　安静時代謝量の測定方法

安静時代謝量の測定機器は，ヴァイン社製 METAVINE-N を用いて測定した。この測定器は携帯用簡易熱量計として開発され，フローセンサは安静時の呼吸量から運動負荷試験で用いられているものよりも，麻酔用の小型で精度の高い機械式フローセンサが適していると考えて採用されている。また，酸素センサは反応速度が速く広範囲で寿命も長く，しかも校正が不要であるジルコニアセンサを採用し，携帯性と測定の容易性が確保されている。呼気ガス分析機としては呼吸量と酸素濃度を測定し，二酸化炭素濃度は測定しないという特徴を有する[4)]。

この測定器を用いて，日本人の性別年齢区分別の REE 分布およびその平均値と標準偏差が報告されており，第六次改定日本人の栄養所要量の食事摂取基準の算出に用いられている（表 1）。

安静時代謝量の測定は，一般に 30 分間の仰臥位安静をとるとされる。健診などに合わせて実施する場合には，その前の活動状態も考慮して測定に関する説明と準備もしながら約 20 分間の椅座位安静をとるようにしている。姿勢は両肘をテーブルについて顎を両手に乗せた頭部支持椅座位とし，腰背部をリラックスし筋収縮を抑えるよう指示する。その際，マスクのみを口に当ててマスクに慣れるようにする。測定時間は 3 分間である。2 回測定して，低値を採用し，1 日あたりの安静時エネルギー消費量（kcal/day）および体重あたりの値（kacl/kg/day）を求める。

表 1　安静時エネルギー消費量の平均値と標準偏差

	男性				女性			
年齢（歳）	平均値（kcal/ 日）	標準偏差	平均値（kcal/kg）	標準偏差	平均値（kcal/ 日）	標準偏差	平均値（kcal/kg）	標準偏差
18～29	1,871	538	29.2	8.2	1,468	344	28.6	6.4
30～49	1,808	497	27.6	7.2	1,503	421	28.7	8.1
50～69	1,807	490	29.6	8.0	1,590	390	29.9	7.5
70 以上	1,757	530	30.9	8.8	1,331	411	28.1	8.2

出典：第六次改定日本人の栄養所要量より抜粋

3　内臓脂肪厚 Pmax

3. 1　内臓脂肪の評価

メタボリックシンドロームの判定は，内臓脂肪蓄積かつ高血圧，脂質代謝異常，高血糖のうち2つ以上が該当することとされる。内臓脂肪蓄積は臍高部CT法による腹部内臓脂肪面積（VFA: Visceral Fat Area）や腹部皮下脂肪面積（SFA: Subcutaneous Fat Area），その比V/S比で評価される。このVFAとウエスト周囲径すなわち腹囲は，有意な相関関係を示す。リスクファクターの合併が多くなる内臓脂肪面積100 cm^2 に相当する腹囲が男性85cm，女性90cmとなり，我が国のメタボリックシンドローム診断基準に採用されている。CTはコストや被爆することを考えると健康診断としては手軽さにかける一方，ウエスト周囲径はメジャーがあれば測定可能であり汎用性に優れているが，腹囲には内臓脂肪と皮下脂肪の両方が含まれるため，内臓脂肪面積100 cm^2 に相当する腹囲には個人差が大きい。内臓脂肪を直接測ることがより望ましいといえる。

著者らは，Bモード超音波法による腹部脂肪の厚さを測定している。Bモード超音波のBはBrightnessで，臓器に当てた音の反射を光にかえて，画像で示すものである。この方法では，内臓脂肪と皮下脂肪を区別して測定することが可能なうえ，CT法と比べて安価で無害である。内臓脂肪に相当する腹膜前脂肪厚（PFT: preperitoneal fat thickness）と同じ部位の皮下脂肪厚（SFT: subcutaneous fat thickness）を測定することは，妊婦が胎児を見ることができるのと同じように，自分のお腹の中を画像で視覚的に捉えることができるためインパクトが強く，健康づくりへのモチベーションを高めることにも役立つ（図6）。

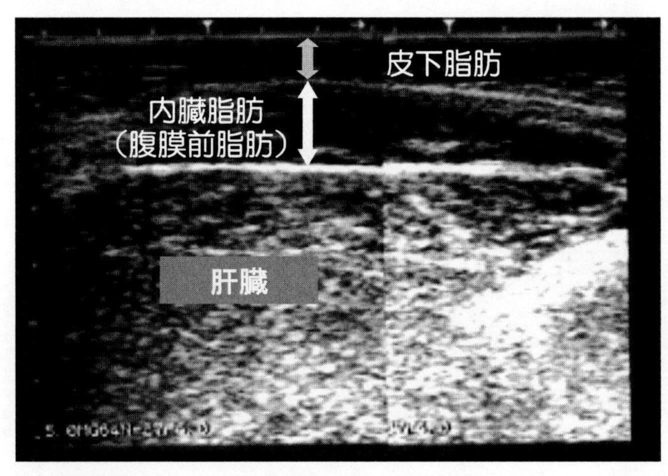

図6　超音波法による腹部画像

3. 2　内臓脂肪の超音波測定法

Ｂモード超音波法による腹部脂肪厚の測定は，仰臥位で軽く息を吸った状態で止めさせ，剣状突起から臍を結ぶ腹部正中線上を，白線に沿ってプローブを臍の方向に縦走査する。そのとき画像を見ながら，肝臓前面と皮膚面が平行になる部位で画像を固定する[5)]。プローブは 3.75 MHz のリニア型を用いる。得られた画像に対して，肝臓の前面にあたる腹膜上の PFT の最大値を計測して Pmax とし，また SFT の最小値を Smin とする（図 6）。

そしてその比 PFT/SFT を腹壁指数（AFI: Abdominal Fat wall Index）とし，男性では 1.0 以上，女性では 0.7 以上を内臓型肥満とする。AFI は CT 法による V/S 比と高い相関を示し，内臓脂肪型肥満に脂質異常症や冠動脈硬化症を合併する。PFT 単独は CT 法の内臓脂肪面積と高い相関関係を示し，腹囲と同様に 100 cm^2 に相当する Pmax の基準値を 8 mm とすることができる[6)]。

3. 3　内臓脂肪と安静時代謝量，インスリン抵抗性

著者らは，Pmax と REE の関係を検討した[7)]。対象は女性 42 名で，年齢は平均 58.1 ± 6.0 歳，体重は 54.5 ± 7.1 kg，BMI は 22.9 ± 2.8，体脂肪率は 31.1 ± 4.8% であった。Pmax は 2.7 から 19.4 mm の範囲にあり，平均と標準偏差は 8.9 ± 4.2 mm であった。Pmax は，体重あたりの REE と有意な負の相関関係（$r = -0.499$，$p < 0.0001$）を示した。また，このことは体重で調整しても同様であった。Pmax の基準値である 8 mm に相当する体重あたりの REE は，30 kcal/kg/day であった。このように，安静時代謝量が低いことは，内臓脂肪が蓄積することに結びつくといえる（図 7）。

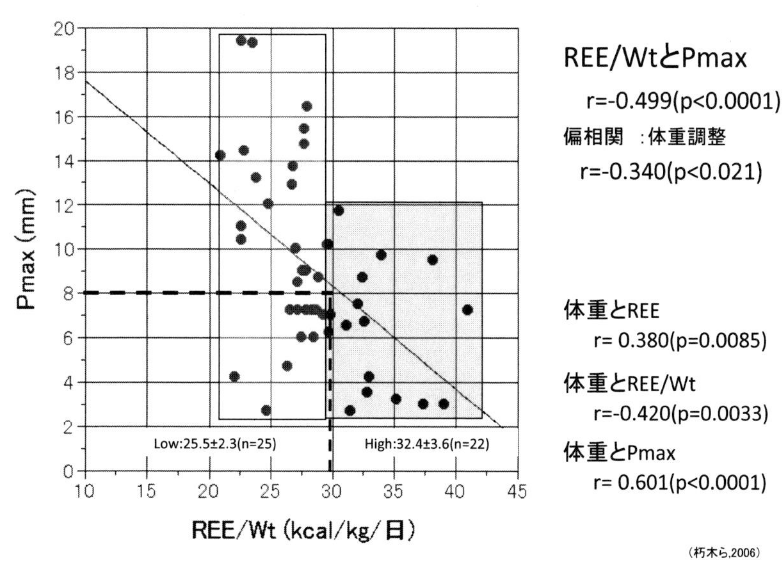

図 7　REE と Pmax の相関関係

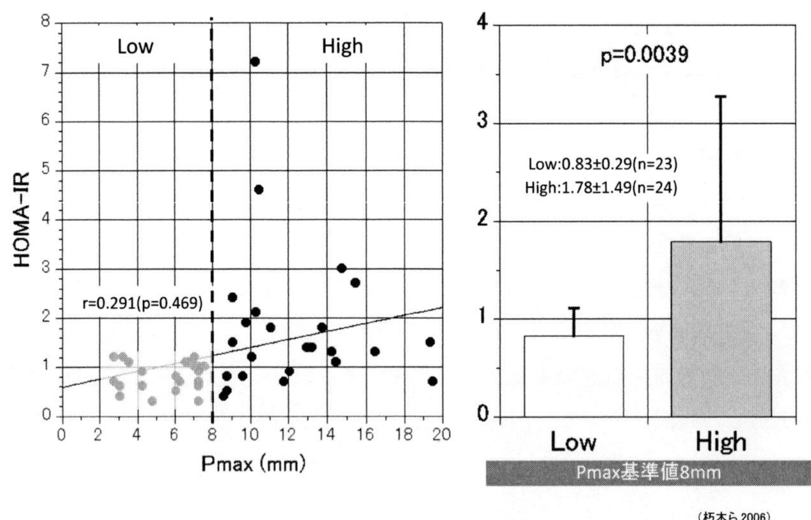

図８　Pmax と HOMA-IR

また，Pmax はウエスト（r＝0.704，p＜0.0001），体脂肪率（r＝0.593，p＜0.0001）と有意な相関関係が認められた。さらにインスリン抵抗性の指標である HOMA-IR と有意に正の相関（r＝0.291，p＝0.469）を示し，Pmax の基準値である 8mm で２群に分けて比較すると有意な差（p＝0.0039）が認められた。グラフの散布をみても，Pmax が 8mm を超えると HOMA-IR が高値を示す者が多くなることがわかる。

このように内臓脂肪の蓄積がインスリン抵抗性に結びつくことから，様々な生活習慣病への予防意識を高めることにこの超音波法は有用である（図 8）。

4　動脈硬化度 CAVI

4. 1　心臓足首血管指数 CAVI

動脈硬化の評価指標は多彩である。それは，動脈が全身におよび，その先にある関係臓器が多彩だからであると考えられる。非侵襲的な動脈硬化を評価する方法のひとつに脈波検査がある。血圧脈波検査では，上腕と足首の血圧脈波（血管にかかる圧力とその様子を表す波形）から，脈波伝播速度（PWV: Pulse Wave Verocity）は血管の中を血液が流れ，脈波が伝わる速度を求めて血管の硬さを評価するものである。若々しい弾力のある血管ほど安静時の血流は遅く，逆に動脈硬化をおこした硬くて狭い血管ほど速くなる。

PWV を血圧の影響を受けないように補正した指標に心臓足首血管指数（CAVI: Cardio Ankle Vascular Index）がある。CAVI 値は，加齢とともに高くなり，動脈硬化指数が高いほど CAVI 値も高く，肥満，高血圧，耐糖能異常，脂質代謝異常，喫煙などの危険因子を有すると，同年代に比べて CAVI 値が高いことが示されている。さらに心血管イベントの既往がある者が有意に高いCAVI値を示し，また冠動脈造影の結果1枝，2枝，3枝と病変数が多いほど有意にCAVI値が高いことが報告されており，いずれも頚動脈エコーによる内膜中膜複合体肥厚度（IMT: Intima-Media Thickness of carotid artery）では差がみられず，CAVIが冠動脈疾患のより早期のスクリーニングとして有効な指標であるとされている[8)]。

4. 2　心臓足首血管指数 CAVI の測定方法

著者らは，動脈硬化指標CAVIの測定器として，血圧脈波検査装置（フクダ電子社製VaSeraシリーズ）を用いている。測定は仰臥位にて両上腕，両下腿に血圧測定用の専用カフを巻き，第2肋間胸骨上に心音マイク，両手首に心電電極を装着する。心臓から血液が拍出されるタイミングをおさえ，その血液の流れが上腕と足首までの距離に対して到達する時間がわかれば，血流の速度を求めることができる。血管神経反射や循環閉塞の影響を軽減するとともに，下肢の筋性動脈において血管作動神経からくる血管攣縮や過緊張を防ぐために，始めに低圧で四肢の脈波を測定した後，左右別々に上腕と下腿の血圧を同時に測定するプログラムが内蔵されている。

CAVIの評価基準値は，8未満を正常域，8以上9未満を境界域，9以上を動脈硬化の疑いのある高値者とする。

5　代謝機能測定項目でみる運動の効果

5. 1　REE は運動によって増加する

著者らは，食事と運動両面の生活習慣改善教室を開催し，REEとPmaxの変化を検討した[9)]。対象者は女性11名，年齢は59.3±6.4歳，BMIは24.3±1.96，実践期間は3.5か月間であった。その結果，教室前は摂取量が消費量よりも大きかったが，教室後には摂取量と消費量に有意差がなく，食事と運動のバランスをとることができた。摂取量は変わらず，運動量が233.7から313.0 kcal/day，体重あたりの運動量は4.1から5.6 kcal/kg/dayと有意（$p<0.001$）に増加した。

体重あたりのREEは，23.9±2.6から26.3±3.1 kcal/kg/dayと有意（$p=0.0082$）に増加，REEは1355.6±188.6から1459.7±166.0 kcal/dayに有意（$p=0.0275$）な増加を示した。このREEの約100 kcalの増加は，速歩を約25分行った程度のエネルギー消費量に相当することになる（図9）。また，REEの変化は，大腿前部筋肉厚の変化がプラス，腹膜前脂肪厚の変化がマイナスの因子として重回帰式を当てはめることができた。

このように，安静時代謝量REEは運動によって増加し，運動による大腿前部の筋肉量増加および内臓脂肪量減少が関連すると考えられる（図10）。

5. 2　Pmax は運動によって減少する

著者らは，健診受診者に対して運動習慣獲得プログラムを実施し，Pmaxの運動実践による改善効果を検討した[10)]。対象は228名（男性94名，女性134名）である。年齢は男性54.8，女性

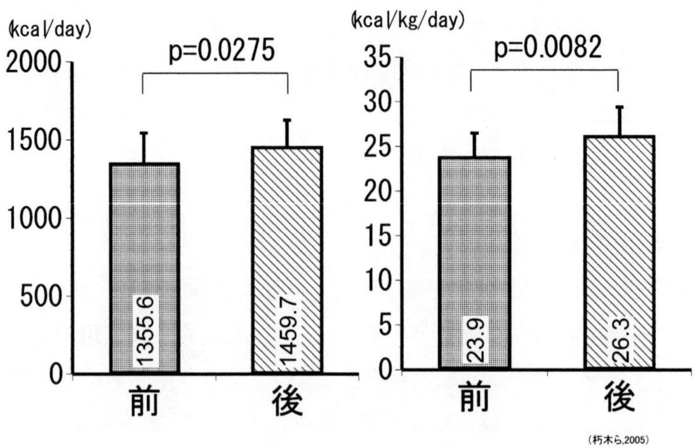

図９　REE の教室前後の変化

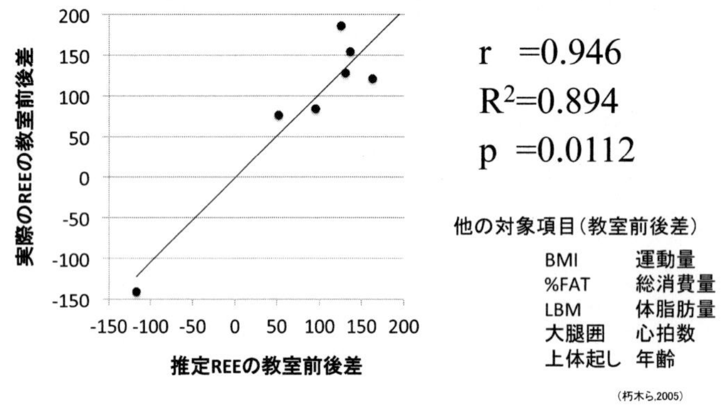

図 10　Stepwise 重回帰分析の結果

55.4 歳であった。実践期間は 3 か月間である。運動実践の効果として腹囲は男性は 89.4 ± 7.2 から − 2.8 cm，女性は 85.6 ± 8.2 から − 2.9 cm と有意に低下した。そして，Pmax も男性で 9.8 ± 3.5 から − 1.2 mm，女性で 9.7 ± 3.3 から − 0.8 mm と腹囲とともに有意に減少した。ところが，Smin は有意な変化がみられなかった（図 11）。

また，体重の変化と腹囲，Pmax の変化との関連をみると，いずれも有意な相関関係を示した。全体的には体重 1 kg の減少は男女ともに腹囲 1 cm，Pmax は 0.5 mm の減少に相当する（図 12）。

このように，内臓脂肪厚 Pmax の減少には運動実践が有効で，同時に測定した皮下脂肪厚 Smin は変わらなかったことから，運動による代謝量の増加が内臓脂肪の減少を選択的，優先的にもたらされ，その状況を客観的に示すことができる。

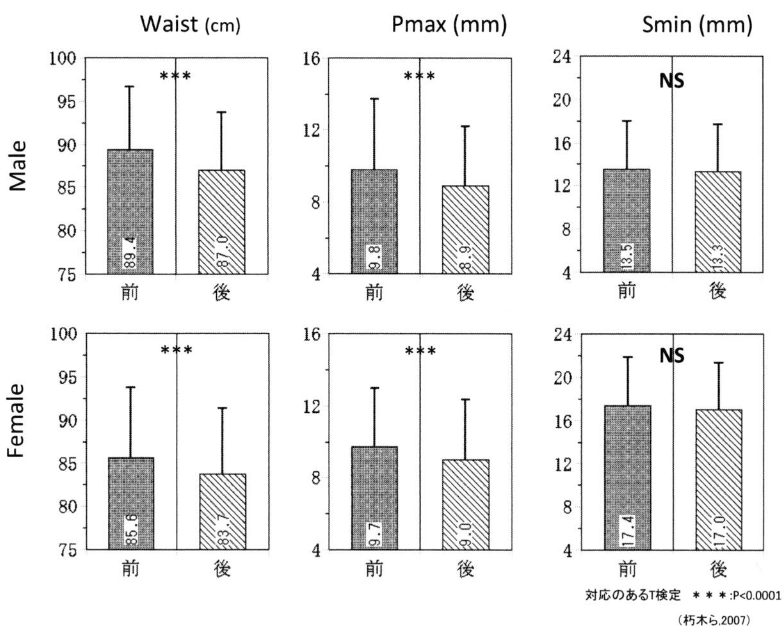

図11　ウエストと脂肪厚の変化

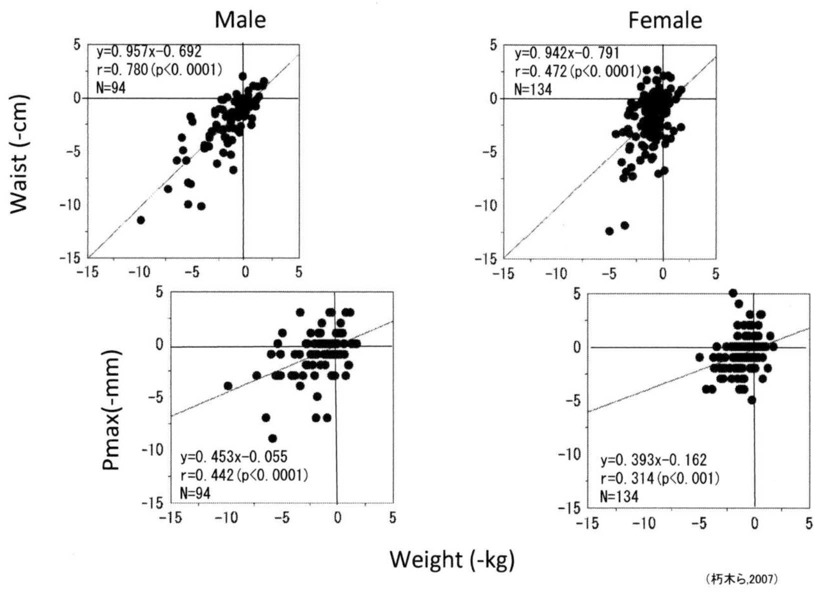

図12　体重と腹囲，Pmaxの前後差の相関

5. 3　CAVI は運動によって低下する

5. 3. 1　CAVI 高値者で低下

著者らは，運動支援によるCAVIの変化を検討した[11,12]。対象は32名（男性10名，女性22名）で，年齢は60.7±6.9歳である。支援期間は6か月間で，さらにその1年後までフォローアップした。CAVIの運動支援前の判定評価では正常が18.8%，境界域が40.1%，動脈硬化の疑いが40.1%であった。運動実践の結果，正常および境界域群のCAVI値は変化がみられなかったが，動脈硬化の疑いとする高値群は支援前9.9に対して3か月後9.1および6か月後9.3，そして支援終了1年後9.1と有意（P<0.01）な低値を示した。高値者は年齢も高いものの運動の実践によって3か月で低下し，その後維持できることが示された（図13）。

運動による血流促進によって血管内皮細胞に対する摩擦からのずり応力（fluid shear stress）が生じて血管内皮機能を高め，血管弛緩拡張機能を有するNOの分泌を促進することによって，動脈硬化が改善すると考えられる。ただし，正常域では改善の必要がないとしても境界域への効果がみられなかったことについては，プログラムの開発の余地がありそうである。

5. 3. 2　CAVI は有酸素運動で一過性に低下する

著者らは，CAVIの継続的な運動習慣の低減効果は繰り返し実施される適切な運動刺激によってもたらされると考え，一過性のCAVIの変化を検討した[13]。対象は73名（男性30名，女性43名）で，服薬者は除外した。年齢は59.5±11.5歳であった。運動負荷は自転車エルゴメーターを用いて，①10wattでウォーミングアップ2分間，②15もしくは20watt/分のランプ負荷法でDPBP（Double Product Brake Point）を個別に判定，③求めたDPBP強度で定常運動4分間，

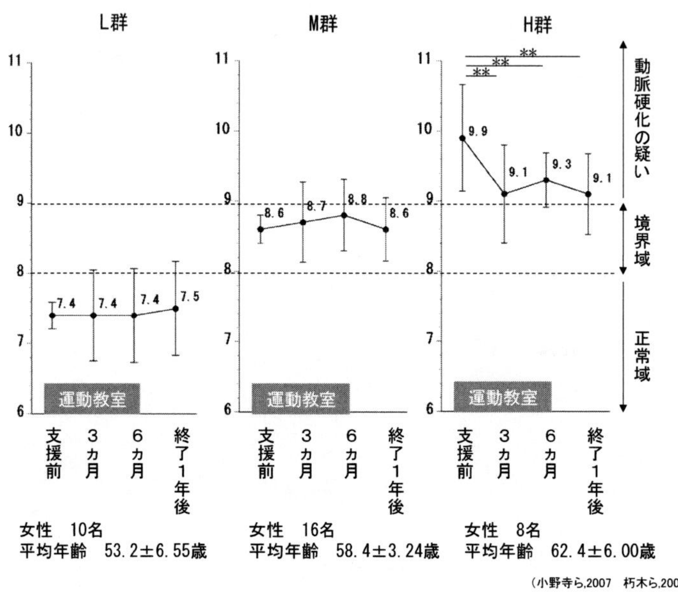

図13　CAVIの変化（3群）

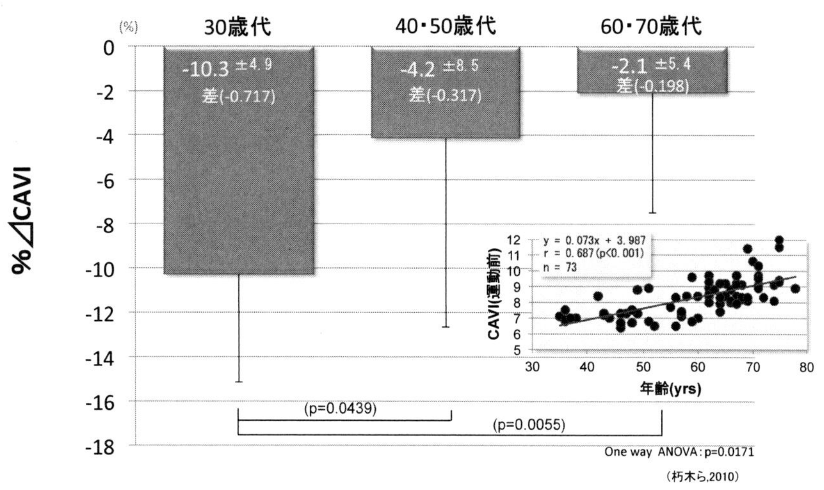

図14　血管フィットネス —運動による一過性の変化—

④自転車上で回復5分間といった一連のプロトコルで実施した。DPBP は心拍数と収縮期血圧との積で求められる DP（Double Product）が運動負荷漸増に対して急増する点であり，いわゆる AT ポイントに相当し，中高年齢者では ST 低下がみられることも多い。そのため，DPBP は心臓の負担度が急増する点とされ，適切な運動強度として運動処方に用いられる。

④の DPBP 強度の運動は，心拍数は 106.3±13.0 拍/分，この相対強度は 46.0±0.2%HRR（Heart Rate Reserve）で，主観的運動強度（RPE: Rating of Perceived Exertion）は 11.9±1.7 であった。運動前後の心拍数，血圧は有意差がみられず，心肺機能は回復した。CAVI の平均値は運動前 8.3±1.2，後 8.0±1.3 で有意（p＜0.001）な低下を示した。CAVI 値は年齢と有意な相関関係（r＝0.687, p＜0.001）を示すことから，30 歳代（n＝6），40・50 歳代（n＝24），60・70 歳代（n＝43）の 3 群で CAVI の変化率をみたところ，年代が高いほど低下が有意（p＝0.0171）に小さかった（図 14）。

このように，運動刺激によって一過性に CAVI は低下するが，その大きさは加齢で小さくなることが示され，個別には運動後に増加するケースもみられた。これは運動刺激に対する血管の適応能力を評価しているものと考えると，運動刺激による一過性の CAVI の低下は“血管フィットネス”とも表現できると考え，血管の健康づくりという新たな方向性を示すことができる。

5.3.3　CAVI は筋肉運動で上がる

著者らは，有酸素運動と筋肉運動によって，CAVI に違いがみられるのかを検討した[14]。対象者は 51 名（男性 14 名，女性 37 名），年齢は 67.0±5.6 歳で服薬者は含まれていない。有酸素運動と筋肉運動のどちらも実践していない非実施群（17 名），有酸素運動のみ実践しているA群（17 名），有酸素運動と筋肉運動のどちらも実践しているAM群（16 名）に分類した。なお筋肉運動のみ実践しているM群（1 名）は解析から除外した。各群の年齢が異なることから，年齢から算出する CAVI の予測式[15]で求めた予測値と自分の CAVI 値との差を求めた。A群は基準値より

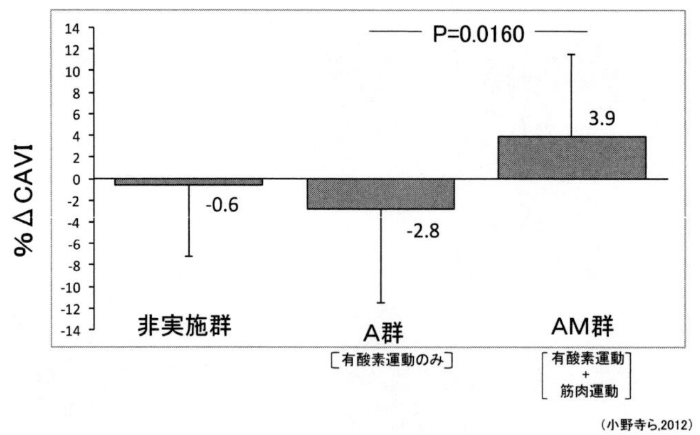

図 15　筋トレは血管を硬くする？！

CAVI 予測式

男性（n＝2,239）：CAVI＝5.43＋0.053×年齢

女性（n＝3,730）：CAVI＝5.34＋0.049×年齢　（鈴木ら 2008）

低値で，AM群はA群より有意に高い値を示した（図 15）。

このように，有酸素運動のみを実施している者では年齢から予測したCAVI 値よりも低く，有酸素運動に加えて筋肉運動を実施している者は年齢相当よりも高い値であった。筋トレが血管スティフネスを増加させる報告は他にもみられ，血圧や血流動態の有酸素運動との違いが要因と考えられる。筋肉運動の後に有酸素運動を実施することによって，スティフネスの増加は抑制されると報告[16]されており，運動の順番が血管に影響するといえる。

5. 3. 4　CAVI は 10 年間縦断的追跡の結果，横断的結果より良好

著者らは，測定機器が 2004 年に開発された当初に導入し，地域住民を対象として 2005 年から継続的に測定している。ここでは 10 年間の縦断的変化を検討した[17]。対象者は 60 名（男性 16 名，女性 44 名），年齢はベースライン時で 61.0±5.6 歳（43〜73 歳）である。全対象者の CAVI の平均値はベースライン時 8.6±0.9，10 年後は 8.8±1.0 で有意な（p＝0.0115）増加がみられた。個々の変化の平均値は 0.30±0.89，そのうち非服薬者が 0.33±0.88，服薬者は 0.27±0.89 で，予測式の年齢にかかる係数から求めると 10 年で 0.5 となり，それと比較するといずれも小さい値であった。

この結果，これまでの横断的な加齢増加よりも実際の縦断的な変化は小さいということが示されたわけである。ただし，対象者は運動習慣を有する者が多く，10 年間に渡り毎年測定会に参加するような健康意識が高い者であることが，10 年間の CAVI の増加が小さいことに影響しているものと考えられる。CAVI のような新しい指標は，地道に経年的に測定することによって新たな有意義な価値を創造することができるものと期待する（図 16）。

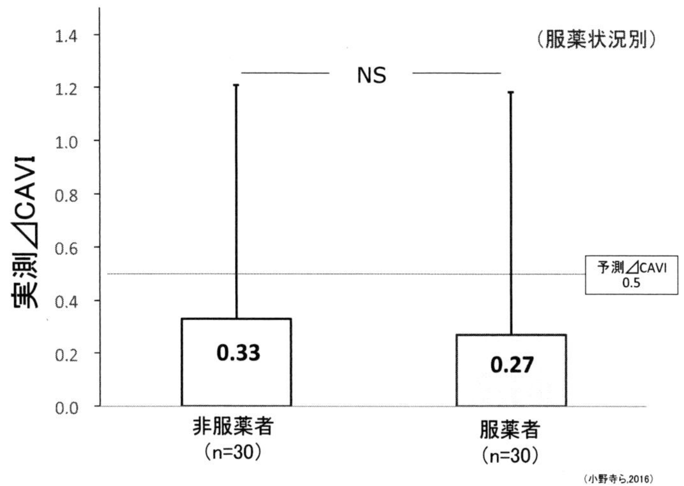

図16　10年間のCAVI縦断的変化

文　　献

1)　朽木勤ほか，メタボ検定Q&A100，p.241，日本フィットネス協会（2009）
2)　朽木勤ほか，メタボリックシンドロームと安静時代謝・内臓脂肪・動脈硬化との関係，体力科学，**58**（6），806（2009）
3)　朽木勤ほか，安静時エネルギー消費量の実測値と計算値との誤差要因，体力科学，**52**（6），930（2006）
4)　細谷憲政ほか，今なぜエネルギー代謝か，p.232，第一出版（2000）
5)　R. Suzuki *et al.*, Abdominal wall fat index, estimated by ultrasonography, for assessment of the ratio of visceral fat to subcutaneous fat in the abdomen, *Am. J. Med.*, **95**, 309–314（1993）
6)　田所直子ほか，腹部超音波法による内臓脂肪蓄積量の推定，肥満研究，**8**（1），37–42（2002）
7)　朽木勤ほか，運動健診でみる安静時代謝量と内臓脂肪蓄積との関連，総合健診，**33**（1），67（2006）
8)　朽木勤ほか，新しい動脈硬化指標CAVIのすべて，p.200，日経メディカル開発（2009）
9)　朽木勤ほか，生活習慣改善による安静時エネルギー消費量向上の関連要因，総合健診，**32**（1），290（2005）
10)　朽木勤ほか，ウエスト周囲径と超音波からみた内臓脂肪の運動改善効果，総合健診，**34**（1），211（2007）
11)　小野寺由美子ほか，動脈硬化指標CAVIの運動支援（6ヶ月間）および1年後の変化，人間ドック，**22**（2），123（2007）
12)　朽木勤ほか，DPBPを指標とした運動処方と運動支援による動脈硬化指標CAVIの改善効果，栄養と運動の処方科学，**3**，1–12（2009）
13)　朽木勤ほか，DPBP強度運動負荷による動脈硬化指標CAVIの一過性変化，体力科学，**59**

(6)，823 (2010)

14) 小野寺由美子ほか，異なる運動習慣と筋肉量および動脈硬化指標CAVIとの関係，人間ドック，**27** (2)，171 (2012)

15) 鈴木賢二ほか，CAVI非侵襲的血圧非依存性動脈硬化検査としての標準化に向けて—基準とその妥当性に関する疫学的検討—，新潟県臨床検査技師会誌，**48** (1)，2-10 (2008)

16) T. Okamoto *et al.*, Combined aerobic and resistance training and vascular function: effect, *J. Appl. Physiol.*, **103**, 1655-61 (2007)

17) 小野寺由美子ほか，動脈硬化指標CAVIの縦断的10年の変化，人間ドック，**31** (2)，261 (2016)

第3章　生体インピーダンス法を用いた新しい内臓脂肪測定法

佐藤哲也[*1]，宮脇尚志[*2]

1　はじめに

内臓脂肪の過剰蓄積は，糖代謝異常，脂質異常，高血圧などの生活習慣病に影響することが報告されている[1]。また，日本のメタボリックシンドロームの診断基準では内臓脂肪蓄積が必須項目であるため，内臓脂肪の蓄積を適切に評価することが必要である[2]。内臓脂肪面積（VFA）の標準測定方法としてX線CTがあり，臍高位の断面画像から内臓脂肪面積を算出する。しかし，X線CTでの内臓脂肪測定は煩雑であり，また被曝やコストの問題を伴うため，診察室での簡便な測定や頻回な測定には不向きである。そこで，内臓脂肪蓄積の簡便な代替評価方法として，一般臨床や健診等では臍高位での腹囲が用いられている。しかし，腹囲では内臓脂肪と皮下脂肪の両方が含まれるため，正確に内臓脂肪蓄積を評価することができず，測定の精度や再現性の問題も生じる。近年，これらの課題を解決するため，生体インピーダンス法（Bioelectrical Impedance Analysis：BIA法）を用いた内臓脂肪蓄積の評価方法が開発され，安全かつ高い精度で内臓脂肪蓄積を評価する方法として注目されている。

2　BIA法とは

BIA法とは，生体に微弱な交流電流を流し，脂肪組織と除脂肪組織で電気伝導度が異なる性質を利用することにより体組成に関する情報を推定する方法である[3]。インピーダンスとは電流と電圧の比であり，脂肪組織は他の組織に比べて高いインピーダンス特性を示すことにより，体脂肪量計測への応用がなされてきた。既にこの理論を応用して開発された装置が，体脂肪率や内臓脂肪の蓄積レベルを推定する装置として各社から一般家庭用に市販されている[4]。

一般家庭用に市販されている体組成計に用いられているのは，主に両手両足間で測定する方法であり，全身を測定対象とした方式である。この方式により測定される全身のインピーダンス値において，内臓脂肪が存在する腹部のインピーダンス情報は，全身のインピーダンスの10％程度と極めて少なく[5]，腹部のみを測定することは原理的に困難である。そのため，年齢，性別，BMI等を用いて内臓脂肪の蓄積レベルを統計的に推定しており，内臓脂肪蓄積の程度を診断す

＊1　Tetsuya Sato　京都女子大学　大学院家政学研究科

＊2　Takashi Miyawaki　京都女子大学　大学院家政学研究科　教授

る方法としては適していない。そこで，内臓蓄積を評価するために，腹部に直接微弱な電流を流してインピーダンス測定を行う方法として，次に記述する２種類の方法を用いた機器が市販されている。両機器とも医療機器として厚生労働省から承認されている。

3　腹部 BIA 法

3. 1　腹部生体インピーダンス法

腹部に限定したインピーダンスを測定し内臓脂肪だけを測定する BIA 法として，立位で測定する腹部生体インピーダンス法が開発された[6,7]。

臓近傍と等レベル脊椎近傍との間（体部の前後軸方向）に電流を流したときに，側腹部の電圧を測定することによって内臓脂肪量を推定する方法である。臍部と背部正中間に電流を流したときに臍位腹部断面に発生する等電位線は図１の破線のようになるが[8]，このときに内臓脂肪を通過した等電位線は胴体表面上の側腹部に現れ，側腹部表面に発生した電圧は内臓脂肪量を反映する情報が得られる。また，臍部と背部正中間の皮下脂肪を通過した等電位線は，側腹部表面には出現せず，更に側腹部の皮下脂肪にはほとんど電流が流れないため測定電圧に影響を与えることが少ない。したがって，電流を一定にしたときの電圧は内臓脂肪量により変化し，内臓脂肪が多いほど側腹部での電位差は大きくなるため，側腹部電極で測定した電圧が相対的な内臓脂肪量を反映するといえる。電極間距離を一定としたときの側腹部の電圧を V，腹囲を W としたとき，内臓脂肪面積の推定式は次式のように表せる。

推定 $VFA = p + qW^3V$（p，q は係数）

本法は原理的に，腹囲と１種類のインピーダンスが用いられている。

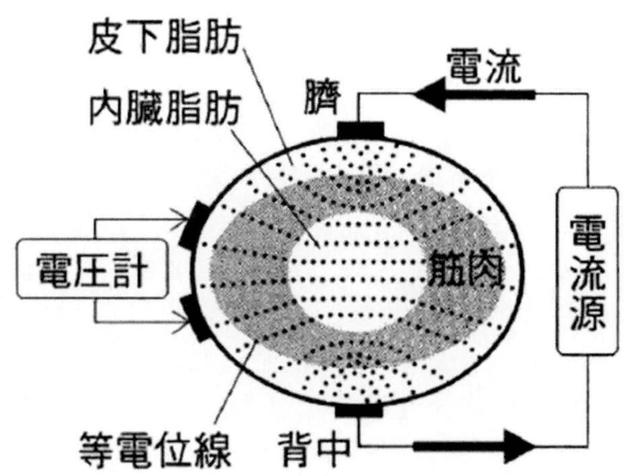

図１　腹部生体インピーダンス法による腹部内臓脂肪測定の原理
文献７）より引用

この測定方法を用いて求められた推定VFAは，CTによるVFAと高い正相関（$r=0.88$, $p<0.0001$）を認めた[6)]。この方法を用いた装置で推定VFA値を測定し保健指導による介入前後で，内臓脂肪減少に伴いメタボリックシンドロームのリスク因子が有意に減少したことが報告されている[9)]。また，職域での減量の保健指導において，内臓脂肪測定を実施した群では，非実施群に比べて腹囲・体重・BMIの減少量・効果は大きく，内臓脂肪測定を実施することの有用性が報告されている[10)]。

3.2　デュアルインピーダンス法（Dual-BIA法）

Dual-BIA法は，腹部に対して2系統の電流を別々に流し，腹部の電極で各々測定されることで，腹部の除脂肪（脂肪以外の筋肉や内臓など）の情報を反映したインピーダンス（Zt），および腹部の皮下脂肪の情報を反映したインピーダンス（Zs）を測定して，内臓脂肪蓄積の評価を行う方法である[11, 12)]。

まず，両手首と両足首に装着した電極から両手両足間に電流を流し，臍位を中心に腹部に装着した腹部電極ベルトの4組の電極で，腹部に対して縦方向に発生した電圧を測定することにより，Ztを算出する。これは，腹部に対して遠方である両手足間に電流を流したときは，腹部付近では電気抵抗の小さい脂肪以外の組織である除脂肪組織を電流が流れるという特性を用いたものである。このZtを用いて除脂肪面積を算出する。次に，腹部電極ベルトに設けた電極間で腹部の皮下脂肪に電流を流し，隣り合う腹部電極ベルトの電極で電圧を測定することにより，Zsを算出する。前述のZtの算出方法で示したように，本来電流は電気抵抗の小さい除脂肪部分を流れるが，腹部の表面の間隔の小さい距離で電流を流したときは，主に皮下脂肪層を電流が流れる。このZsを用いて皮下脂肪面積を算出する。

さらに，腹部臍位断面の横幅（a）と縦幅（b）を別々に測定する。腹部が円筒状であればその周囲長から断面積は精度よく推定されるが，腹部は様々な形状が存在することが経験的にも知

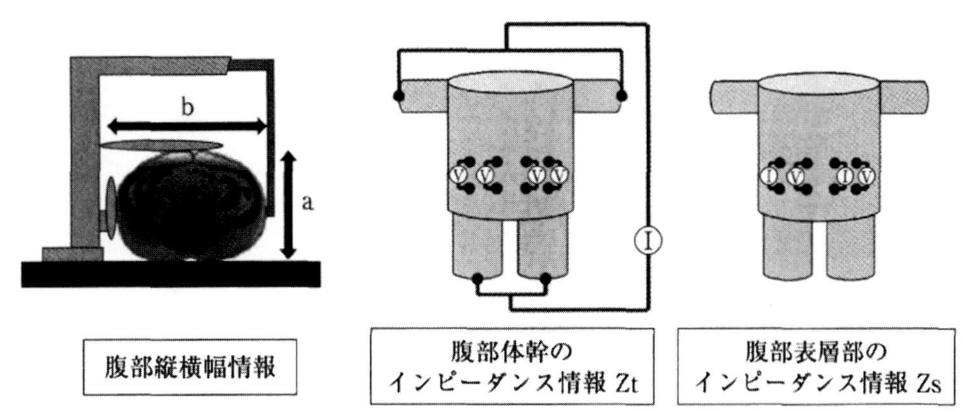

図2　Dual-BIA法による腹部内臓脂肪測定の原理
文献10）より引用

られており，その断面積を推定するためには必ずしも腹囲は適当ではなく，横幅と縦幅を測定することが妥当と考えられる。この腹部臍位断面の横幅と縦幅を用いて腹部全断面積を算出する(図2)。なお，本法ではすべての測定を仰臥位にて行う。

このようにして算出した腹部全断面積，除脂肪面積，および皮下脂肪面積を用いて，以下に示す計算式のように腹部全断面積から除脂肪面積と皮下脂肪面積を除くことで内臓脂肪面積を算出する（図3)。推定式は次式のように表せる。

$$推定\ VFA = \beta_1 a + \beta_2 b^2 - \beta_3 (a^2 + b^2)^{1/2}\ Zs - \beta_4 / Zt + \beta_5 \quad (\beta_1 \sim \beta_5 は係数)$$

本法は原理的に，腹部臍位断面の横幅と縦幅，および2種類のインピーダンスが用いられている。

Dual-BIA法の測定精度は，180名（男女比率1：1，腹囲65～120cm，年齢18～80歳）を対象に，CTによる内臓脂肪面積と比較する多施設治験により検証され，相関係数r＝0.88と高い相関が確認された。男女別に評価しても，男女での回帰直線の差異はほとんどなく，男女差の大きな要因と考えられる皮下脂肪の影響が低減され高い測定精度であることが確認された[11]。また，人間ドック施設での検証結果においても同様の測定精度結果が報告され，皮下脂肪面積に関してもX線CTと相関係数がr＝0.88と高い相関があった[13]。

肥満者を対象にカロリー制限を実施し，1週毎にDual-BIA法による内臓脂肪面積，腹囲，および体重を測定した研究では，腹囲と体重に比べ内臓脂肪面積の減少率が大きく，内臓脂肪の変化を把握するのに有用であることが報告されている[14]。2型糖尿病患者にSGLT2阻害薬を投与し内臓脂肪面積を頻回に測定した研究では，投薬治療中の体組成変化の解析に有用であることが示された[15]。人間ドック学会参加の複数施設により，7155名を対象とした横断研究と，2222名を対象とした縦断研究が実施され，横断研究では，Dual-BIA法により内臓脂肪面積を検討した結果，健康障害リスクの合併数が1にあたる内臓脂肪面積の値はX線CTの値とほぼ同様の結果となった。縦断研究では，Dual-BIA法による内臓脂肪面積変化量と動脈硬化性血管病変の危険因子数変化量は，男女ともに正の相関が認められ，DUAL-BIA法による内臓脂肪面積測定を標準検査として用いることの妥当性も証明されたとしている[16]。

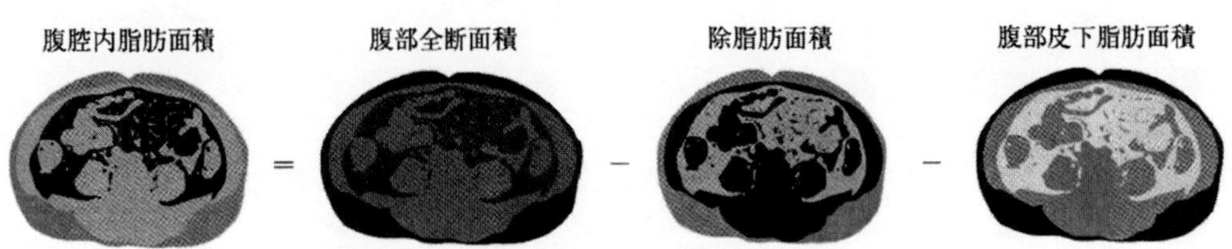

図3　Dual-BIA法の内臓脂肪算出原理のイメージ図
文献10）より引用

4　腹部BIA法を用いる際の注意点

腹部BIA法は被曝がなく低コストで，かつ頻回な測定適した測定方法であるが，注意すべき点は，測定時の呼吸位相への配慮である。これはCTにおいても同様であるが，呼気位相に比べて吸気位相では，内臓脂肪面積が平均で20%増加することが報告されている[17)]。腹部BIA法もCTと同様に呼吸位相の影響を受けるが，CTとは異なり，測定者が目の前で被験者の呼吸位相を確認しながら測定可能であるという利点がある。CTでは被験者の呼吸位相を確認しながら測定することは困難であるが，腹部BIA法では測定者が目の前で呼吸位相を確認しながら軽呼気位相を確認することが可能である。

また，測定時間にも配慮が必要である。早朝空腹時から夕刻まで1時間毎にDual-BIA法で内臓脂肪面積を測定した日内変動の評価によると，昼食後に有意に内臓脂肪面積が増加したという結果が得られている。したがって，測定時間はできれば絶食後が望ましく，それが無理な場合でも個人での経過観測などの場合はなるべく同一の時間に測定することが必要と考えられる。

5　おわりに

内臓脂肪蓄積を評価する2種類の腹部BIA法を紹介した。これらの方法を用いた装置はいずれも内臓指肪蓄積を被曝がなく頻回に，かつ高い精度で測定できるため，短期間の内臓脂肪の変化を評価することができ，糖尿病をはじめとした生活習慣病の改善や治療に役立つと考えられる。さらに，機器が小型で移動が可能であるため，健診など様々な施設で多くの対象者に内臓脂肪測定を実施することができる。今後，生活習慣病の適切な診断や治療効果判定，臨床研究などに役立つツールになることが期待される。

文　　献

1）日本肥満学会肥満症診断基準検討委員会，肥満研究，**6**，18-28 (2000)
2）メタボリックシンドローム診断基準検討委員会，日本内科学会誌，**94**，794-809 (2005)
3）HC Lukaski, *Am J Clin Nutr*, **64** (3), 397S-404S (1996)
4）宮脇尚志ほか，肥満研究，**11**，155-161 (2005)
5）K. R. Foster, *et al.*, *Am J Clin Nutr*, **64** (3), 388S-396S (1996)
6）M Ryo, *et al.*, *Diabetes Care*, **28** (2), 451-453 (2005)
7）梁美和ほか，肥満研究，**9** (2)，136-142 (2003)
8）片嶋充弘ほか，健康医学，**19** (3)，7-12 (2004)
9）Y Okauchi, *et al.*, *Diabetes Care* **30**, 2392-2394 (2007)

10） 岡崎浩子ほか，産業衛生学雑誌，56 (5)，109-115 (2014)
11） T Shiga, *et al.*, *IFMBE Proceedings 25/VII*, 2009, **24**, 146-150 (2009)
12） 井田みどりほか，日本臨牀，**71** (2)，262-265 (2013)
13） 福井敏樹ほか，人間ドック，**27**，719-728 (2012)
14） M Ida, *et al.*, *Obesity*, **21**, 350-353 (2013)
15） 桝田出ほか，*Therapeutic Research*，**36** (6)，581-591 (2015)
16） 福井敏樹ほか，人間ドック，**31**，588-597 (2016)
17） 善積透ほか，肥満研究，**6** (2)，81-87 (2000)

第4章　生体ガス
―糖尿病における呼気アセトン&イソプロパノールガス濃度―

荒川貴博[*1]，當麻浩司[*2]，三林浩二[*3]

1　はじめに

生体からは呼気ガスや皮膚ガスとして多様な揮発性有機化合物が放出されており，血液等の体液に含まれる化学成分と同様に，身体の生理状態や疾病を反映する化学物質が含まれることが知られている（表1）。例えば，呼気中のアセトンガスは，空腹状態において濃度が増加することや，糖尿病患者においては健常者より高濃度で含まれていることが報告されている[1~4)]。体内エネルギーである糖質が不足する状態では，脂肪組織から血液中に遊離脂肪酸が放出され，β酸化によりアセチル CoA が産生される。次にアセチル CoA は肝細胞に取り込まれ，ケトン体であるアセトンやアセト酢酸，β-ヒドロキシ酪酸を産生しながら，ATP 生成の経路に向う[5)]。揮発性のアセトンは血液を介して呼気や尿として体外へ排泄され，生成されるケトン体の濃度を測定することで，運動時のケトーシス状態や脂質代謝などを評価することができる。また，糖尿病においてはインスリンが不足することで，エネルギー源として脂肪酸を優先的に使用する。そのため脂質代謝の指標として呼気中アセトン濃度を測定することにより，糖尿病の進行度合，脂肪燃焼状況の評価が可能であると報告されている[6,7)]。

表1　生体ガスと臨床的意義

揮発性有機化合物	臨床的意義・代謝・用途など
アンモニア	肝疾患，肝臓ガン
一酸化窒素	喘息，気管支喘息
アセトン	糖尿病，脂質代謝
イソプロパノール	糖尿病，肺ガン
アルコール・アセトアルデヒド	アルコール摂取，アルコール代謝能
水素	乳糖不耐症，最近異常増殖
硫化水素	口臭，口腔内衛生管理
メチルメルカプタン	口臭，口腔内衛生管理

＊1　Takahiro Arakawa　東京医科歯科大学　生体材料工学研究所　医療デバイス研究部門　センサ医工学分野　講師

＊2　Koji Toma　東京医科歯科大学　生体材料工学研究所　医療デバイス研究部門　センサ医工学分野　助教

＊3　Kohji Mitsubayashi　東京医科歯科大学　生体材料工学研究所　医療デバイス研究部門　センサ医工学分野　教授

一方，イソプロパノール（isopropanol, IPA）はアセトンの代謝物で揮発性を有し，血液を介して呼気・尿として体外へ排泄され，呼気中のIPA濃度も糖尿病，肝疾患，慢性閉塞性肺炎，肺癌等との関連が報告されている[8~12]。しかし，ガスクロマトグラフなど既存装置では試料の前処理が必要で，簡便性や連続計測に適していないなどの課題があり，選択性に優れた高感度なアセトンおよびIPA用のガスセンサが求められている[13,14]。

本章では，二級アルコール脱水素酵素（secondary alcohol dehydrogenase, S-ADH）の正・逆反応により生成・消費される還元型ニコチンアミドアデニンジヌクレオチド（reduced nicotinamide adenine dinucleotide, NADH）を，その自家蛍光の増加・減少を光ファイバ型の蛍光光学系にて検出することでIPAとアセトンを測定した。そして，本光学系を気液隔膜フローセルに組み込むことで，IPAとアセトンガスの計測可能な気相用バイオセンサ（バイオスニファ）を構築し，その特性を評価した。さらに，健常者と糖尿病患者の呼気中IPAとアセトン濃度を調べ，本センサでの呼気計測による代謝センシングの有効性について述べる。

2　実験方法

2.1　IPAとアセトンガス用の光ファイバ型バイオスニファ

S-ADHはIPAなどの二級アルコールを基質とする脱水素酵素で，その正反応によりIPAを酸化することで，電子受容体である酸化型ニコチンアミドアデニンジヌクレオチド（NAD^+）は還元され，NADHを生成する（式(1)）。

$$\text{2-propanol} + NAD^+ \underset{}{\overset{\text{S-ADH}}{\rightleftarrows}} \text{acetone} + NADH \tag{1}$$

このNADHは自家蛍光（ex. 340nm, fl. 491nm）を有することから，その増加を検出することでIPAを測定する。また，S-ADHは弱酸性の環境中では，逆反応によりアセトンを還元することで，電子供与体であるNADHを消費する。そのNADH蛍光減少を検出することでアセトンを測定することとした。アセトンの計測については，以前発刊された書籍に詳細を報告している[13,15]。

IPAバイオスニファでは，図1に示すように，紫外発光ダイオード（UV-LED, λ=339nm, 1H33, DOWA Electronics）と光電子増倍管（PMT, C9692, Hamamatsu Photonics）からなる光ファイバ型のNADH蛍光検出系に，S-ADHを固定化した酵素膜を取り付けて構築した。S-ADH酵素膜は支持膜として，親水性の多孔質PTFE膜（pore size: 0.2μm, t=80μm, Omnipore Membrane Filter, Millipore）を用い，S-ADH（E.C.1.1.1.x, 1 U/mg prot., Daicel Chiral Technologies）を0.5unit/cm^2と，エタノール溶媒にて10wt%に希釈した2-メタクリロイルオキシエチルホスホリルコリン（2-methacryloyloxyethyl phosphorylcholine: MPC）とメタクリル酸2-エチルヘキシル（2-ethylhexyl methacrylate: EHMA）の共重合体（PMEH）10μl/cm^2をそれぞれ塗布し，冷暗所（4℃）にて3時間乾燥させ，酵素を包括固定化し作製した[16]。

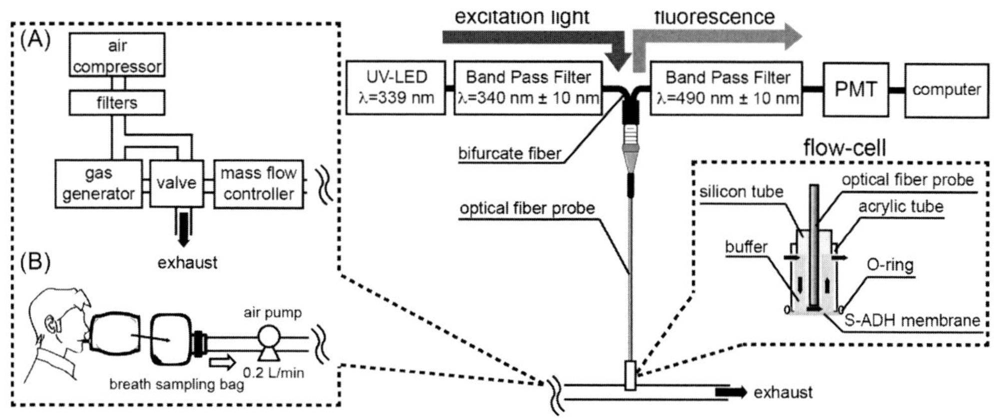

図1　アセトン/IPAバイオスニファの実験系
Analytical Chemistry, **89**, 12261（2017）より引用

次に作製した酵素固定化膜をフローセルに組み込み，酵素反応の補酵素であるNAD$^+$を含むリン酸緩衝液（PB）を常時供給するとともに，消費されるNAD$^+$の供給，余剰基質及び反応生成物の除去を行い，IPAの連続モニタリングを行った。ガスの流路に関しては耐薬品性，耐吸着性に優れるPTFE製チューブ（O.D. 6.0mm，I.D. 4.0mm）を用いた。フローセルに関してはアクリル棒（O.D. 12mm）への機械加工にて側面に直径1.0mm，プローブ端面と酵素膜とのギャップが0.4mmとなるように作製した。フローセルを光ファイバプローブに装着し，セル端面にS-ADH固定化膜をシリコーンOリングを用いて装着し，IPAガス測定用バイオセンサとした。

S-ADH固定化バイオセンサの特性評価では，標準ガス発生装置を用いて作製したIPAとアセトンの各標準ガスをセンサ感応部に負荷し，その際の蛍光出力の変化を調べた。また本センサの至適pH，IPAとアセトンガスに対する選択性についても調べた。

次に作製した両バイオスニファを呼気中IPAとアセトンガスの計測に適用した（東京医科歯科大学・生体材料工学研究所・倫理委員会 承認番号：2015-06）。予め実験の趣旨を説明し同意を得た健常成人において，食物を6時間以内に摂取し，安静状態で，呼気サンプルを適宜サンプルバックに採取し，バイオスニファにてIPAとアセトンのガス濃度測定を行った。

3　実験結果

3.1　IPAとアセトンガス用バイオスニファの特性評価

S-ADH固定化バイオセンサに各濃度のIPAガスをセンサ感応部に負荷した際の蛍光出力の変化を差分とし，その経時変化を図2に示した。IPAの負荷に伴う著しい蛍光出力の増加と濃度に応じた安定値及びガス供給停止に伴う初期値への回復と，その極めて良好な矩形状の応答出力

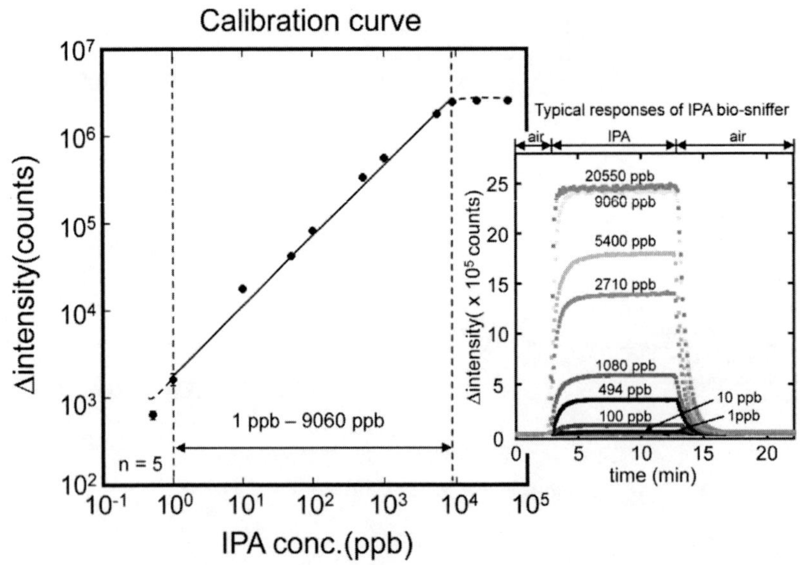

図２　IPA バイオスニファの応答性と定量特性
Biosensors and Bioelectronics, **91**, 341-346（2017）より引用

が観察され，IPA ガスの連続計測が可能であった。蛍光出力の安定値をもとに IPA ガスに対する定量特性を調べたところ，式(2)により

$$\Delta \text{intensity (counts)} = 2108.1 \times (\text{IPA concentration, ppb})^{0.793} \tag{2}$$

1～9060 ppb の濃度範囲で IPA ガスを定量可能（R＝0.999）で，呼気 IPA 計測に十分な定量特性を有していた（図 3）。本センサの再現性（108 ppb IPA，n＝10）を調べたところ，変動係数は 2.59％（n＝5）であった。

同様に，アセトンバイオスニファに各濃度の標準アセトンガスを負荷したところ，アセトン濃度に応じた NADH の蛍光出力の減少を示し，安定値となることを確認した。アセトンセンサの定量特性を図 3（A）に示す。アセトン用バイオスニファは，健常者（200～900 ppb）及び糖尿病患者（＞900 ppb）の呼気濃度を含む，20～5300 ppb の濃度範囲でアセトンガスを定量可能であった[13,15]。

次に緩衝溶液の pH の影響を調べたところ，IPA センサは pH8.5 にて，アセトンセンサは pH7.0 にて最も高い出力が得られた。緩衝液の pH を調整することで，IPA もしくはアセトンガスの測定が可能であることが確認された。また，IPA とアセトンガスに対する選択性を評価するため，呼気に含まれる各種ガスを負荷し，蛍光出力を比較した（図 4）。アセトンバイオスニファにおいては 2-ブタノン，IPA バイオスニファにおいては 2-ブタノールに対し出力が確認されたが，呼気中には極低濃度でしか存在しない成分であるため，呼気計測においてはほとんど影響が無いと考えられる。IPA とアセトンガスの蛍光出力と比して，呼気中に存在する他のガス

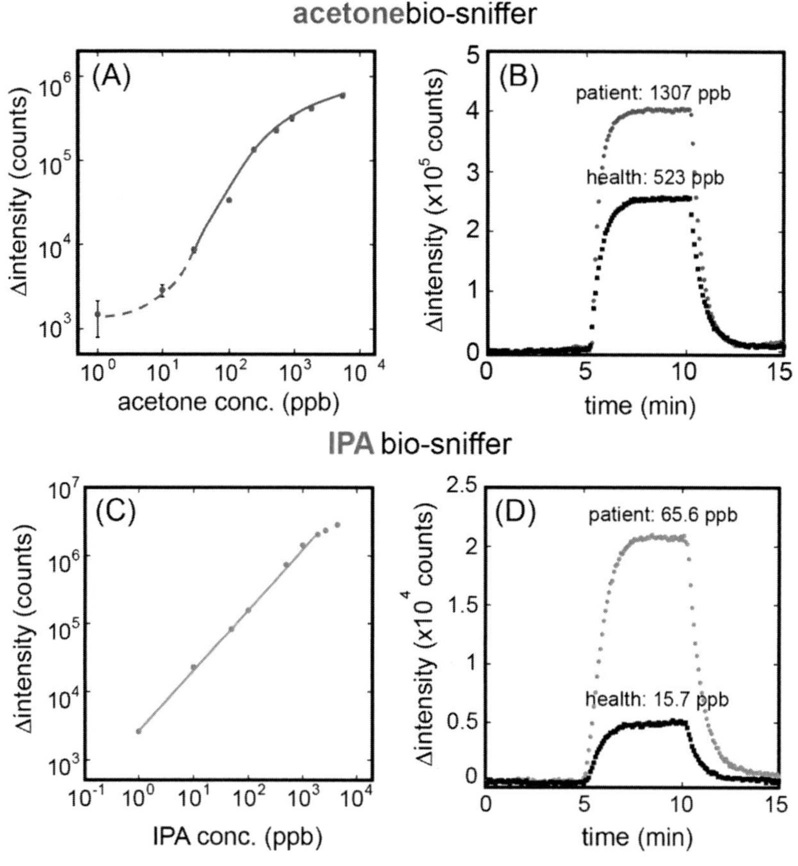

図３　アセトン/IPA バイオスニファの特性
(A)アセトンバイオスニファの定量特性，(B)糖尿病患者と健常者の呼気中アセトンに対する応答特性，(C)IPA バイオスニファの定量特性，(D)糖尿病患者と健常者の呼気中 IPA に対する応答特性
Analytical Chemistry, **89**, 12261（2017）より引用

成分にはほとんど出力を示さず，酵素の基質特異性に基づく選択性が得られた[17]。

3.2　アセトン・IPA バイオスニファの呼気計測応用

開発したバイオスニファを用いて，採取した呼気中 IPA とアセトンガス濃度の計測を行ったところ，標準ガスと同様に，NADH の蛍光出力の増加と減少が得られ，呼気中 IPA とアセトンガス濃度を定量することができた。健常者・糖尿病患者の呼気を用いてそれぞれのバイオスニファによって測定した応答特性を図３（B)アセトン，(D)IPA に示している。アセトンにおいては，健常者 523ppb，糖尿病患者 1307ppb の出力が確認された。健常者，糖尿病患者において既報値の呼気濃度と矛盾しない結果が得られた。IPA においては，健常者 15.7ppb，糖尿病患者 65.6ppb と糖尿病患者において健常者と比較すると高濃度で呼気中に存在する結果が得られ

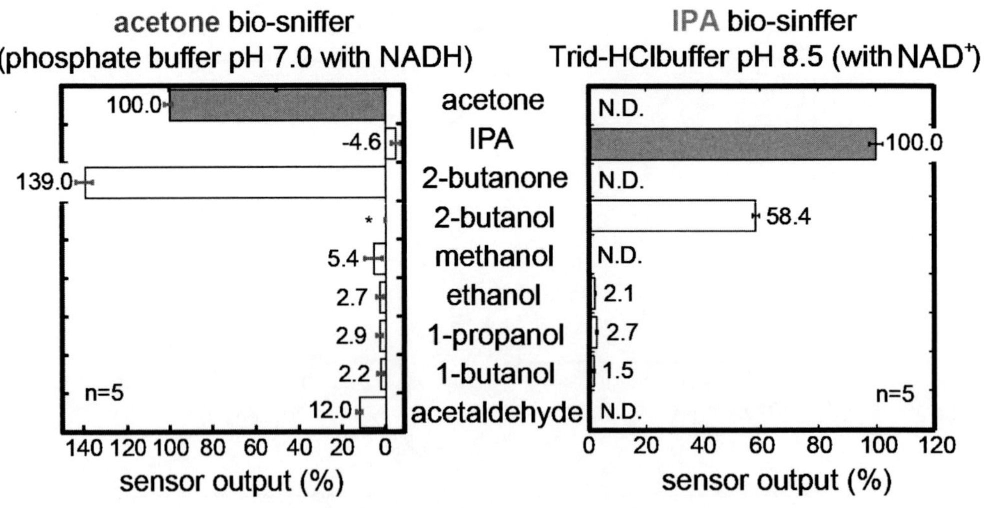

図４　アセトン/IPA バイオスニファの選択性の評価
Analytical Chemistry, **89**, 12261（2017）より引用

た[17]。

次に，健常者 55 名，1 型糖尿病患者 4 名，2 型糖尿病患者 21 名のグループに分け，アセトンと IPA ガスの計測を行った。アセトンにおいては，健常者 91 サンプル，1 型糖尿病患者 15 サンプル，2 型糖尿病患者 75 サンプルを採取した。また，IPA においては，健常者 91 サンプル，1 型糖尿病患者 11 サンプル，2 型糖尿病患者 67 サンプルを採取した。図 5（A）に健常者と糖尿病患者のアセトン濃度の比較を示している。糖尿病患者の呼気中のアセトン濃度の平均は 1207.7 ± 689.5 ppb であり，健常者の平均の 750.0 ± 434.4 ppb よりも高値であり，$p < 1 \times 10^{-6}$ と有意差が確認された。図 5（B）に健常者，1 型糖尿病患者，2 型糖尿病患者のアセトン濃度の比較を示している。1 型糖尿病患者 1641.3 ± 845.5 ppb（$p < 0.001$），2 型糖尿病患者 1121.0 ± 604.8 ppb（$p < 0.001$）であった。1 型，2 型糖尿病患者において呼気中アセトン濃度が増加する理由として，脂肪代謝により肝細胞でケトン体が生成され，揮発性のアセトンが呼気として放出されるため，呼気濃度が健常者と比して高濃度であることが考察される。図 5（C）に健常者，1 型糖尿病患者，2 型糖尿病患者の呼気中の IPA 濃度の比較を示す。すべての糖尿病患者の呼気中 IPA 濃度の平均は 23.1 ± 20.1 ppb となり，健常者の平均値（15.4 ppb）と比較したところ有意差検定は $p < 0.01$ となった。糖尿病患者では IPA 濃度は健常者に比して高濃度で呼気中に存在することが示唆された。しかし，1 型，2 型糖尿病患者を分けた条件において健常者に対する有意差は確認されなかった（図 5（D））。

今後，IPA とアセトンバイオスニファを用いることで，健常者と糖尿病患者の呼気中の IPA とアセトンガスの濃度計測，その経時的な変化についてより詳細な評価を行い，糖尿病患者の呼気を用いた代謝センシングに関する研究を進める。

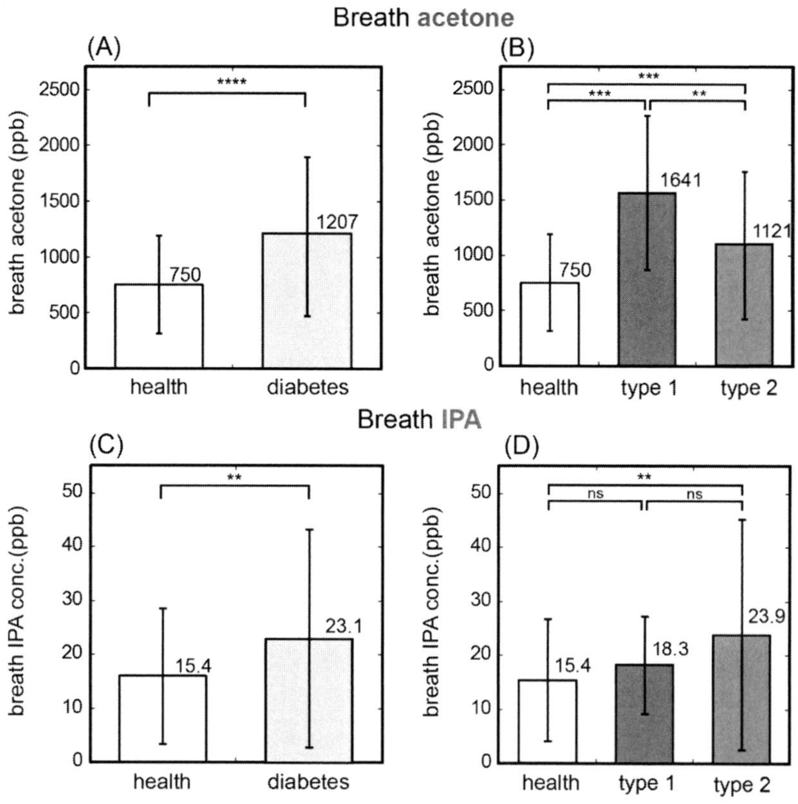

図5　アセトン/IPAバイオスニファを用いた健常者および糖尿病患者の呼気中アセトン・IPA濃度の評価と有意差検定

(A)健常者および糖尿病患者の呼気中アセトン濃度の比較，(B)健常者および1型，2型糖尿病患者の呼気中アセトン濃度の比較，(C)糖尿病患者および健常者の呼気中IPA濃度の比較，(D)健常者および1型，2型糖尿病患者の呼気中IPA濃度の比較

****: $p<1\times10^{-6}$，***: $p<0.001$，**: $p<0.01$, ns: no significant difference.

Analytical Chemistry, **89**, 12261 (2017) より引用

4　まとめと今後の展望

生体の代謝センシングを目的として，呼気中IPAとアセトンの測定のための，高感度なIPA・アセトンガス用バイオセンサを開発した。本センサではS-ADHの反応により生成もしくは消費されるNADHを，光ファイバを用いた蛍光光学系にて検出することで，IPAおよびアセトンガスの高感度測定を実現した。本センサを呼気計測に適用したところ，健常者・糖尿病患者の呼気計測により，アセトンにおいては健常者・糖尿病患者の$p<10^{-6}$，IPAにおいては健常者・糖尿病患者の$p<0.01$の有意差が確認された。今後，本センサを用いることで，生理的な代謝状態や糖尿病における脂質代謝を非侵襲的かつリアルタイムに評価できるものと期待される。

文　献

1) C. Deng, J. Zhang, X. Yu, W. Zhang, X. Zhang, J. Chromatogr. *B Anal. Technol. Biomed. Life Sci.*, **810**, 269-275 (2004)
2) T. D. C. Minh, D. R. Blake, P. R. Galassetti, *Diabetes Res. Clin. Pract.*, **97**, 195-205 (2012)
3) V. Ruzsányi, M. P. Kalapos, *J. Breath Res.*, **11**, 24002 (2017)
4) M. D. Trotter, M. J. Sulway, E. Trotter, *Clin. Chim. Acta*, **35**, 137-143 (1971)
5) A. Reyes-Reyes, R. C. Horsten, H. P. Urbach, N. Bhattacharya, *Anal. Chem.*, **87**, 507-512 (2015)
6) A. K. Mörk, G. Johanson, *Toxicol. Lett.*, **164**, 6-15 (2006)
7) N. Yamane, T. Tsuda, K. Nose, A. Yamamoto, H. Ishiguro, T. Kondo, *Clin. Chim. Acta*, **365**, 325-329 (2006)
8) W. Li, Y. Liu, Y. Liu, Y. Duan, *RSC Adv.*, **7**, 17480-17488 (2017)
9) Y. Yan, Q. Wang, W. Li, Z. Zhao, X. Yuan, Y. Huang, Y. Duan, *RSC Adv.*, **4**, 25430-25439 (2014)
10) B. Buszewski, T. Ligor, T. Jezierski, A. Wenda-Piesik, M. Walczak, J. Rudnicka, Anal. *Bioanal. Chem.*, **404**, 141-146 (2012)
11) J. Rudnicka, M. Walczak, T. Kowalkowski, T. Jezierski, B. Buszewski, *Sensors Actuators, B Chem.*, **202**, 615-621 (2014)
12) I. A. Hanouneh, N. N. Zein, F. Cikach, L. Dababneh, D. Grove, N. Alkhouri, R. Lopez, R. A. Dweik, *Clin. Gastroenterol. Hepatol.*, **12**, 516-523 (2014)
13) M. Ye, P. J. Chien, K. Toma, T. Arakawa, K. Mitsubayashi, *Biosens. Bioelectron.*, **73**, 208-213 (2015)
14) P. J. Chien, M. Ye, T. Suzuki, K. Toma, T. Arakawa, Y. Iwasaki, K. Mitsubayashi, *Talanta*, **159**, 418-424 (2016)
15) 三林浩二監修，「生体ガス計測と高感度ガスセンシング」，第I編第6章　呼気アセトン用バイオスニファ（ガスセンサ）による脂質代謝評価，p.89～96，シーエムシー出版（2017）
16) P. -J. Chien, T. Suzuki, M. Tsujii, M. Ye, K. Toma, T. Arakawa, Y. Iwasaki, K. Mitsubayashi, *Biosens. Bioelectron.*, **91**, 341-346 (2017)
17) P. J. Chien, T. Suzuki, M. Tsujii, M. Ye, I. Minami, K. Toda, H. Otsuka, K. Toma, T. Arakawa, K. Araki, Y. Iwasaki, K. Shinada, Y. Ogawa, K. Mitsubayashi, *Anal. Chem.*, **89**, 12261-12268 (2017)

第5章　インスリン／グルカゴン　シグナリング

北村忠弘*

1　はじめに

生体において，糖，脂質，タンパク質の代謝調節を行う代表的なホルモンはインスリンとグルカゴンである。インスリンとグルカゴンは膵臓に含まれる内分泌組織であるランゲルハンス島（ラ氏島）の β 細胞と α 細胞からそれぞれ分泌され，前者が血糖値を低下させ，後者は上昇させることから，これら2つのホルモンは拮抗ホルモンと考えられてきた。しかしながら，インスリンとグルカゴンの生理作用を詳細に検討すると，これらは単純に拮抗しているわけではないことが分かる。また，インスリンとグルカゴンの多彩な代謝作用は，インスリンやグルカゴンが標的細胞の細胞膜上に発現するインスリン受容体やグルカゴン受容体と結合することに端を発する。本稿ではインスリンとグルカゴンに分けて，これら細胞内シグナリングの概要を紹介する。インスリン受容体欠損マウスは生後数日で高血糖とケトーシスにより死亡するが[1)]，グルカゴン受容体欠損マウスは低血糖にはなるものの死亡しない[2)]。このことは血糖値を下げる唯一のホルモンがインスリンであるが，血糖値を上げるホルモンはグルカゴン以外にもカテコラミンやコルチゾール（マウスではコルチコステロン）などいくつかあることと合致する。さらに，最近の研究成果から，グルカゴンは糖代謝調節よりも，むしろアミノ酸代謝調節に重要な役割を果たしている可能性が出てきた。一方，インスリン研究に比べてグルカゴン研究は遅れており，その最大の原因はグルカゴンを特異的に正確に測定するアッセイ法がなかったことである。最近，質量分析（LC-MS/MS）やサンドイッチ ELISA といった新しい測定法が開発され，グルカゴンの真の生理的動態や病態生理的意義が明らかになりつつある。従って，今後はグルカゴンが決してインスリンの脇役ではなく，糖，脂質，タンパク質の代謝調節における中心的なホルモンであり，糖尿病や肥満症といった代謝疾患に対する新しい治療標的として，注目されると考えられる。

2　インスリンとグルカゴンを分泌する膵ランゲルハンス島（ラ氏島）

ラ氏島は全膵臓容積の1%程度（ヒトでは1つの膵臓に20～200万個程度）を占める主に内分泌細胞からなる細胞集塊であるが，5種類の異なる内分泌細胞から形成されている点が特徴である。これらの細胞は細胞数の多い順に β 細胞（インスリン），α 細胞（グルカゴン），δ 細胞（ソマトスタチン），PP 細胞（pancreatic polypeptide），ε 細胞（グレリン）である（図1）。それぞ

＊　Tadahiro Kitamura　群馬大学　生体調節研究所　代謝シグナル解析分野　教授

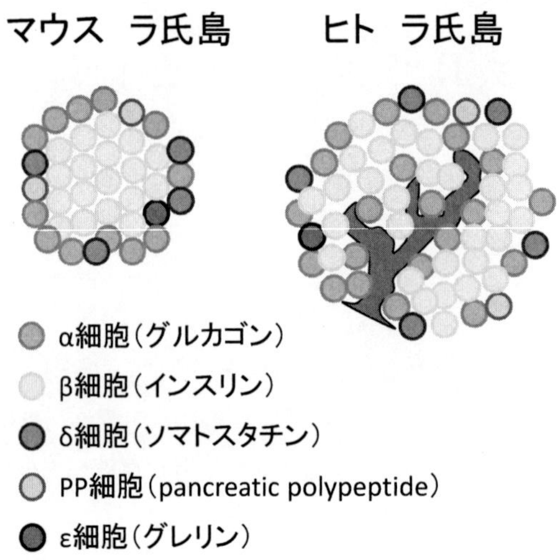

図1　インスリンとグルカゴンが分泌されるラ氏島

れの内分泌細胞の占める割合はマウスやラット等のげっ歯類ではβ細胞が約75%，α細胞が15%，δ細胞が10%，PP細胞とε細胞はそれぞれ1%以下と考えられている。ところが，これらのラ氏島に占める細胞の割合は動物種によって大きな違いがあり，例えば，ヒトではβ細胞が60%程度で，α細胞が30%程度とβ細胞に対するα細胞の割合が多くなっている[3]。

次に重要なのは，膵島細胞の構築である。マウスやラット等のげっ歯類ではβ細胞が膵島の中心部に多く集まり，α細胞やδ細胞等の非β細胞が周辺部に存在する，いわゆるマントルコア構造を呈している（図1左）。マントルコア構造の生理的意義は未だに不明であるが，β細胞同士の接触機会が増えることから，β細胞間の情報伝達に有利なのではないかと考えられている。興味深いことに，動物種によって膵島細胞の構築は大きく異なっており，ヒトではマントルコアが崩れて，一見無秩序に種々の細胞が入り組んでいる様に見える（図1右）。さらに，鳥類ではげっ歯類と逆にα細胞が膵島の中心部に集中する逆のマントルコアを呈している。ヒトの膵島細胞構築に関しては，古くから意見が分かれていた。ヒトでもある程度のマントルコア構造を保っているという意見[4]と，全く無秩序に種々の細胞が並んでいるという意見[5]である。最近のヒト膵臓における組織学的な3次元解析の結果，直径が40～60ミクロン程度の小さな膵島においては，げっ歯類と同じマントルコア構造（α細胞が周辺部でβ細胞が中心部）を呈しているが，これより大きな膵島になると，膵島内に微小血管が入り込み，この血管腔に沿ってα細胞が配置されている（図1右）。さらに直径100ミクロン以上の大きな膵島になると，血管腔が複雑に膵島内に入り込み，膵島は一見，いくつかのサブユニットに分葉化された（cloverleaf patternと呼ばれる）様に観察される。この血管腔に沿ってα細胞が存在する為に，膵島中心部にもα細胞が入り込んでいる様に見えるが，無秩序に入り込んでいるわけではなく，血管腔側を膵島外部と考えると，やはり膵島周辺がα細胞で中心部のβ細胞を取り囲む形で存在していることになる。別の言い方にすれば，ヒトの大きな膵島では分葉化したマントルコア構造を呈していることになる[3]。δ細胞，PP細胞，ε細胞に関しては，基本的にα細胞と同じ配置にあり，その点ではヒトでもげっ歯類でも違いはない。いずれにしても，げっ歯類の様な単純なマントルコア構造に比べると，ヒトの膵島ではβ細胞と非β細胞（主にα細胞）が接触する機会が増えることになる。このことの生理的意義についても明らかにされていない。

3　インスリン研究とグルカゴン研究

インスリンがBantingとBestによって犬の膵臓抽出物から発見されたのが1921年で，その2年後の1923年にKimballとMurlinがインスリンの粗精製物中に血糖上昇物質が含まれていることを発見し，グルカゴンと名付けた。その後，1953年にインスリンの，1957年にグルカゴンの一次構造が解明され，それぞれ51アミノ酸，29アミノ酸配列が確定した。さらに，1959年にインスリンとグルカゴンのラジオイムノアッセイ（RIA）がほぼ同時期に開発され，両ホルモンの研究は急速に進展した。しかしながら，その後の半世紀はインスリン研究が主流となり，グルカゴン研究に大きく差をつけ，あたかもインスリンが主役，グルカゴンは脇役のイメージが定着してきた。このことは年間論文数の推移を見ても明らかであり，図2に示す様に，そもそもインスリンに関連する論文数はグルカゴンよりも一桁多くなっており，さらに，インスリンの論文数がこの半世紀右肩上がりで増加したのに対し，グルカゴンの論文数は1980年代からの20年間は減少の一途をたどっている。グルカゴン研究が進まなかった最大の理由は測定系が不正確であったからである。そのことは最近Holstらも指摘している[6]。彼らは世界で標準的に用いられている8種類のグルカゴン測定キットを比較検討したが，どれ一つ感度，特異性に優れたものはなかったという結論を報告している。グルカゴン測定が困難な理由として，プログルカゴンからプロセッシングを受けて合成される過程で，グルカゴン類縁ペプチドと呼ばれるグルカゴンとアミノ酸配列が類似した複数のペプチドが合成されることがある。これはプロインスリンからインスリンとC-ペプチドの2つしか合成されないのとは対照的である。特に，グリセンチンやオキシントモジュリンはアミノ酸配列がグルカゴンと重複しており，従来のグルカゴンC末抗体を用いた競合法RIAでは交叉反応を起こしてしまう。この問題を克服するために，N末抗体とC末抗体の両方を用いたサンドイッチELISA法が開発され，グルカゴンに対する特異性が飛躍的に向上した。HolstらもMercodia社のサンドイッチELISA法が現時点で最も正確にグルカゴンを測定できると述べている[7]。しかしながら，この方法でもグルカゴンに対する特異性が十分でないことが指摘されている[8]。即ち，従来法の競合法RIAに比べると，グルカゴンに対する特異性は増したが，サンドイッチELISAといえども原理はイムノアッセイであり，抗体による非特異性反応を100%除外することはできない。従って，筆者らはイムノアッセイ原理を用いない新たな測定法として，最近，質量分析を用いたグルカゴン測定系（LC-MS/MS）を開発した[9]。今後，新規測定系を用いた糖尿病におけるグルカゴンの病態生理的意義の解明と，種々の糖尿病薬によ

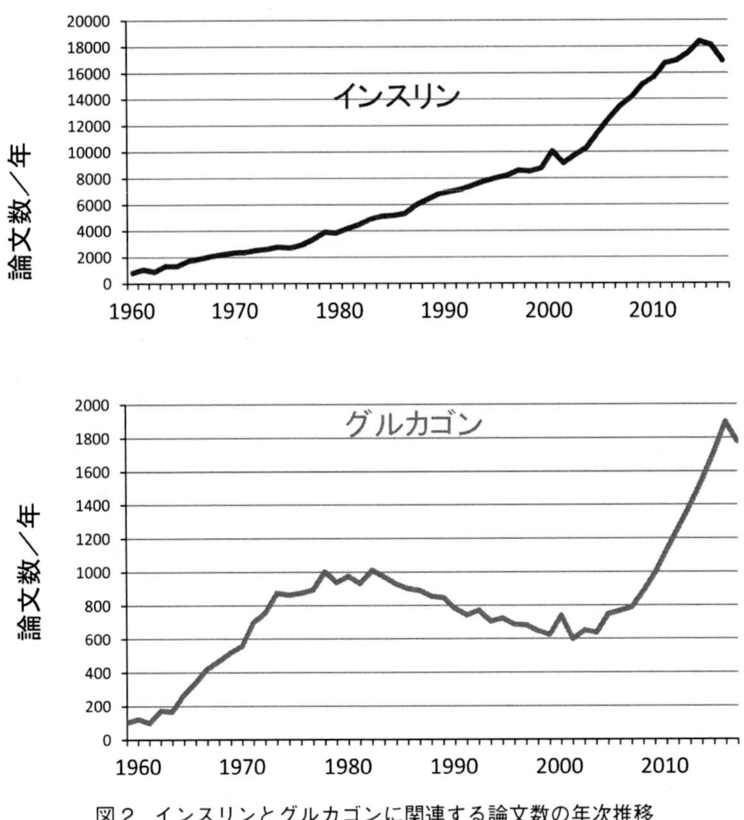

図２　インスリンとグルカゴンに関連する論文数の年次推移

る血中グルカゴン濃度への影響の再検証を行い，グルカゴンも視野に入れた糖尿病の病態診断と，それを基にした新たな治療戦略の開発に期待がかかる。なお，グルカゴン測定系の詳細については筆者らの最近の総説を参照されたい[10)]。

4　インスリンとグルカゴンの作用と生理的動態

インスリンとグルカゴンの作用を一言で表すと，インスリンは同化作用でグルカゴンは異化作用である。つまり，インスリンは食事から摂取したグルコースやアミノ酸といった栄養素を血中から細胞内に取り込ませ，それを元にしてグリコーゲンやタンパク質，脂肪を合成している。一方，グルカゴンは細胞内に蓄えたグリコーゲンや脂肪を分解させ，グルコースや脂肪酸，ケトン体といったエネルギー源を産生している。各臓器における具体的な両ホルモンの作用を表にまとめてある。一見すると，逆向きの作用が多く，インスリンとグルカゴンは拮抗ホルモンであるという印象を受けるが，必ずしも逆向きの作用だけでないことが分かる。つまり，腎臓や中枢神経系においてはNaや水の再吸収，食欲抑制など，両ホルモンは同じ作用を示す。肝臓においては

表　インスリンとグルカゴンの作用

臓器	作用	インスリン	グルカゴン
肝臓	糖取込み	↑	
	糖産生	↓	↑
	グリコーゲン合成	↑	
	グリコーゲン分解	↓	↑
	アミノ酸取込み	↑	
	タンパク合成	↑	
	アミノ酸代謝，尿素産生		↑
	脂肪合成	↑	
	脂肪分解，ケトン合成		↑
骨格筋	糖取込み	↑	
	グリコーゲン合成	↑	
	アミノ酸取込み	↑	
	タンパク合成	↑	
脂肪組織	脂肪合成	↑	
	脂肪分解	↓	↑
膵臓	ホルモン分泌	グルカゴン分泌抑制	インスリン分泌促進
消化管	蠕動運動		↑
心臓	心筋収縮		↑
腎臓	Na，水再吸収	↑	↑
褐色脂肪	熱産生		↑
中枢神経	食欲	↓	↓

拮抗作用が多いが，重要なことに骨格筋にはグルカゴン受容体は発現しておらず，インスリンの骨格筋に対する作用にグルカゴンは影響していない。また，グルカゴン受容体シグナリングの項で詳しく述べるが，これらの作用には生理的濃度での作用以外に薬理学的濃度での作用も加えており，いわゆる生理作用とは異なる点も注意が必要である。

一方，健康な人に糖負荷や食事負荷をした際の血糖値，血中インスリン濃度の変化と合わせて，3種類の測定系で血中グルカゴン濃度を評価した結果を図3に示す。血糖値とインスリンに関しては，糖負荷（75gブドウ糖）と食事負荷（約50g炭水化物，約20gタンパク質，約10g脂質）では，ほぼ類似の変動パターンを示した。それに対し，グルカゴンはLC-MS/MSとサンドイッチELISAの両方において，糖負荷と食事負荷では逆の変動パターンを示し，糖負荷でグルカゴンは有意に低下するが，食事負荷では上昇傾向を示した。重要なことに，これらの逆パターンは従来の競合法RIAでは認められなかった。従って，従来の測定法による結果をもとに，食後はインスリン分泌が促進され，グルカゴン分泌は抑制されると考えられてきたが，それは誤りであり，食後はインスリンもグルカゴンも分泌が促進される。それでは，食後にグルカゴン分泌が促進される生理的意義は何であろうか？　表に示したようにグルカゴンには中枢における食欲抑制，消化管運動抑制，褐色脂肪での熱産生促進などの作用があり，これらは全て食後に分泌促進した方が理にかなっている。すなわち，食後に摂食を止めさせる働きや，食事誘導性熱産生（食

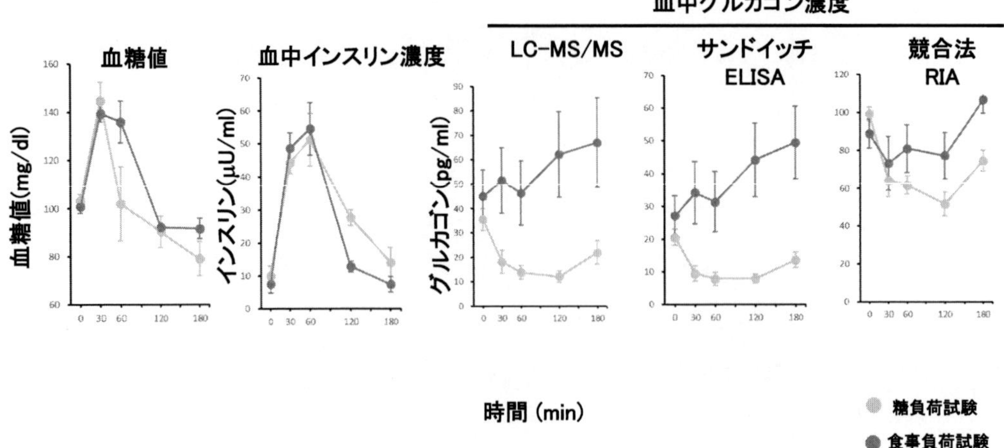

図３　健常ヒトに対する糖負荷と食事負荷後の血中インスリン濃度とグルカゴン濃度の変化

後には体温上昇や発汗が起こる）にグルカゴンが関わっているという考え方である。しかしながら，最近では，グルカゴンは食後のアミノ酸代謝に必須であるために分泌が促進されるのではないかと考えられるようになった。即ち，食事中のタンパク（アミノ酸）が分解されて生じる NH_3（アンモニア）は生体に有害であり，これを尿素に変換して尿として体外に排出する目的で，食後にグルカゴン分泌が促進されるという考え方である（グルカゴンには尿素合成促進作用がある)。実際に，筆者らも健常者にタンパク負荷試験を行い，血中グルカゴン濃度が速やかに著しく上昇することを確認している（未発表データ)。

5　インスリン受容体シグナリング

上述のインスリンの多彩な生理作用は，インスリンが細胞膜上のインスリン受容体と結合し，受容体チロシンキナーゼ活性が上昇することに端を発することが春日らにより証明された[11)]。その後，1985 年に実際にインスリン受容体の cDNA がクローニングされ，その一次構造が解明された[12,13)]。また，インスリン受容体が生体におけるインスリン作用の発現に重要であることが実際に *in vivo* で証明されたのは，1996 年にインスリン受容体ノックアウトマウスが生後数日で高血糖とケトーシスにより死亡することが報告されてからである[1)]。その後，臓器特異的インスリン受容体ノックアウトマウスが次々に作成され，各臓器におけるインスリン受容体シグナルの重要性が明らかとなった[14)]。

一方，インスリン受容体シグナルは他の細胞内シグナリングと比較しても分子レベルで最も解明されたシグナル経路である。インスリンシグナリング研究は他の様々なホルモンの細胞内シグナリングを解明して行く上で，モデルとされてきた。具体的には，図 4 に示すように，活性化されたインスリン受容体は，IRS タンパクや Shc といった細胞内基質のチロシン残基をリン酸化

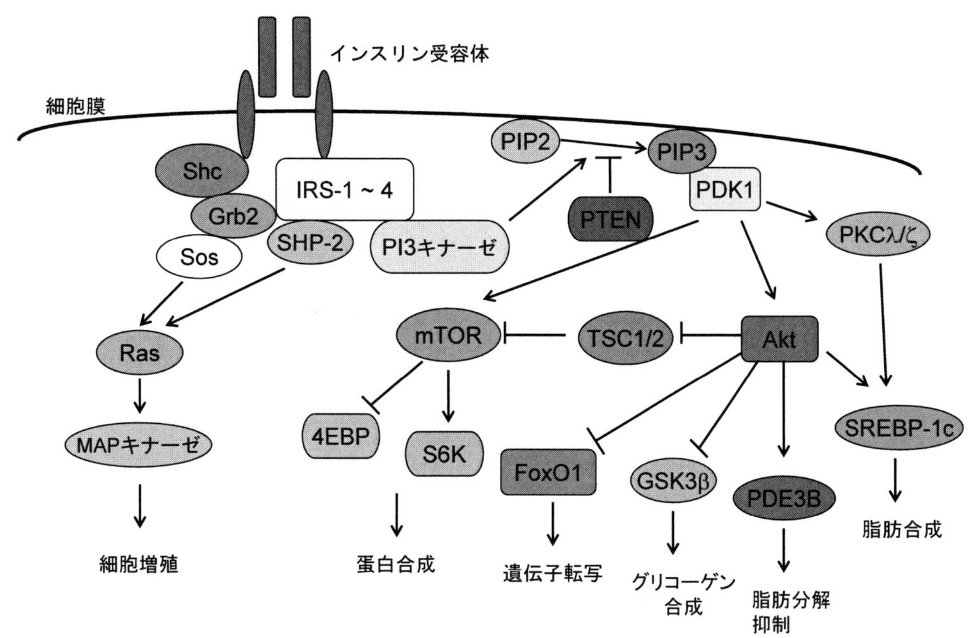

図4　インスリン受容体シグナリング

し，下流の分子へとシグナルを伝えていく。PI3 キナーゼは細胞膜上のリン酸化脂質である PI (4, 5) 2 リン酸から PI (3, 4, 5) 3 リン酸 (PIP3) を生成し，PIP3 を認識して細胞膜にトランスロケーションした PDK1 は下流分子である Akt や atypical PKC をリン酸化して活性化させる。活性化した Akt は細胞質内の多くの基質分子をリン酸化する。代表的な Akt のリン酸化基質として，アポトーシス関連分子である Caspase や BAD (アポトーシス制御) があり，他にも cAMP の水解酵素である PDE3B を活性化 (ホルモン感受性リパーゼの活性低下を介して脂肪分解を抑制)，GSK3 β のリン酸化 (グリコーゲン合成酵素を活性化することでグリコーゲン合成を促進)，mTOR や p70S6 キナーゼ，4EBP/PHAS を介してタンパク質合成，さらには SREBP-1c を介して脂質合成系にも関わっている。一方，Akt は細胞膜近傍で活性化された後，細胞質を経由して最終的に核へ移行する。Akt の核内基質として転写因子 FoxO1 がある。FoxO1 は核内で Akt により 24 番目のスレオニン及び 256 番目と 319 番目のセリン残基がリン酸化される。リン酸化された FoxO1 は核から細胞質に移行する。FoxO1 は転写因子であるので，核内では転写活性があるが，細胞質に移行すると不活性型となる。つまりインスリン受容体シグナルは Akt を介して FoxO1 の転写活性を負に制御していることになる。これまでに著者らを含め，多くの研究者が FoxO1 の各臓器におけるインスリン作用への役割を明らかにしてきた。まず，肝臓においては，FoxO1 は糖新生に関わる PEPCK や G6Pase，及び糖利用に関わるグルコキナーゼや SREBP-1c の転写調節を介して，糖代謝と脂質代謝をコントロールしている[15)]。膵 β 細胞においては，FoxO1 は転写因子 Pdx1 や Neurogenin3 の調節を介して，β 細胞の増殖，分化，脱分化をコントロールしている[14]。さらに，血管内皮細胞において，FoxO1はeNOSの産生やPAI-1の発現調節を介して，血管新生や動脈硬化の進展にも関わっている。また，視床下部においては，FoxO1は摂食調節神経ペプチドAgrpとPomcの転写調節をすることで，摂食をコントロールしている[16]。

6　グルカゴン受容体シグナリング

グルカゴンの細胞内シグナリングは1957年のSutherlandによるcAMPの“second messenger”仮説において，エピネフリンとともに提唱された。その後，1971年にRodbellらによってグルカゴンが肝細胞膜と結合してアデニル酸シクラーゼを活性化させることから受容体の存在が示唆され，実際には1993年になってグルカゴン受容体のcDNAがクローニングされて，細胞膜7回貫通型のGタンパク質共役受容体（GPCR）であることが明らかとなった。マウスにおけるグルカゴン受容体の発現は肝臓で最も多く，次いで腎臓，肺，膵臓であり，脂肪組織，小腸，心筋などではごくわずかで，骨格筋には発現していない。グルカゴンの作用として，肝臓における糖新生，グリコーゲン分解と脂肪組織での脂肪分解，心臓での心筋収縮作用が有名であるが，重要なことに，生理的濃度と薬理学的濃度のグルカゴンでは異なる。すなわち，肝臓におけるグルカゴン作用は生理的濃度で起きるが，脂肪組織や心筋では薬理学的濃度でないと作用が惹起されない[17]。さらに重要なことに，肝臓においてもcAMPシグナルを活性化するのは薬理学的濃度からであり，グルカゴンの糖新生，グリコーゲン分解作用にはcAMPシグナルは介していない可能性がある。この見地からグルカゴン受容体シグナルを図5にまとめてみた。薬理学的濃度のグルカゴンは肝臓，脂肪組織，心筋を含む多くの臓器でアデニル酸シクラーゼを活性化し，cAMPが産生されて，cAMP依存性リン酸化酵素であるAキナーゼ（PKA）が活性化され，種々の代謝酵素のリン酸化を介して，糖新生やグリコーゲン分解，脂肪分解，心筋収縮が起きる。一方，生理的濃度のグルカゴンはこの経路を活性化せず，肝臓においてはホスホリパーゼC（PLC）を活性化し，イノシトール3リン酸（IP_3）が産生され，小胞体膜上のIP_3受容体を介してCa^{2+}の放出を促し，カルシウムカルモデュリンキナーゼ（CaCAMPK）を活性化して，糖新生やグリコーゲン分解に関わる酵素のリン酸化調節に関わっていると考えられている。また，薬理学的濃度のグルカゴンで活性化されたPKAはIP_3受容体のリン酸化を介して，CaCAMPKの活性化も惹起する。一方，グルカゴンは心筋においては収縮作用以外に糖利用促進作用もあり，心筋の機能保持に重要な役割を果たす。この意味ではインスリンと同じ方向の作用となっており，細胞内シグナルとしても，インスリンと同じく，PI3キナーゼ（PI3K），Akt経路を介すると考えられている。この様に，グルカゴン受容体シグナルは生理的濃度と薬理学的濃度で異なっており，臓器によっても異なり，特に薬理学的濃度を用いた研究が先行していたため，cAMPシグナルに注目が集まりすぎた傾向があり，近年，改めて各臓器における生理的濃度のグルカゴン受容体シグナルの詳細な解析が始まっている。

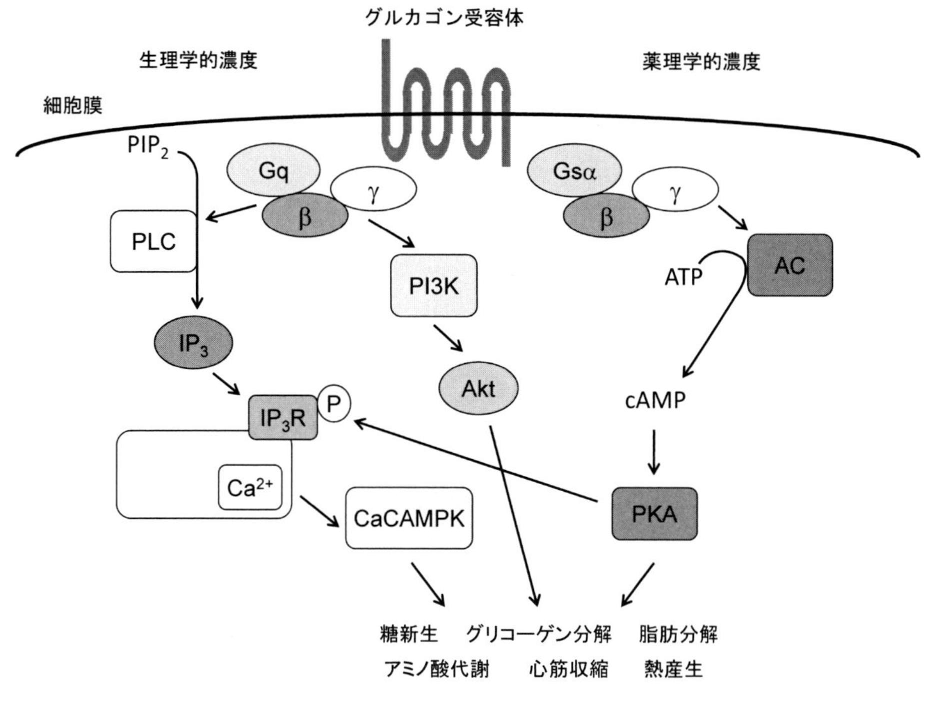

図5　グルカゴン受容体シグナリング

7　おわりに

インスリンもグルカゴンも90年以上前に発見された古いホルモンである。1960年代に両ホルモンのイムノアッセイがほぼ同時に開発され，生理作用や薬理作用の研究が活発に行われた。その後，1985年と1993年にそれぞれ，インスリン受容体とグルカゴン受容体のcDNAがクローニングされ，その後は分子レベルでの細胞内シグナルの解析が急速に行われた。この間，分子生物学的手技の進歩や遺伝子工学的手法，特に遺伝子改変動物を用いた解析により，他の細胞内シグナリングと比較してもインスリン受容体とグルカゴン受容体シグナリングは分子レベルで最も解明されたシグナル経路である。今後はこれまでに蓄積された多くの知見が医学領域において，より多くの人々に還元されることが期待される。

文　　献

1)　D. Accili *et al.*, *Nature genetics*, **12** (1), 106-9 (1996)

2)　RW. Gelling *et al.*, *Proc. Natl. Acad. Sci. U S A*, **100** (3), 1438-43 (2003)

3) D. Bosco *et al., Diabetes,* **59** (5), 1202–10 (2010)
4) SL. Erlandsen *et al., J. Histochem. Cytochem.,* **24** (7), 883–97 (1976)
5) O. Cabrera *et al., Proc. Natl. Acad. Sci. U S A,* **103** (7), 2334–9 (2006)
6) MJ. Bak *et al., Eur. J. Endocrinol.,* **170** (4), 529–38 (2014)
7) NJ. Wewer Albrechtsen *et al., Diabetologia,* **57** (9), 1919–26 (2014)
8) T. Matsuo *et al., J. Diabet. Invest.,* **7** (3), 324–31 (2016)
9) A. Miyachi *et al., Anal. Bioanal. Chem.,* **409** (25), 5911–8 (2017)
10) 北村忠弘，内分泌・糖尿病・代謝内科，**46** (2), 140–6 (2018)
11) M. Kasuga *et al., Nature,* **298** (5875), 667–9 (1982)
12) Y. Ebina *et al., Cell,* **40** (4), 747–58 (1985)
13) A. Ullrich *et al., Nature,* **313** (6005), 756–61 (1985)
14) T. Kitamura, *Nat. Rev. Endocrinol.,* **9** (10), 615–23 (2013)
15) J. Nakae *et al., Nature genetics,* **32** (2), 245–53 (2002)
16) T. Kitamura *et al., Nat. Med.,* **12** (5), 534–40 (2006)
17) RL. Rodgers, *Curr. Diabetes. Rev.,* **8** (5), 362–81 (2012)

第６章　体組成・代謝評価の測定をダイエットに生かす

西澤美幸[*1]，池田義雄[*2]

1　はじめに

「ダイエット」の本来の意味は「食事管理」「食事療法」のことであり，疾病対策や体重増量のための食事法も含まれるということを考えれば減量や痩身をダイレクトに意味する言葉ではない。しかし，現在我が国では，ほとんどの人が「ダイエット」=「減量（痩身）法」と捉え，メディアでも日々その方法や効果について多くの情報が取り上げられている。関連書籍も数多く出ており，中には信憑性が疑われるような安易な考え方やエビデンスに欠ける内容のものもある。このため，受け取る側にも情報選択のための知識が必要とされる状況であることに数多くの研究者，医学・栄養学の専門家が警鐘を鳴らしている。しかし，こうした情報の氾濫は，それだけ「減量」「痩身」に対する人々の関心が高いことを意味しており，この関心の高さを生かすことができれば健康管理のための様々な役立つ情報を人々に知ってもらう機会を増やすことができる状況，と捉えることもできる。健康機器メーカーの研究・開発者の立場としては，安易な流行に流されることなく，健康的な身体管理に役立つ研究成果を，科学的・医学的根拠のあるデータとして正しく客観的に受け止めてもらえるよう留意し提示する必要があると考えている。ここでは，ダイエット本来の意味を踏まえつつ，それによって「自身の身体を“健康的に”コントロールすること」の助けとなる体組成や代謝の評価について述べていくことにする。

2　健康的に理想の体形を目指すための体組成評価

本来，減量が必要な肥満とは，単に体重が重いことではなく「脂肪細胞が過剰に蓄積した状態」と定義される。体脂肪は，飢餓に耐えうるエネルギーを最も効率よく蓄えることができる組織であり，脂肪細胞を体内に蓄積するということは，厳しい環境の中で進化を遂げてきた人類が獲得した優れた能力のひとつであるが，過剰にエネルギーが蓄積された「肥満」状態が続くと，結果的に身体の諸機能に異常を発現させてしまう[1)]。そのような肥満起因疾患のリスクを低減しQOLを高めるためには，体重を減らすことではなく体脂肪をいかに効率よく減らし適性レベルに近づけるか，がカギとなる。身体を理想的なスタイルに近づけたい場合であっても，ただ闇雲に体重を減らすことを目指すのではなく，まず自分の体組成を評価し，必要な組織は維持しつつ余分な

＊1　Miyuki Nishizawa　㈱タニタ　企画開発部　主席研究員
＊2　Yoshio Ikeda　㈱タニタ　コア技術研究所　名誉所長

体脂肪の調整をすることを目指すべきである。図1にアスリートと一般的な人の体脂肪率（FAT%）の比較グラフを示す。同じ身長・体重であっても，アスリートは除脂肪組織（FFM：主に筋肉・骨）の割合が大きいため体脂肪率は一般の人よりもかなり低い。また，除脂肪組織は脂肪に比べ密度が高いため[2]，同じ重量で比較すると体積もかなり小さくなる（図2）[3]。アスリートは体重が重くても身体のラインが引き締まり，美しいプロポーションを保っている場合が多いのはこのためである。たとえ体重が重くても体脂肪率が高くなければ減量する必要はなく，逆に体重は重くなくても体脂肪率が高ければ体積の広がった緩んだプロポーションになってしまうた

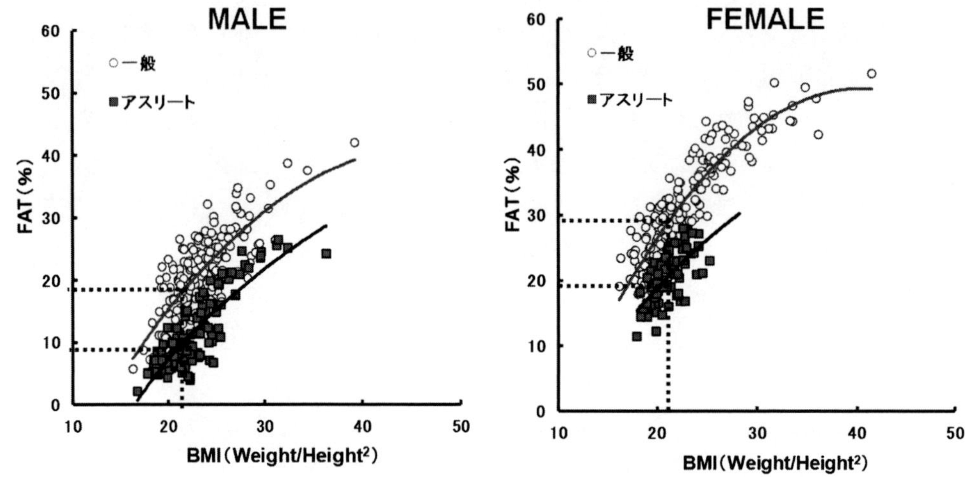

図1　アスリートと一般的な人の体脂肪率の違い
同じ身長体重でもアスリートは筋肉が多く体脂肪率が低い
（同じBMI22でも体脂肪率には10%の差がある）。

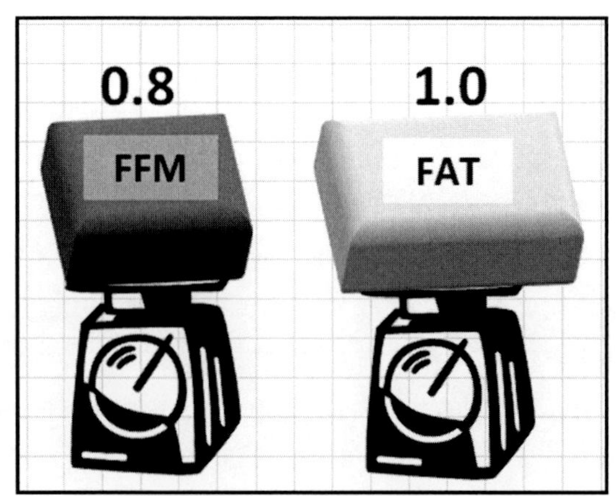

図2　同じ重量の体脂肪と除脂肪組織の体積比較
同じ重さで体積を比較すると体脂肪（FAT）1.0に対して除脂肪組織（FFM）は0.8しかない。

め，見た目を引き締める意味でも過剰な体脂肪は減らした方が良い。このように，外見的な体型コントロールを目的にする場合においても体重ではなく体組成に着目することが肝要だと言えよう。

3　日常的に評価できるBIA体組成計について

ここで近年一般家庭にも普及が進んでいるBIA方式（Bioelectrical Impedance Analysis）の体組成計[4]について紹介する。BIA体組成計は非侵襲であり，専門家の介入も必要なく簡便に体組成を評価できる装置であるが，近年ではそのリファレンスとなる体組成評価についてもDXA，体密度，体水分分析を組み合わせ細分化された4-Compartment model[5]による高度な体組成分析が行われており（図3），BIA多周波数解析と併せて精度が向上している（図4）。このような日常的に使用できる装置を生かし，まず自身の体組成を把握し，維持すべき組織（FFM）と，減らすべきターゲットである脂肪（FAT）がどれくらいのバランスであるかを把握したい。体

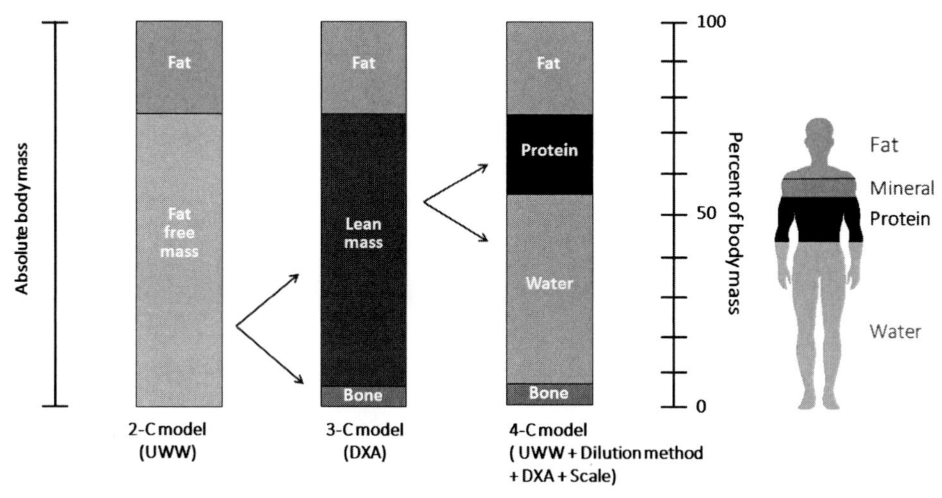

FAT mass from 4-C model

FAT(kg)= BV − TBW ＋ A − Wt

BV	= Volume (L)　⇒ Air Displacement or UWW (Body Density Method)
TBW	= Body water mass(L)　⇒ D_2O Dilution method
A	= Bone mineral content(kg)　⇒ DXA method
Wt	= Weight (kg)

図3　4-Compartment model（4-C model）による体組成の考え方

UWW：Under Water Weighing 水中体重秤量法（ガス置換法でも可）

DXA：Dual energy X-ray Absorptiometry 二重X線減衰法

Dulution method：重水希釈法

BV：Body Volume, TBW：Total Body Water, A：Ash

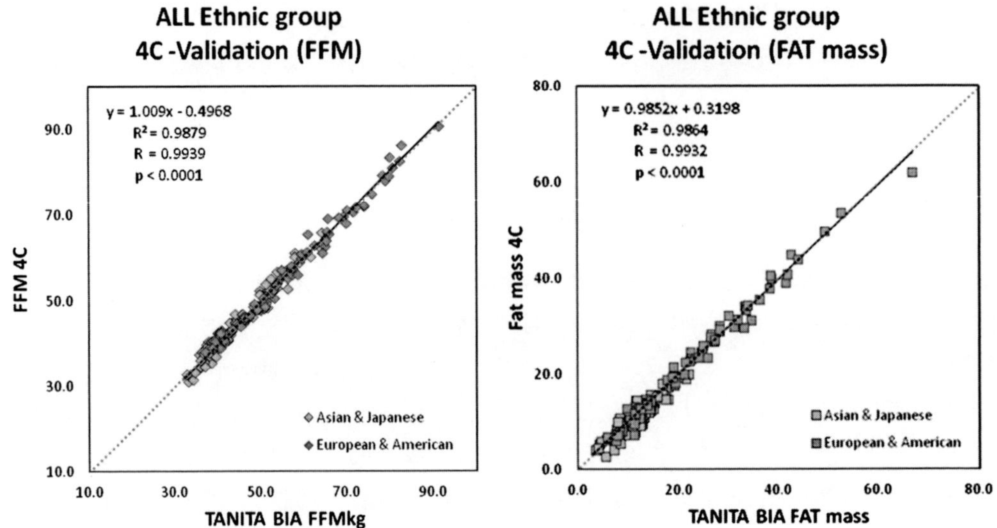

図4　4-C model による除脂肪量，体脂肪量と BIA 体組成計の相関性

組成計測が難しい場合は，BMI（体重／身長^2）を算出して過体重の目安としてもよいが，先に述べたように身長と体重のバランスだけでは本来の体脂肪の増減はわからず，更に次の章で述べる身体の消費エネルギー量把握のためにも体組成は重要な指標となることから，できるだけ体組成の測定を実施したい。

4　エネルギー計算の基本となる基礎代謝量と体組成の関係

減量における体組成測定の意義のひとつとして，消費エネルギーの把握も欠かせない。減量の基本は，消費エネルギーが摂取エネルギーを上回るようエネルギーの収支バランスをマイナスにすることであるから，無理の無い適度な摂取量調節のためにもまず自身の消費エネルギーがどの程度なのかを知っておいた方が良い。図5に示すように，体内の臓器や構成要素によってその消費エネルギーは大きく異なり，体脂肪の代謝率は低く，筋肉組織（平滑筋・骨格筋）や内臓・臓器の代謝は有意に高い。骨格筋は重さあたりの代謝は内臓・臓器よりも低く見えるが，体内に存在する重量が圧倒的に重いため存在量で計算すると，通常，体内では最も消費エネルギーの高い組織であると言うことができる。このように同じ体重であっても体組成の構成割合によってその消費エネルギーは大きく異なり，消費エネルギーの大小に大きく寄与するのは平滑筋・骨格筋が主となる除脂肪組織の割合である。健康的な減量のためには代謝を高めて消費エネルギーを上昇させることが有効であるが，そのためには骨格筋を増やすようなトレーニングが効果的であることがこうした理論値からも確認できる。そして，呼気による熱量計で実際に計測した代謝データにもこのことが明確に示されているので紹介する。

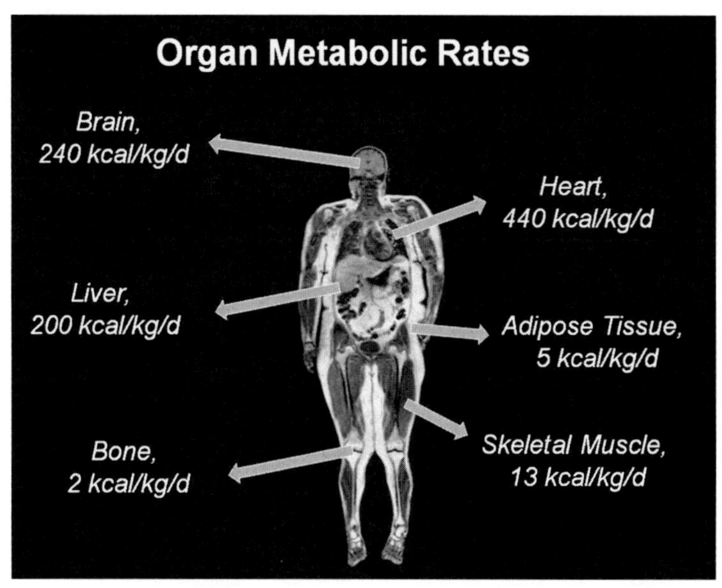

2018. S.B.Heymsfield : 11th International Symposium on In Vivo Body Composition Studies

図5　身体構成要素・臓器ごとの代謝量

人が生きていく上での最小限のエネルギー消費が「基礎代謝（BMR）」であり，活動消費エネルギーや一日の総消費エネルギー（TEE）も，この値と活動強度（PAL または METs）の積から計算され，摂取すべきエネルギー量の調整にも用いられる。基礎代謝は，まさにすべての消費エネルギー計算の基礎となる値であり，本来個人差がかなり大きいものであるが，測定には非常に手間がかかり被験者の負担も大きいため，簡易的に体重当たりの値としてまとめられた「基礎代謝基準値」に体重を掛け算した値が使用されることが多い。この簡易的な方法で摂取エネルギー用の計算を行うと，摂取エネルギーの目安にはなるが，計算上，同じ性別・年代，同じ体重であれば全く同じエネルギー量が指示されてしまう。実際，図6のような呼気分析装置によって酸素摂取量と二酸化炭素排出量から基礎代謝を求めると，体重との関係性においては個人差のバラつきが非常に大きく，男女差，人種による違いがかなり大きい（図7）ことからも体重からの計算では個人差に対応できていないことがわかる。同じ基礎代謝の測定値を体組成計で計測された除脂肪組織量との関係性で見ると，明らかにバラつきの小さい直線近似の関係性になり，男女差・人種差もほとんど見られなくなる（図7）[6]。更に，この除脂肪組織量に年齢や体脂肪量等の要素を説明変数として加え，重回帰分析を行い推定した値では，大変良好な相関性を示し，R＝0.9を超える結果となった（図8）[7]。

こうした結果から示されるように，食摂取量の調整を指示するうえでも，体重からの目安的な計算値を用いるのではなく，除脂肪組織量から求められた基礎代謝の値を用いた方がより個人に特化した実質的な対応ができることがわかる。基礎代謝と体脂肪率との関係性を調べると，体脂

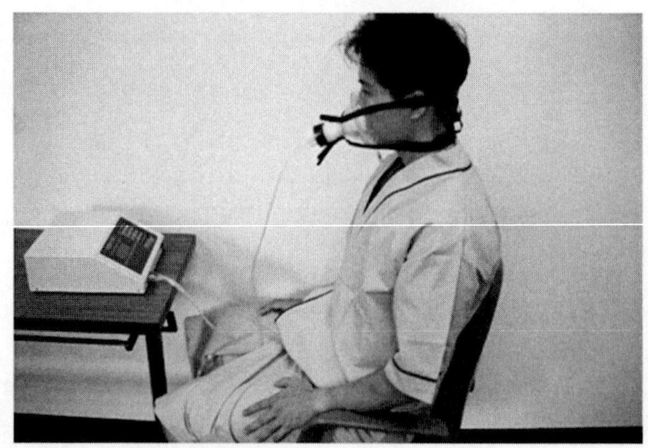

TEEM 100 (Aerosport Inc.)

図6　開放式呼吸計（Breath-by-Breath 法）の測定の様子

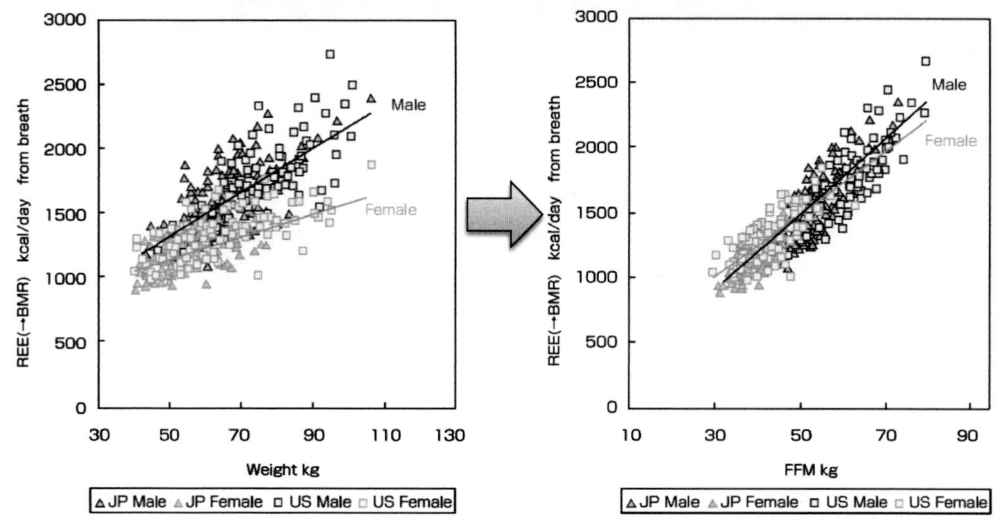

図7　基礎代謝量と体重（Wt）・除脂肪組織量（FFM）の関係

体重と基礎代謝の関係では男女の差が大きく人種の差も見られるが，FFM では，ほぼ同じ直線近似が可能になる。

肪率の高い人ほど，体重当たりの基礎代謝量が低いことが顕著であり（図9），体脂肪率の高い人に体重から計算されたエネルギー摂取量を指示すると過剰摂取となってしまい，減量しようとしてもその計算からの調整では効果が出にくいことになる。

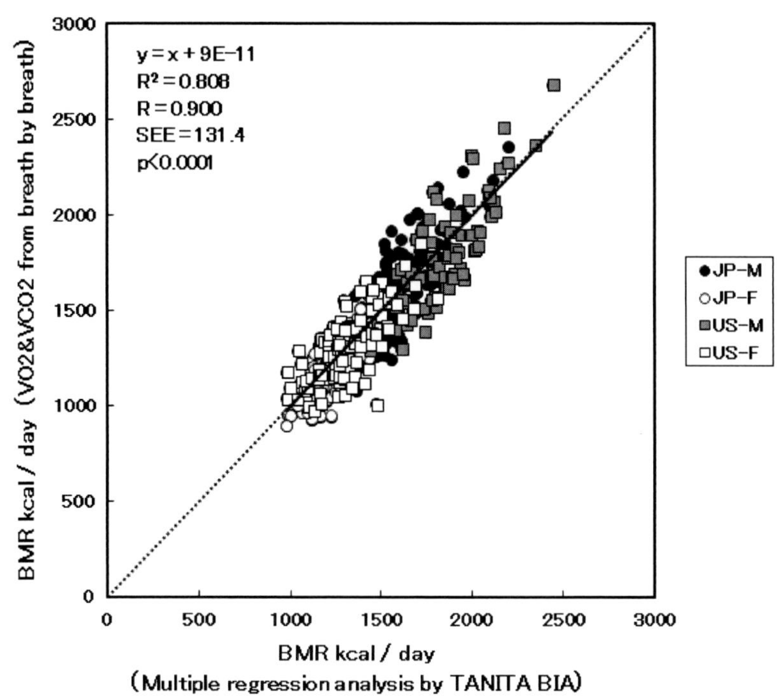

図8　BIAによる基礎代謝量推定値の統計的精度
除脂肪組織量からの重回帰推定値と呼気による値の比較。

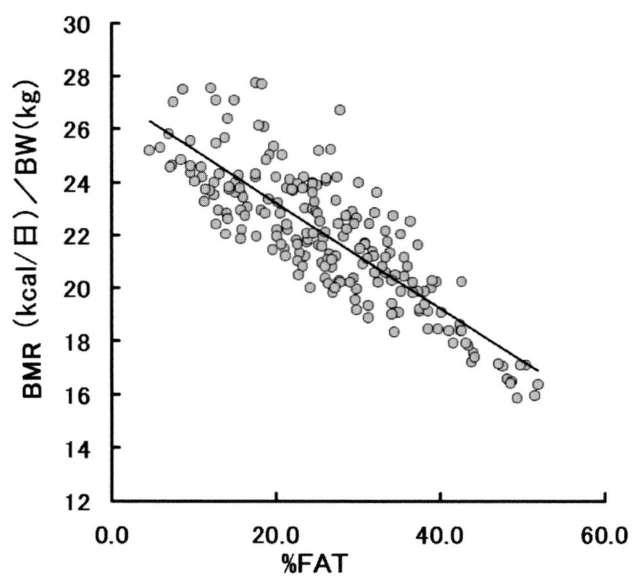

図9　体脂肪率と体重あたり基礎代謝の関係
体脂肪率が低いと体重当たりの基礎代謝が高い。同じ体重でも筋肉量が多く
体脂肪率が低い方が消費エネルギーが高くなり太りにくいことがわかる。

5 体組成評価から求められた基礎代謝量を食事摂取量の調節に生かす

次に，自分自身の体組成を評価し消費エネルギーを把握することで個人に見合った食事の調節に役立てる方法について述べたい。基礎代謝の値を使った食事摂取量（エネルギー必要量）は，以下の式で求められる。

推定エネルギー必要量（kcal/日）
＝基礎代謝量（kcal/日）×身体活動レベル

この計算式に使われる「身体活動レベル」は，厚生労働省の「日本人の食事摂取基準」[8]にも必要摂取量の計算方法として記載されており，一日の活動度合から，3段階の値が平均値として提示されている（表1）。例えば，基礎代謝が1500kcal/日の人の一日のエネルギー必要量は

①身体活動レベルⅠ（低い）の場合：1500×1.50＝2250kcal/日
②身体活動レベルⅡ（ふつう）の場合：1500×1.75＝2625kcal/日
③身体活動レベルⅢ（高い）の場合：1500×2.00＝3000kcal/日

表1 生活の内容による身体活動レベル平均値

		低い（I）	ふつう（II）	高い（III）
身体活動レベル		1.50 （1.40〜1.60）	1.75 （1.60〜1.90）	2.00 （1.90〜2.20）
日常生活の内容		生活の大部分が座位で，静的な活動が中心の場合	座位中心の仕事だが，職場内での移動や立位での作業・接客等，あるいは通勤・買物・家事，軽いスポーツ等のいずれかを含む場合	移動や立位の多い仕事への従事者。あるいは，スポーツなど余暇における活発な運動習慣をもっている場合
個々の活動の分類（時間/日）	睡眠（0.9）	7〜8	7〜8	7
	座位または立位の静的な活動（1.5：1.0〜1.9）	12〜13	11〜12	10
	ゆっくりした歩行や家事など低強度の活動（2.5：2.0〜2.9）	3〜4	4	4〜5
	長時間持続可能な運動・労働など中強度の活動（普通歩行を含む）（4.5：3.0〜5.9）	0〜1	1	1〜2
	頻繁に休みが必要な運動・労働など高強度の活動（7.0：6.0以上）	0	0	0〜1

出典：厚生労働省 「日本人の食事摂取基準（2015年版）」

推定エネルギー必要量（kcal/日）＝基礎代謝量（kcal/日）×身体活動レベル

といった計算結果となる。（※身体活動レベルの選択基準としては，表中の「個々の活動の分類」に記載されている活動に費やす時間で判断する。例えば静的な作業の時間が12時間を超え，高強度作業がほとんど無いデスクワーク主体の人や乳幼児・介護すべき同居者のいない家庭の主婦などは活動レベルⅠに該当するケースが多い。）

この計算式は，同じ生活活動強度であっても，基礎代謝が異なれば消費エネルギー⇒必要エネルギーが大きく異なることを示している。例えば，同じ体重，同じように「ふつう」の生活活動強度の人であっても，基礎代謝が1500 kcalの人と2000 kcalの人で比較してみると

- 1500×1.75＝2625 kcal
- 2000×1.75＝3500 kcal　⇒ 3500－2625＝875 kcal

ということでエネルギー必要量に「875 kcal」もの違いが出る。実に天ぷら定食1食分ものエネルギー差が1日で出てしまうというわけである。この二人が同じ体重で同じ程度の生活活動強度だからといって同じ食事を摂っていたら，その体形・体組成の差はどんどん広がってしまう。やはり効率の良い減量・体型コントロールを目指すには体組成を把握し，代謝を高める筋肉を増やし代謝の低い体脂肪を減らして行く方策を立てるべきであるということがエネルギー必要量の理論計算値からも明確にわかる。

そして，この計算式は日常的な活動を意識して増やすことが，その消費エネルギー量に数値的にも理論上のしっかりとした違いが出せることを同時に示している。上記の基礎代謝1500 kcalの人での計算例①と②を比較すると375 kcalの差が確認できる。活動度の低い人が意識して活動時間を増やすことも減量には有効な手段であることがこの数値からもわかる。このように必要エネルギー量の計算を自身の測定結果から実際に計算してみると数値として実感できるため，筋肉を維持することの意義や活動量を増やすことの効果がわかりやすくなり，体型コントロールのための意識付けとしても大変有用である。

6　体組成と活動量を数値化し「数値として意識すること」の効果

前の章で活動を増やすこともエネルギー収支のマイナス作りには有効であることを理論計算の数値で示したが，運動による消費エネルギーの増加は，食事による摂取調整と比較して差が小さいため，その効果は実感として見えづらいという難点がある。しかし，食事だけの調整では筋肉量など代謝を維持するFFMが減ってしまう傾向にあるため，やはり健康的な減量のためには身体活動を意識して増やすことが重要となる。この「活動を意識して増やす」ことの動機づけとして有効なのが「活動量計」や「歩数計」などの「活動を数値として可視化」する小道具である。最近ではスマートフォンでもそうしたアプリがあり，ウォッチ型のウェアラブルタイプも種類・デザインともに豊富に市場に出回っている。そうした小道具を使って毎日の歩行を数値化し意識するだけでも体組成変化に有用な効果があることを図10に示す。この調査では，食事調整や運

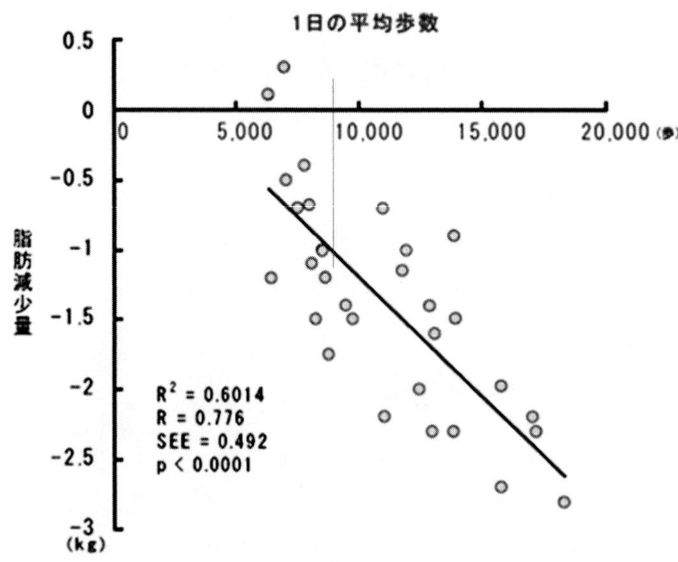

図 10　歩数と体脂肪減少量の関係
被験者には，「調査期間中（2 週間）の体組成と歩数の記録」のみ指示（食事，運動については制限無し）。

動の追加等は一切指示せず，被験者に毎日の体組成の記録と歩数の記録だけを依頼した。食事と運動の介入をせず，「ただ数値を記録させるだけ」であったが，ほとんどの被験者たちは意識して歩行時間を増やし食事の選択も考慮しており，明らかな体脂肪量の減少傾向が見てとれた。しかも，その減少量は一日の歩数と良好な相関関係を示していた。こうした実例からも，自身の「頑張り度合い」と，その効果である「体組成の変化」を数値として把握し，更にそれを記録し進行を実感することが減量・体型コントロールの手段として大変有効なことがわかる。

健康的な減量・体形コントロールに「身体変化を数値として把握する」ことの有効性を示す手がかりとして，最後にもうひとつデータを紹介したい。図 11 は，会員制の減量指導施設において，食事指導と運動指導を 4 か月間実施した際の体組成変化の経過を示したグラフである[9]。被験者は全員 BMI24 以上の単純性肥満者 25 名であり，もともと減量意欲のある被験者群であったが，4 か月間で平均 6kg 以上の減量に成功しており，減少した体重のほとんどが体脂肪という健康的な成果をあげていた。しかも除脂肪組織量は減少せずむしろ上昇しており，基礎代謝を落とすことなく減量を継続できていたことが推察される。これは食事だけでなく運動を組み合わせた有効な指導による効果の表れともいえるが，体組成計の活用により，このように数値で被験者一人一人に体脂肪量の減少や除脂肪組織量の増加を可視化して情報として提供できたことで，運動，食事への意識付け・動機付けを強化できたことの効果も少なからずあったと考えている。

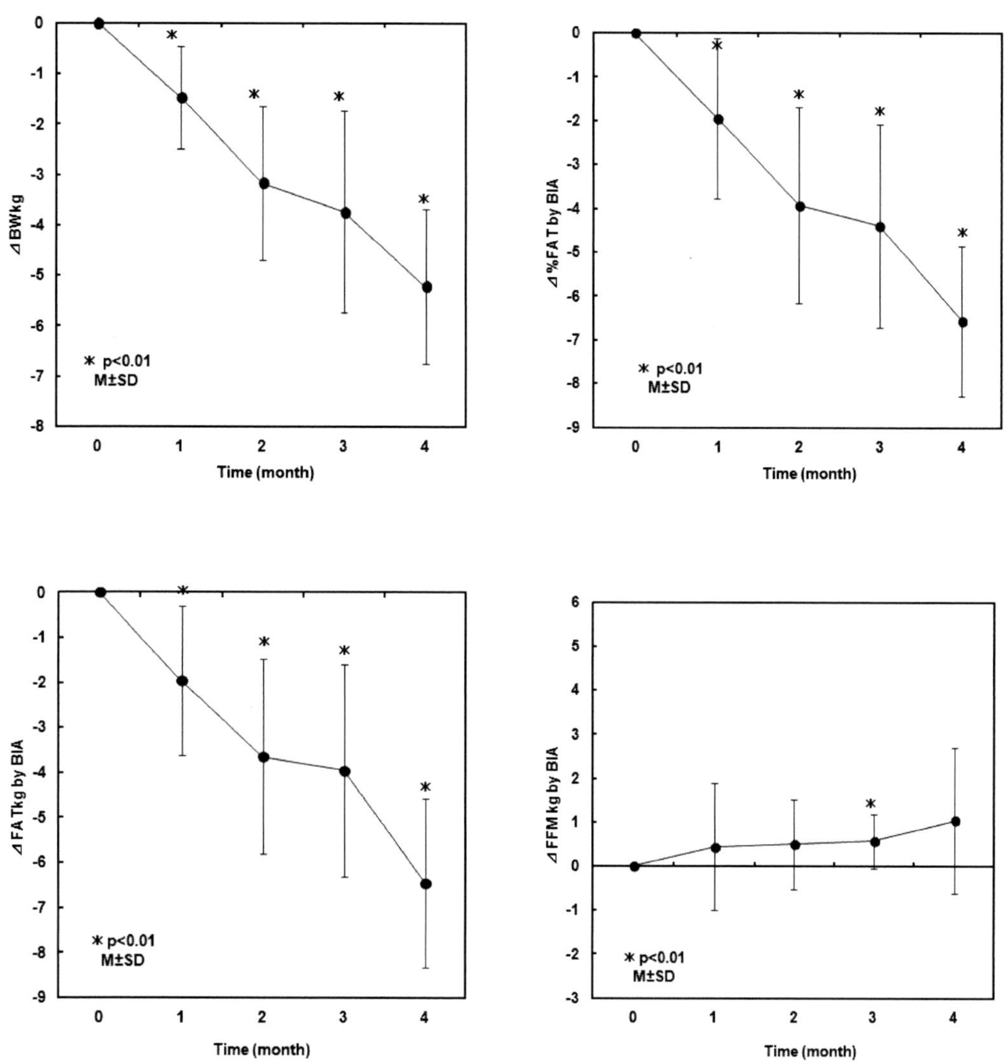

図11　4か月間の減量指導（食事指導と運動指導）実施による体組成変化
体重変化（⊿BW），脂肪率変化（⊿%FAT），脂肪量変化（⊿FAT kg），
除脂肪組織量変化（⊿FFM kg）。

7　おわりに

ここまで，健康的且つ効率的に体型をコントロールする上で有用な手段となる体組成評価や代謝量計算を生かす方法とその関連データを紹介してきた。健康的な体形コントロールの意義は様々あるが，正しい知識の元に生活改善を伴うような良好なコントロールができれば，「身体サイズ変化」の達成感が得られるだけでなく，代謝を高めることによる体調不良の改善や余剰な体脂肪を減らすことによる数々の疾病リスクの低減，アンチエイジング的な効果までもが期待でき

るようになる。取り組みの入り口は「スタイルが良くなりたい」というシンプルな外見的変化を求めるものであっても，その過程でより健康的な生活習慣への意識変化や行動変容を起こすような状況に繋げていってもらえれば健康計測機器開発と健康情報発信に携わるものとしては無上の喜びである。

文　　献

1) 日本肥満学会，肥満症診療ガイドライン 2016，p4-37，ライフサイエンス出版（2016）
2) 北川薫著，身体組成とウエイトコントロール，p3-19，杏林書院（1996）
3) Scott B. Going, *Hydrodensitometry and Air Displacement Plethysmography*, p17-33 (2005)
4) Wm. Cameron Chumlea *et al*, *Bioelectrical Impedance analysis*, p79-88 (2005)
5) Steven B. Heymsfield *et al*, *Human Body Composition*, p161-176 (2005)
6) 阪本要一ほか，肥満研究，Vol.**6** (Supplement), p106 C-1-8 (2000)
7) Y. Sakamoto *et al*, *The American Journal of Clinical Nutrition*, Vol.**75** (2S), p358S-359S (2002)
8) 厚生労働省「日本人の食事摂取基準」策定検討会報告書，「日本人の食事摂取基準（2015 年版）」，P54，第一出版株式会社（2015）
9) 阪本要一ら，第 13 回日本肥満学会記録誌，p244-246 (1993)

第7章　老化研究と抗加齢医学

斎藤一郎*

1　はじめに

“歳をとる”“老化する”等の言葉の定義や解釈について私達は日々漠然と理解しているが，近年の科学技術の進歩により，その老化に対する考え方が変化しつつある。

人口問題研究所から発表された日本の将来推計人口では，2000年の日本の人口1億2,693万人のうち，高齢者人口は2,204万人で17.4％であったが，2025年には3,473万人28.7％，2050年には3,586万人35.7％に膨れ上がると推計されている。すなわち，2.8人に1人が65歳以上の高齢者ということになる。一方，生産年齢（15～64歳）人口は2000年に68.1％が減少し続け2025年には59.7％，2050年には53.6％まで減少すると予測されていることから，将来的なニーズに沿った様々な対応が医療従事者に求められている。

この様な背景から最近では老化を制御する研究も盛んに進められおり，その研究成果をもとに老化を制御する試みが行われており，これが具現化されれば高齢者でも健康を保持し延長させることにより生産的な老後（productive aging）を送ることができると期待されている。日本のように少子高齢化が進み老年人口が増大することにより，生産年齢が減少することが予測される社会において productive aging を可能にすることは社会的にも最重要課題である。

2　老化研究の推移

ヒトは生理的または環境要因により細胞の構成成分が常に障害を受け，その多くが生体のもつ防御機構により修復または分解・排除される。しかしその機構から逃れた傷害は加齢とともに蓄積し，それが細胞の機能に影響を及ぼすことになる。このように機能や代謝が低下した細胞が増加すると，これらの細胞により構成されている器官や臓器の機能が低下することになる。細胞は加齢により機能が低下するが，これが進行すると個体の老化は器官や臓器を構成している個々の細胞の機能低下と細胞死による細胞数の減少により引き起こされる。このような老化減少が出現するまでには長期間で複雑な経過を要し，多くの遺伝子と細胞内外の環境因子が関与している事が最近の科学により明らかにされてきた。

先進諸国における社会的な高齢化を背景に老化と寿命に関する科学は急速な進歩を遂げ，ここ数年間で老化に関連する遺伝子ならびに環境を特定するための分子生物学的または遺伝学的な解

＊　Ichiro Saito　鶴見大学　歯学部　病理学講座　教授

析が数多く行われてきている。

老化研究の新たな流れは1980年代終わりから90年代初期にかけ長寿関連遺伝子の発見により始まった。初期には線虫の研究がおこなわれ，1988年に*age-1*という長寿変異体の遺伝子，93年に*daf-2*という線虫の長寿変異体が発見され，その寿命延長効果が*daf-16*という突然変異によって制御されることが明らかになった。その後も酵母の寿命決定に関わる遺伝子として*LAG1*が報告され，ストレス耐性と寿命の相関関係を明らかにする研究が行われた。ショウジョウバエにおいてストレスに対する抵抗性を指標に人為的な遺伝子操作を繰り返すことで長寿の個体を選択出来ることが報告され，さらには90年代初頭にショウジョウバエにSOD遺伝子やカタラーゼ遺伝子といった抗酸化酵素を遺伝子導入することにより長寿個体を作製できることが発表され，酸化ストレスと老化の関係が明らかにされた。

このように始まった老化長寿研究の流れは急速に発展し，特に線虫の分野では*age-1*，*daf-2*，*daf-16*の遺伝子がクローニングされ，インスリン様成長因子/IGF-1シグナル伝達系の重要な構成要素であることが明らかになり，ショウジョウバエ，マウスにおいてもこのシグナル伝達系の重要性が明らかにされつつあり，種を超えて保存された老化・寿命の内分泌制御のメカニズムが注目を集めている。

最近では酵母での老化研究において，老化制御因子であるSir2（silencing information regulator 2）とよばれる蛋白についての研究が盛んであり，酵母と線虫においてそれらの老化寿命がSir2の発現量により制御されることが報告されている。Sir2はDNAのクロマチン構造を安定化させ不要な遺伝子発現を抑制させるヒストン脱アセチル化脱水素酵素であり，この機序により老化制御に作用すると考えられている。

一方，げっ歯類の食物摂取を制限すると寿命が延び，老化関連疾患の進行を遅延させることが発見されたのは70年以上前のことである。この食餌を30～40%削減されたラットやマウスは寿命が延長され若々しく健康に見えることは周知であった。また，カロリー制限（caloric restriction；CR）されたマウスやラットは寿命延長以外に神経変性や癌といった老化に伴う疾患の発症が遅れ，熱や有毒化学薬品などのストレスに対する抵抗性も獲得され，同様の現象は酵母でも見られることが示されている（図1）。

齧歯類でも同様にCR効果が発見されて以来，CRの老化遅延効果は酵母，線虫，ショウジョウバエをはじめ，イヌ，アカゲザルなど多くの生物，霊長類で観察されており，サルのCR研究では評価までに数十年を要するが，対照群と比較した継時的変化ではCR群では体脂肪が減少し血中脂質レベルと血圧が低下し，血糖値やインスリンレベルの安定化が認められている。現在ヒトでも解析が行われており今後その詳細が報告されるであろう。

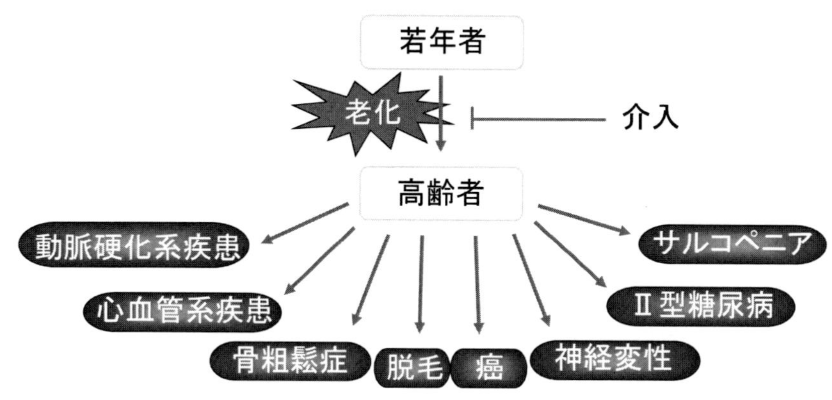

図1　老化関連疾患への介入
Ageing and metabolism: drug discovery opportunities.
Nature Rev Drug Discov., 2005; 4: 569-80.（改変）

3　活性酸素と老化

時間の経過と共に細胞や組織を構成する核酸，蛋白質，糖質，脂質も劣化し酸化されていく。酸素はわれわれにとって必要不可欠である反面，体内ではこの酸素から身体にとって有害な生成物を発生させる主因はフリーラジカルである。これはエネルギー産生に酸素を必要とする好気的生物では酸素から活性酸素が生じ，これにより生体分子が酸化される。しかし生体内では酸化防御機構により活性酸素は消去・軽減されるが，この防御機構で制御出来なかった活性酸素をはじめとするフリーラジカルは生体成分のDNA等を徐々に劣化させ，生活習慣病をはじめとする多種多様の疾患を発症させる。

フリーラジカルとは不対電子のことで反応性が強く近くにある物質と直ちに結合する。大気中の酸素は不対電子を2個所有しておりそれ自身は比較的安定しているが，生体内に取り込むことで活性酸素に変化し生体内で反応する。活性酸素にはスーパーオキシド（$O_2^{-\cdot}$），ヒドロキシラジカル（$OH^{\cdot}$）過酸化水素（H_2O_2）一重項酸素（$^1O_2$）があり，なかでもヒドロキシラジカル（$OH^{\cdot}$）の反応は強い。

これらの活性酸素はそれぞれ単独または相互反応で生体内の蛋白，脂質，核酸，酵素などを傷害し種々の毒性を示す。その他のフリーラジカルには脂質ラジカル（RO・，ROO・），大気汚染やタバコの煙などで問題となっている一酸化窒素（NO）がありこれらを有効利用し放射線は癌治療に，紫外線は殺菌灯，次亜塩素酸もフリーラジカルによる殺菌効果に用いられている。炎症や組織の虚血や虚血後の再環流時に活性酸素は大量に産生されることが知られ，それを制御する薬剤の開発も行われてきた。

ヒトの細胞は約60兆個の細胞から構成され，その細胞の一番外側にある細胞膜は不飽和脂肪酸で構成されている。この不飽和脂肪酸はフリーラジカルにより傷害され毒性の強い過酸化脂質を生成する。生体膜は脂質や蛋白で構成されているが生理活性物質や酵素として膜表面の受容体

図２　酸化ストレスの原因

など多様な機能を有している。したがって，活性酸素およびフリーラジカルにより膜構造の傷害だけでなく細胞の機能にも影響する（図２)。

4　カロリー制限のメカニズム

体重当たりに換算して大食の哺乳類はエネルギー消費率も高く寿命が短いことが知られ，このことからカロリー制限（CR）は代謝の速度を落とし，酸化による損傷を減少させることで寿命を延伸させると考えられている。活性酸素やフリーラジカルによる遺伝子の酸化傷害が老化を加速させることから，抗酸化物質による老化を制御する試みが行われている。

老化の予防と生体の恒常性を目指すには，カロリー摂取量を制限することや，活性酸素の発生を抑制し，長寿関連遺伝子を発現させることが不可欠である。

CR は代謝活性の速度を落とし，酸化による損傷を減少させると考えられ，CR マウスは代謝すべき食物量が少ないため，消費酸素量が少量となりフリーラジカル（活性酸素）の発現量も減少しその結果，病態の成立が抑制される。

加えて，代謝低下による酸化的損傷の減少だけでなく，CR マウスはインスリン感受性も亢進し糖尿病の発症を遅らせるとの報告もあり，加齢変化はインスリンとグルコースの過剰な産生により直接促進されることから，増齢的に蛋白の酸化損傷が蓄積し，糖酸化反応から生じた異常蛋白も増加する。つまり CR はインスリンとグルコースの血中レベルを低下させることにより異常蛋白の蓄積を減少させることが可能となる。これを検証した報告としてインスリンシグナル伝達経路に関する遺伝子群を人為的操作した線虫，ショウジョウバエ，マウスの解析では加齢に重要な役割を果たすことが報告され，脂肪細胞のインスリン受容体遺伝子を欠失させたマウスでは寿命が最大で18%長くなるという結果が得られている。

5　老化モデルとしての出芽酵母とレスベラトロール

出芽酵母は単細胞だが個々の細胞が他の生物と同様に加齢変化がみられる。

出芽酵母において寿命の延長も，サーチュインファミリーであるSir2の活性化を介していることが報告され，サーチュイン活性を誘導することにより，酵母では寿命が最大50%延びたという報告がある。加えて線虫の長寿にも関与し，それに関連するヒト酵素SIRT1は癌抑制遺伝子のp53を脱アセチル化し，細胞の生存を促進させことが示されている。

一方，レスベラトロールは赤ワインに含まれるポリフェノール類の一つであり，適量のワイン摂取によりサーチュイン活性を誘導することが2001年，2003年の*Nature*誌で報告された。通常酵母は約25回の細胞分裂による増殖の後に死滅するが，レスベラトロールを添加した酵母はこの増殖の回数が15回（70%の延長）も多く，またショウジョウバエでは通常1ヶ月の寿命が10日延びたという結果が得られた。さらに最近は，レスベラトロールはヒトのSir2酵素と最も高い相同性を示すヒトのSIRT1であることも明らかにされ，このことから赤ワインは前述のようにDNAを安定化させ不要な遺伝子発現を抑制することにより寿命を延長させる作用が想定されている。

以上のように，レスベラトロールなどのサーチュイン活性物質（STAC）はヒトの寿命を延長し，老化に伴う疾患を制御，もしくはその進行を遅延させる因子として注目されている。このようなヒトSIRT1の活性を上昇させる有効成分は，癌，関節炎，自己免疫疾患，アポトーシスの亢進に伴う，あらゆる疾患の治療に効果が期待され現在研究が進められている。更に最近はカロリー制限を介したメカニズムの一つとして，カロリー制限によって生じる種々の遺伝子発現の解析が行われており，その結果からも同様に前述したSTACが同定された。このことからカロリー制限の老化遅延・寿命延長の分子メカニズムの解析が現在も盛んに行われ『カロリー制限模倣剤(caloric restriction mimic)』の開発が将来製剤化される見通しである。

6　加齢黄班変性に対するサプリメントの有用性

加齢黄班変性は高齢者に多く発症することや，フリーラジカルとの関連が指摘され，酸化ストレスによる疾患と考えられている。黄班変性は視力予後の不良な疾患であり症状としては中心暗点，変視症，徐々に進行する非可逆的かつ高度な視力低下」とみられ，世界中で増加傾向を示し，アメリカにおいては全人口の1%が罹患し，65歳以上の中途失明の第1位の原因である。日本では，福岡県の久山町の疫学データによると50歳以上で0.67%の罹患率があり，これを全国に換算すると50万人前後の患者が存在すると推定されている。フリーラジカルが関連する黄班変性は，数多くの研究によりルテインなどの抗酸化物質が低下していることをはじめ，抗酸化機能の低下によるものであるという結果が得られている。最近の研究では，黄班部に鉄などの重金属が蓄積し，フリーラジカルの発生を助長していると考えられ，現在アメリカでは抗酸化剤であるビタミン A,C,E と亜鉛を摂取することでフリーラジカルが抑制出来，本症の予防または治療に有効であるとの 3,860 人の大規模なマルチセンター解析の結果が得られた。この研究は加齢黄班変性の治療に栄養補助食品としてのサプリメントが効果的であるということだけではなく，抗酸化物質がフリーラジカルの産生を抑え様々な病態の成立が抑制出来る可能性を示唆するものであり，抗加齢（アンチエイジング）医学の実践における一つのエビデンスが提供されたと考えている。

7　おわりに

日本は本格的な超高齢社会に突入し，今後も人口に対する高齢者の占める割合は増え続けることは確実である。2050 年には約 2.5 人に一人が 65 歳以上の高齢者となるという推計もあり，国は対策を迫られているが，現在のところ，これといった特効薬はない。

国が最も危惧していることは医療費の増大であり，現在，日本の保険制度は「国民皆保険」が基本で，後期高齢者医療制度の加入者でも，医療費の自己負担には上限があり，国の税金で賄っているのが現状である。

高齢者の増加は，必然として医療費の増大を招き，何十兆円という莫大な赤字を抱える国家予算を，今後も圧迫し続けることになるのは必至である。欧米では健康保険制度は，日本のような横並びの国民総加入の国は少なく，自動車保険と同じように，疾病により保険を使うと次年度の保険料が高くなり，使わないと次年度の保険料が安くなるという方式が大半である。

現在の日本の制度が適切なのか，欧米型の制度がいいのか，それは価値観とか視点の違いなどによって異なってくるが，国が医療削減のためにそうした自動車保険型の健康保険に移行を検討していることは紛れもない事実である。

そうなったとき，私たちはどうすればいいのか。できる限り自分自身の力で健康を維持することが大切で，高齢になっても健康を維持するための努力を自分でしておくことが大切になってくる。そこで重要になってくるのが再生医療をも包括した抗加齢（アンチエイジング）医学ではないだろうか。

昨今はアンチエイジング流行りのせいなのか，逆にアンチ・アンチエイジングの論調も目立つ。老化の研究をしている研究者ですら，新聞のコラム欄に「（アンチエイジングとは）外見上の若さのみを追求し，サイボーグのように振る舞う」とか「『老い』を受け入れ，ほどよくつき合ってゆく術を磨くことの方が，よほど理にかなっている。」などと書いている。

たしかに「アンチエイジング」と謳うもののなかには，実にあやしげなものや商業主義的なものもあり玉石混交である。そうしたものと，科学的・医学的根拠があるものとを区別して紹介するのも老化研究を目指す者の役割であると考えている。

筆者が理事を務める日本抗加齢医学会（会員数 8,300 人）のアンチエイジング医学とは若返りの医学ではなく，いつまでも健康でいることによって生きがいのある人生を送るための学問である。何もしないで，老いを粛々と受け入れるというのも一つの生き方かもしれないが，老化の知識を持つことで健康を維持し，それによって人生を充実させることができるのであれば，その知識を広めることは医療従事者としての責務と考える。

人間も生物である以上，不老不死，永遠の命というのは残念ながら不可能である。しかし，本来持っている寿命にできるだけ近づけ，その間をできる限り健康で機能を落とさず，健やかに明るく楽しく生きるということは可能であり，アンチエイジング医療が目指すものはここにある。

長く生きること，そして死ぬまで他人の手を必要とせずに自らの力で自立して生きること。その目標を一人でも多く達成することに寄与できればと切望している。

文　献

1） C. Cencioni *et al.*, *Int. J. Mol. Sci.*, **14**, 17643 (2013)
2） K. T. Howitz *et al.*, *Nature*, **425**, 191 (2003)
3） R. J. Colman *et al.*, *Science*, **325**, 201 (2009)
4） G. S. Roth *et al.*, *Science*, **305**, 1423 (2004)
5） J. A. Baur *et al.*, *Nature*, **444**, 337 (2006)
6） R. de Cabo *et al.*, *Cell*, **157**, 1515 (2014)
7） Age-Related Eye Disease Study Research Group, *J. Nutr.*, **130**, 1516S (2000)

第8章　医療・ヘルスケアの様々な用途に対応したウェアラブルセンサ Silmee™ W20

宮本浩二[*1]，橋本和則[*2]，笠岡　衛[*3]

1　はじめに

IoT（Internet of Things）の発展とともに，複数のセンサから得たデータを統合的に処理することで単一のセンサからは得られない高度な認識機能を実現するセンサ・フュージョンデバイスが注目されてきている。

身につけて持ち歩くことができるウェアラブルセンサは，センサフュージョンデバイスの一つであり，人の生活や，行い，体験などのライフログを記録できる。そのため，健康管理や，予防，増進などヘルスケア分野での応用が可能なキーデバイスとして位置づけられてきている。

ここでは，“活動量”“睡眠”“食事”“脈拍”“皮膚温度”“会話量”及び“紫外線レベル”を記録でき，更に“緊急通知（SOSボタン）”と“位置検出（ビーコン）”の機能を搭載したTDK製リストバンド型活動量計Silmee™ W20（Smart healthcare Intelligent Monitor Engine & Ecosystem）（図1）について述べる。

Silmee™ W20は，生活習慣病・認知症，介護見守り，メンタルヘルスケアなど，医療・ヘルスケアに関連したサービスでの利用を目的としたデバイスであり，医療・介護関係，交通関係，製造・建築現場，大学研究チームなど，さまざまなところで導入されている[1~6)]。

2　リストバンド型活動量計 Silmee™ W20

Silmee™ W20は，加速度センサで測定した情報を分析し，歩数や，移動距離，消費カロリーなどの“活動量”と睡眠時間や睡眠サイクルなどの“睡眠”を推定している。また，独自開発したアルゴリズムにより，活動状態と睡眠状態を自動的に判定し，手動で入眠時と起床時を切り替えることなく24時間の測定を可能にしているとともに，独自の信号処理技術により動作時の消

＊1　Koji Miyamoto　TDK㈱　新事業推進センター　IoTシステムズビジネスユニット　ユニット長

＊2　Kazunori Hashimoto　TDK㈱　新事業推進センター　IoTシステムズビジネスユニット　ソフトウェア開発グループ　部長

＊3　Mamoru Kasaoka　TDK㈱　新事業推進センター　IoTシステムズビジネスユニット　ハードウェア開発グループ　課長

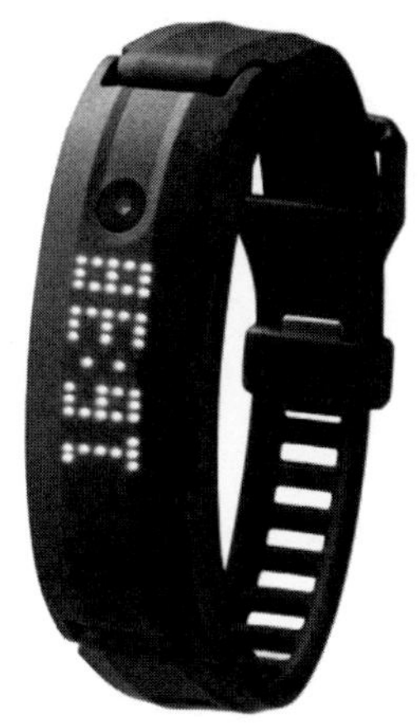

図1　Silmee™ W20
多種類のセンサと信号処理回路などを内蔵し，
装着者の“ライフログ”生体情報を推測できる。

費電力を最小限に抑え[7]，2週間の連続使用を可能にしている。Silmee™ W20は，活動量や睡眠に加え食事，脈拍，皮膚温度，会話量及び紫外線レベルなど様々な“ライフログ”生体情報を同時に連続的に計測可能な多機能ウェアラブルセンサである。更に測定機能以外にも，個人のライフスタイルにあわせて設定したイベント，例えばユーザー自身が設定した歩数などの目標の達成時やアラームなどの時刻に，搭載しているバイブレーション機能を使いリストバンドを振動させて通知できる。

3　ハードウェア

本体寸法は，20.5mm（幅）× 65mm（奥行）× 12.5mm（最厚部），重さが約17.5g（バンド含めると約27.5g）である。内部に，加速度センサ，脈波センサ，会話量センサ，皮膚温センサ，UVセンサ，アナログ信号をAD変換しデジタル信号処理するマイクロコントローラー，データのストレージ用のフラッシュメモリ，通信用のBluetoothチップ 等を内蔵している（図2）。

4　活動量・睡眠測定

Silmee™ W20は，加速度センサと信号処理により歩行又は走行による加速度のインパクトを抽出し，歩行や走行のピッチを算出する（図3（a））。また，身長などの体格データと加速度パターンなどを併用して身体活動によりユーザーが消費したエネルギーを推定している。

一般的に，加速度センサのサンプリング周波数を高くすると加速度の情報量が増え，活動の分析や誤検出の防止に有利となるが，消費電力点では不利になる。この製品ではバッテリー容量を

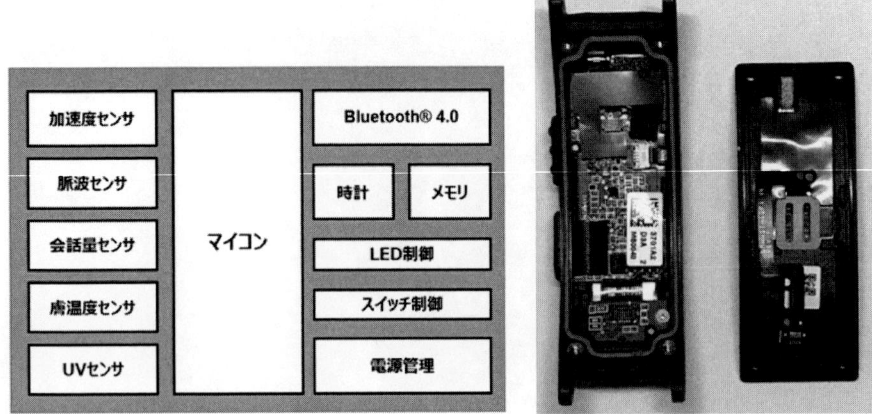

図２　Silmee™ W20 本体の構成
センサ，マイコン，メモリ，通信用チップなどが内蔵されている。

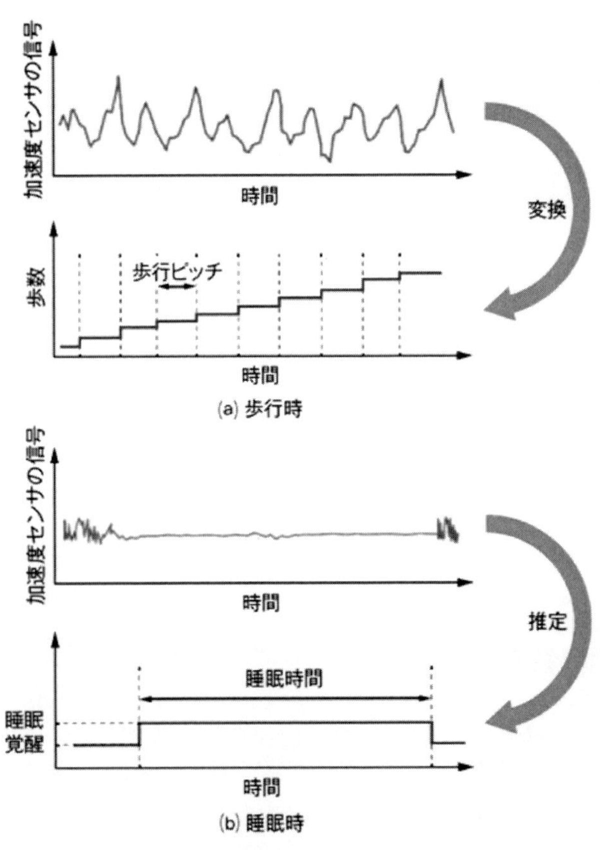

図３　歩行及び睡眠時のセンサ信号処理
加速度信号から歩行ピッチや睡眠時間を推定できる。

抑え小型・軽量化を実現するとともに，2週間以上の連続動作を達成するため日常生活を詳しく分析し，最適なサンプリング周波数を設定した。加えて，分析のための信号処理についても性能を維持しつつ簡略化することで演算時間を大幅に減らし，CPUが電力を消費するアクティブな時間を最小限に抑えている。

また簡便に睡眠時間を記録するため，加速度信号のパターンから就寝時の体動の特徴を分析し，誤差± 15分以内の高い精度で就寝・起床時間を推定することに成功した（図3（b））。これにより，常時装着しているだけで睡眠時間を記録することが可能となった。

5　脈拍測定

脈拍は，発光源のLED（発光ダイオード）と受光源のフォトダイオードを隣接配置し皮膚に当て，緑色のLED光（波長550nm付近）を照射し体内を反射した光をフォトダイオードで受光することで計測している。血液中のヘモグロビンは，光を吸収する性質をもつため，計測信号は皮下の血液量に相関して変化する。Silmee™ W20は，心臓の脈動に伴って変化する手首の毛細血管の血液変化を時系列にセンシングすることで脈拍信号を計測している（図4）。

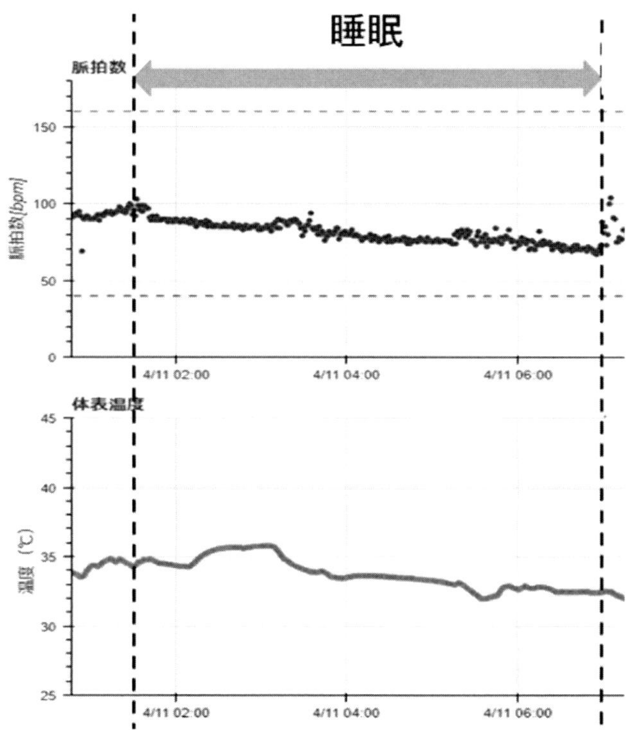

図4　睡眠データの心拍と皮膚温度
睡眠時の心拍数と皮膚温度の計測データ。

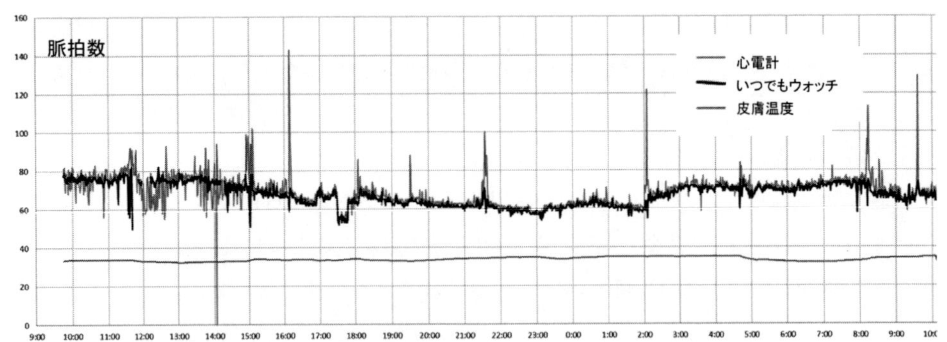

図5　㈱トーカイとの共同プロジェクト「いつでもウォッチ®」
本プロジェクトは在宅医療支援システム「いつでもウォッチ®」脚注1として発足。脈拍を24時間収集。随時医療関係者や家族にデータが送信され，脈拍急変時にはアラートが自動送信される仕組み。「いつでもウォッチ®」は，1分間の脈拍数で，Refは心電計（胸部）。
（グラフ出所元）社会医療法人蘇西厚生会 まつなみリサーチパーク

病院・介護施設関連事業を行っている㈱トーカイとの共同プロジェクトでは，『見守り』に特化した脈拍計測機能・技術を最適化し，脈拍を24時間リアルタイムで収集可能にした（図5）。

6　会話量測定

Silmee™ W20は人間の会話に含まれる周波数成分を分析して会話量を測定する。分析はデジタル信号処理により行われ，1分間のうち一定時間以上会話の特徴がある信号が検出されると，当該1分を会話と見做す。この方式は限られた電力で動作するウェアラブルデバイスに適した測定方法であるが，音声を言語として認知しないことから，動物の鳴き声・楽器の音等を会話として誤認識する可能性がある。当社は入念に実生活の調査を行い，誤検出が問題とならないパラメータ調整を設定，小型・低消費電力と測定性能の双方を実現した。

7　Silmeeヘルスケア アプリケーション

記録されたデータはBluetooth脚注2でスマートフォンに転送され，専用アプリケーションでグラフなどに表示できる。このアプリケーションは，“食事”を写真で簡単に記録することのできるため，活動量，睡眠，脈拍，皮膚温度，会話量，紫外線レベル及び食事をトータルで管理できる。このアプリケーションの画面例を図7に示す。

脚注1　「いつでもウォッチ®」は松波英寿（社会医療法人蘇西厚生会 松波総合病院理事長）が考案した在宅医療支援システム

脚注2　Bluetoothワールドマーク及びロゴは，Bluetooth SIG. Inc.の登録商標

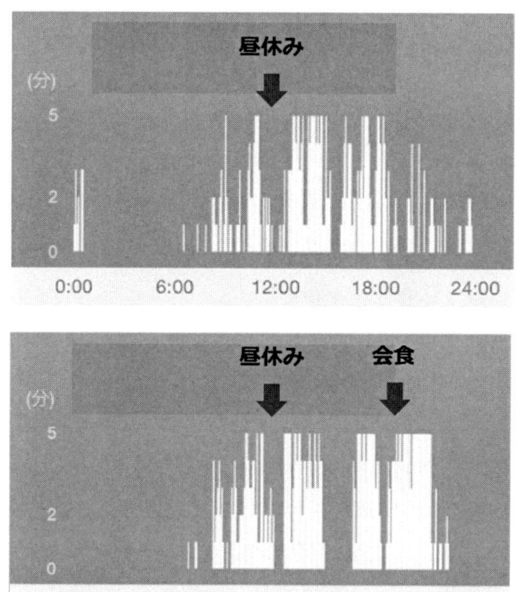

図 6　会話量
1 日の会話量測定データ。会食有無の比較データ。

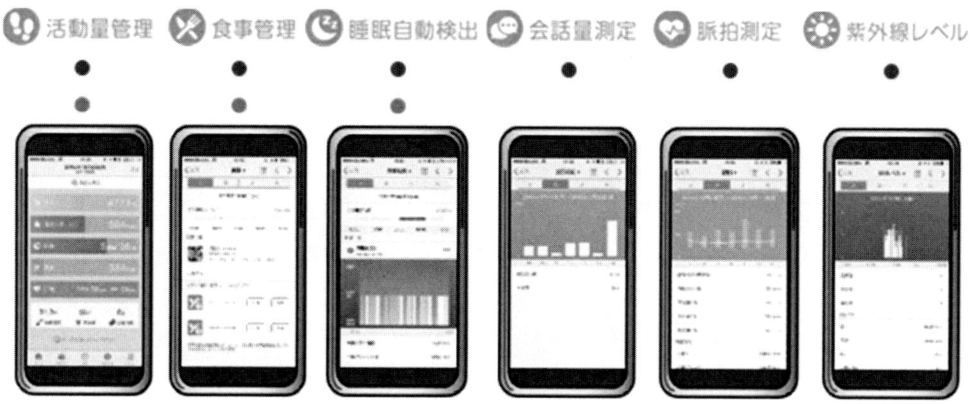

図 7　ヘルスケア情報を直接的に把握できるアプリケーションの画面例
活動，睡眠，脈拍，皮膚温度，会話量，紫外線レベル，食事などのライフログを把握できる。

8　応用実例紹介

8. 1　医療・介護向け24時間モニタリングシステム

病院・介護施設関連事業を行っている㈱トーカイとの共同プロジェクトでは，『見守り』に特化した機能・技術を最適化し，医療・介護向け24時間モニタリングシステム 通称「いつでもウォッチ」に活用。このシステムでは，高齢者などにこのリストバンドを装着し，脈拍を24時間収集。随時医療関係者や家族にデータが送信されており，脈拍急変時にはアラートが自動送信される仕組みとなっている。利用者本人が異常を感じた場合には，自らボタン操作によって緊急アラートメールを関係者に送ることもできる。

8. 2　バイタルデータの遠隔モニタリングシステム

TDKと大分大学は，（国研）日本医療研究開発機構（AMED）の平成28年度「未来医療を実現する医療機器・システム研究開発事業『認知症の早期診断・早期治療のための医療機器開発プロジェクト』」の採択を受け，徘徊検知システムとして対象者が装着するリストバンドSilmee™ W20から，位置情報とともに脈拍，皮膚温度，活動量，UV照射量などのバイタルデータと会話量のリアルタイムでの把握が可能となる遠隔モニタリングシステムを共同で開発した。このシステムにより装着を希望した患者のリストバンドから，ゲートウェイを経由して，同大学医学部附属病院内に設置したパソコンのディスプレイ上にリアルタイムの患者の位置情報，バイタルデータ（脈拍，皮膚温度，活動量，UV照射など）および会話量を表示し，ならびにこれらの過去のデータも表示する。これによりリストバンドを装着した認知症患者の遠隔モニタリングが可能となるとともに，病院内の危険領域への侵入や，バイタル異常の際に，医師や看護師などの医療従事者にアラートにより通知を発することが可能となった。このシステムは，認知症患者の徘徊対策のみならず，今後，他疾患の患者への応用も期待されている[8)]。

8. 3　ウェアラブルデバイスを活用して心拍変動データから感情を可視化する「NEC感情分析ソリューション」

NECと名古屋市立大学が共同開発を進めている感情分析が可能な感情認識技術と，クラウドサービスやTDKのウェアラブルデバイスSilmee™ W20などを組み合わせたシステム。具体的には，リストバンド型のデバイスを装着した対象者の心拍変動データ[脚注3]などをリアルタイムに収集・分析することで，「興奮・喜び」「ストレス・イライラ」「憂鬱・疲労」「穏やか・リラックス」の感情を可視化し，専用アプリケーション上で現在の感情や1日の感情履歴などを表示する。これにより，企業は従業員などの隠れた感情疲労や心理的負荷を把握し，情動の変化に応じて適切な対応を早期に取ることが可能となった[9)]（図8）。

脚注3　脈拍数などを連続的に測定した時系列変化

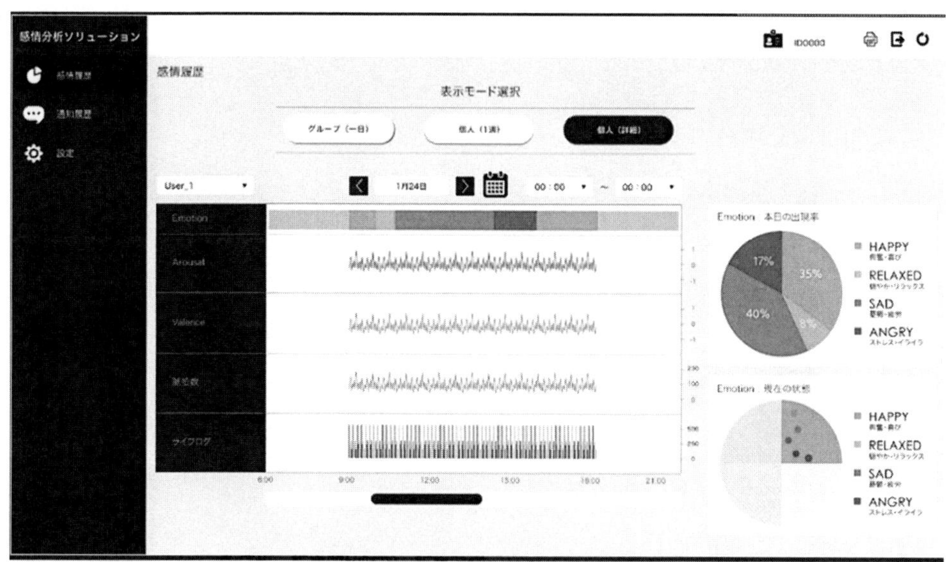

図８「NEC 感情分析ソリューション」専用アプリケーションの画面イメージ

9 おわりに

Silmee™ W20 は，医療・ヘルスケアに関連したサービスでの利用を目的としたデバイスであり，現在 医療・介護関係，交通関係，製造・建築現場，大学研究チームなど，さまざまなところで導入されている。今後，これらを利用した様々なソリューションを展開する予定である。

文　　献

1) 宮本浩二，SEMICON JAPAN 2017，スマートヘルスケアフォーラム，AIxIoT により進化するヘルスケアと社会，医療・ヘルスケアの様々な用途に対応したウェアラブルセンサ
2) 宮本浩二，SEMICON JAPAN 2015，ヘルスケアの様々な用途に対応したウェアラブルセンサ
3) 宮本浩二，東芝 ITC ソリューション 2015，ヘルスケアの様々な用途に対応したウェアラブルセンサ
4) K. Miyamoto *et al.*, 2015 CEWIT2015 (Center of Excellence wireless and information technology), Wearable Sensors for Healthcare Field Applications
5) 宮本浩二，橋本和則，鈴木琢治，ヘルスケアの様々な用途に対応した ウェアラブルセンサ，2014 東芝レビュー，Vol.69, No.11 (2014)
6) 宮本浩二，2014 北九州学術研究都市／第 14 回産学連携フェア 新電子デバイスアプリケー

ションセンサーフュージョンデバイスの動向
7） K. Miyamoto *et al.*, IEDM Short Courses (2006)
8） TDK 2018年2月22日プレスリリース
9） NEC 2018年6月11日プレスリリース

第9章　生体ガス計測におけるドコモの取り組み

山田祐樹[*1]，檜山　聡[*2]

1　はじめに

株式会社NTTドコモ（以下，ドコモ）では，健康上の問題がない状態で日常生活が送れる期間（以下，健康寿命）の延伸に向けて，病気の発生や進行を未然に防ぐ予防医療サービスの実現に取り組んでいる。そのためには，簡単・手軽に日々の健康や生活習慣を検査可能な装置が必要であり，呼気や皮膚表面から放出される生体ガス成分（以下，皮膚ガス）を計測可能な装置が有望であると考えている。本稿では，呼気計測装置と皮膚ガス計測装置の開発例と，その応用展開例を紹介する。

2　呼気計測装置の開発とセルフ健康検査への応用

高齢化社会の到来に伴い，国民医療費は増加の一途を辿っている。2012年度は35兆円であったが，2025年度には54兆円となることが予想されており，国民医療費の増加の抑制は急務となっている[1)]。この国民医療費の約35％は生活習慣病関連疾患が占め[2)]，日本人の死因の約6割は生活習慣病関連疾患である[3)]。つまり，生活習慣病の発症率を低減することができれば，国民医療費の低減や健康寿命の延伸に繋がることが期待される。

近年，呼気や皮膚ガス成分の計測による健康検査や健康管理が下記3つの理由から注目を集めている。第一に，生体ガスによる検査は，採血のような痛みを伴わず，穿刺による感染リスクが発生しない。第二に，生体ガスには各人の代謝結果が含まれ，個人差が反映されている。第三に，生体ガスの計測には資格や免許が不要であり，誰でも自分で測ることができる。そのため，ユーザが簡単・手軽に自身の健康チェックを行う際に計測する生体サンプルとして，生体ガスは適していると考えられる。ドコモでは，数百種類以上ある生体ガス成分の中でも特に，脂肪代謝の指標となる「アセトン」に着目している。

アセトンは運動や空腹などに伴って，体脂肪が分解・燃焼されることによって血中に産生される代謝産物であり，肺胞を通じて我々の呼気や皮膚表面から放出される生体ガス成分の1つである[4)]。呼気中のアセトン濃度は，血中のアセトン濃度と非常に高い相関があり[5)]，血液を採取しなくても呼気を使って脂肪代謝の動態を知ることができると期待されている。具体的には，糖尿

＊1　Yuki Yamada　㈱NTTドコモ　先進技術研究所　研究主任
＊2　Satoshi Hiyama　㈱NTTドコモ　先進技術研究所　主幹研究員

病[6)]，食事[7)]，運動[8)]，睡眠[9)]，年齢・性別[10)]，ダイエット[11)]，血糖値[6)]と，呼気アセトン濃度との関連性がこれまで検証されている。なかでも，肥満は万病の元とも言われ，生活習慣病を発症するリスクを上げることからも，呼気中のアセトン濃度を自ら測り，脂肪代謝レベルをモニタしながら日常のダイエット管理などに応用することは非常に有意義である[11)]。

しかし，呼気中に含まれるアセトン濃度は非常に低く，健康な成人で0.2～2.4ppm（parts per million；1ppm＝0.0001％）程度である[10)]。しかも，呼気中に含まれているアセトン以外のガス成分の一部はアセトン計測に誤差を生じさせる。そのため，ガスクロマトグラフィ装置などの従来のガス計測装置ではガス成分を分離して厳密に計測しており，装置の大型化の主な要因となっていた。そこで，ドコモが開発した呼気計測装置では，感度特性が異なる2種類の半導体式ガスセンサを実装し，ガス成分の分離機構を採用しないことで装置の小型化をめざした（図1）[12,13)]。第1のガスセンサは酸化タングステンを主なセンサ材料とし，アセトンに対して特に高い感度を示すガスセンサを選定した。一方，第2のガスセンサは酸化スズを主なセンサ材料とし，アセトンや水素，エタノールに対して感度を示すセンサを選定した。アセトンと水素，エタノール，飽

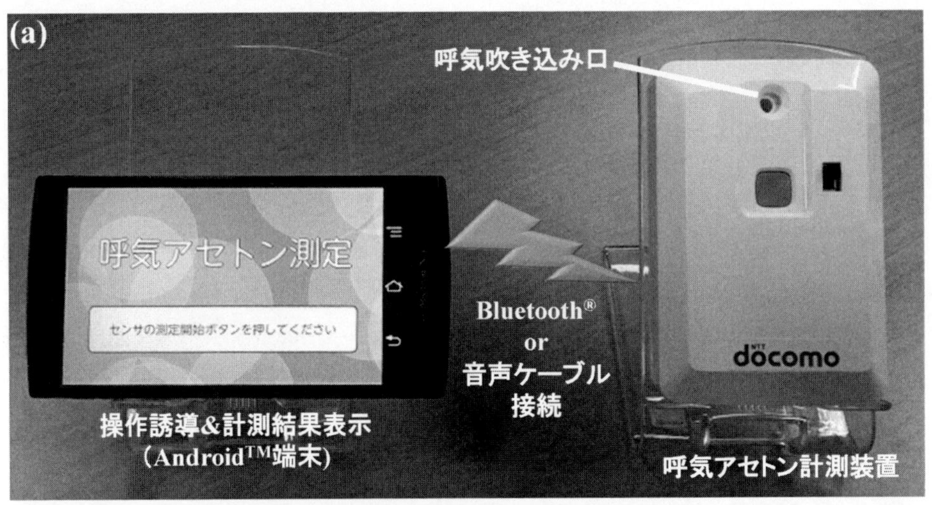

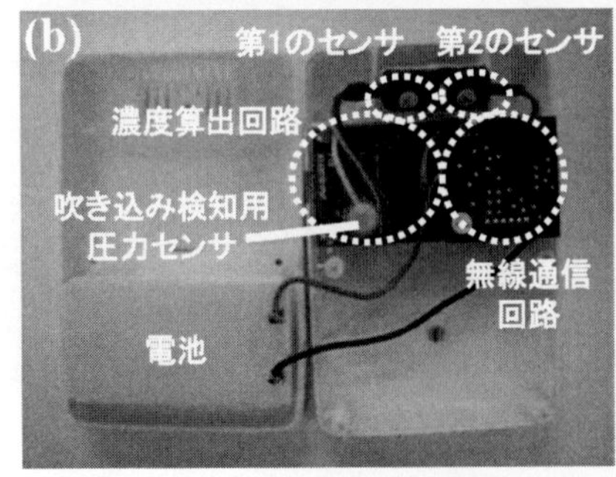

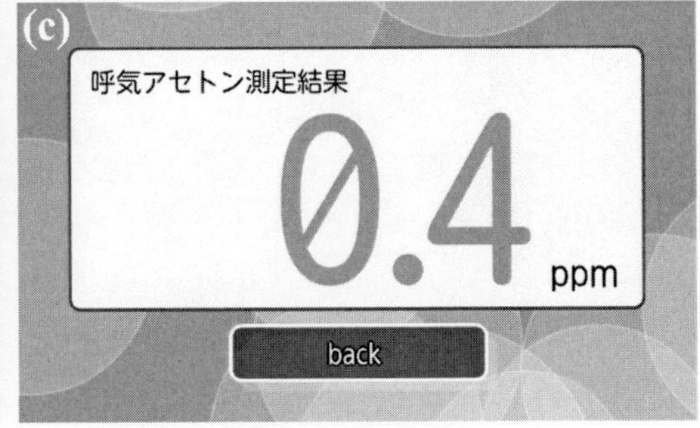

図1　開発した呼気アセトン計測装置(a)システム全体構成(b)装置の内部構成(c)スマートフォン画面での計測結果表示例

和水蒸気の混合ガスに対するガスセンサの感度特性評価をあらかじめ行い，それぞれの結果を基にして検量線を求めて装置に記録しておくことで，ガス成分を分離することなく，呼気中のアセトン濃度を精度よく算出できるアルゴリズムを開発・実装した。開発装置は大きさが65×100×25mm，重さが125gであり，卓上型のガスクロマトグラフィ装置と比べて体積で約1/100，重量で約1/50の小型軽量化に成功している。開発装置はアセトンとエタノールの同時計測が可能であり，両ガス成分の計測結果はBluetooth®による無線伝送，または音声ケーブルでの有線伝送にてスマートフォンに送信が可能である。そして，開発装置からの送信データを受信するスマートフォンには，必要な息の吹き込み秒数のカウントダウン表示や，計測結果の表示などを行うAndroid™アプリケーションを開発・実装した。

次に，開発装置とガスクロマトグラフィ装置とに，実際の息を吹き掛けた場合に算出されるアセトン濃度の比較評価を行った。その結果，開発装置による計測結果は，ガスクロマトグラフィ装置による計測結果と有意な正の相関が認められ（R＝0.95，p＜0.001），その標準誤差は±0.1ppmであった[13]。これは，自身の脂肪代謝レベルの傾向や目安を簡易的に把握する用途を想定すると，実用に耐え得る計測精度であり，開発装置の法人向け販売を既に開始している。

生活習慣病の１つである糖尿病の在宅モニタリングへの開発装置の応用可能性を検証するため，糖尿病患者の呼気アセトン濃度と血糖値，HbA1c値の関係を検証する実験を行った[14]。非糖尿病患者12名（65〜90歳），食事療法や経口薬治療，インスリン治療を行っている糖尿病患者77名（32〜95歳）を対象に，開発装置を用いた呼気アセトン濃度の計測と血液検査を朝食前に１回実施した。治療別の呼気アセトン濃度を示した結果を図２に示す。糖尿病が進行している人ほど，呼気アセトン濃度が高い傾向にあることがわかった。そして，非糖尿病と食事療法の患者は呼気アセトン濃度と血糖値，HbA1c値の間に緩やかな相関があった（図３）。これらの結果は，非糖尿病と食事療法の患者は呼気アセトン濃度を計測することにより，血糖値やHbA1c値

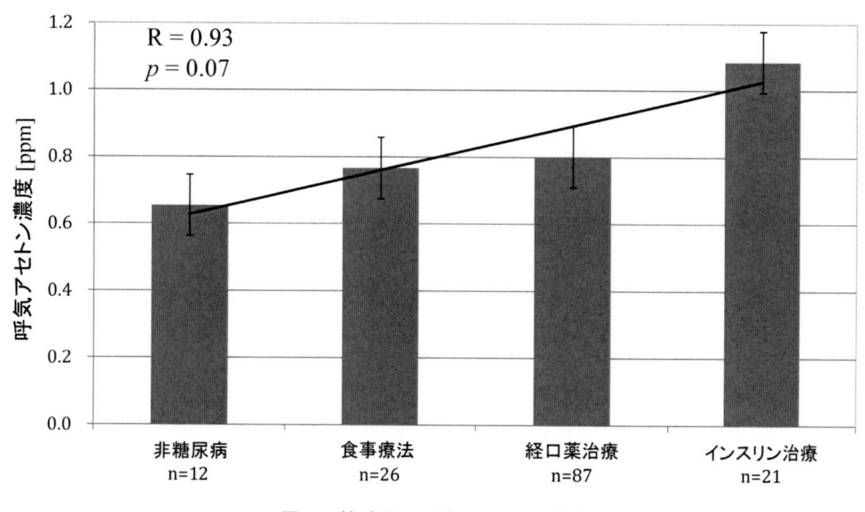

図２　治療別の呼気アセトン濃度

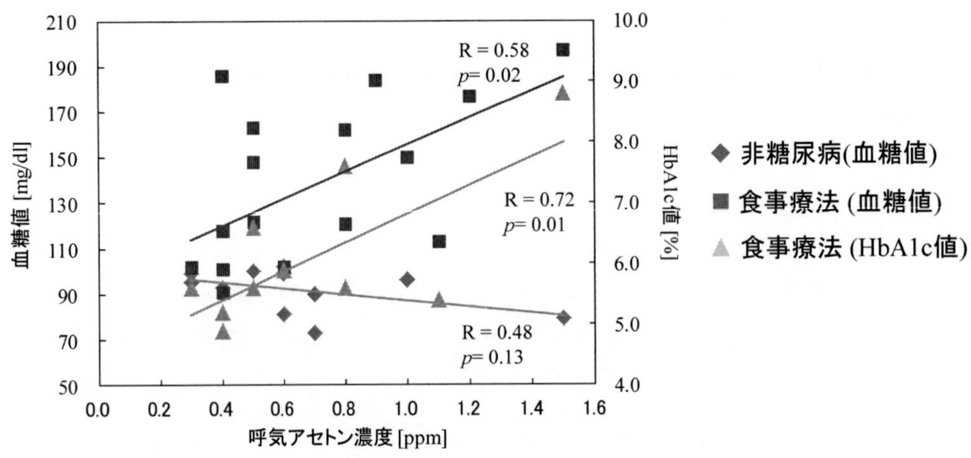

図３　呼気アセトン濃度と血糖値・HbA1c 値の相関性

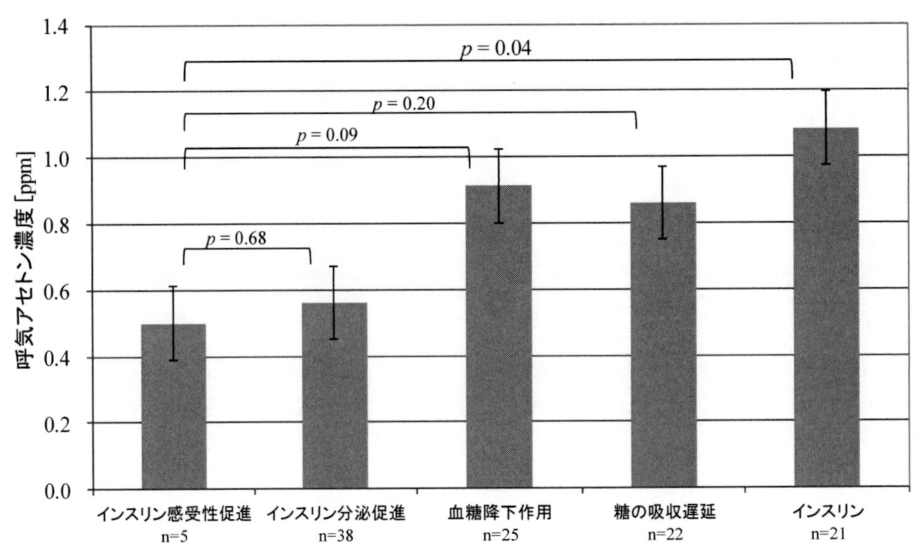

図４　治療薬を服用している糖尿病患者の呼気アセトン濃度

の大小を粗く推定できる可能性があることを示唆している。さらに，服用している薬が呼気アセトン濃度の大小に影響を及ぼしている可能性も示唆された（図４)。これらの結果は，呼気アセトン計測が糖尿病の在宅モニタリングに応用できる可能性があることを示しており，被験者数を増やした更なる検証が期待される。

続いて，街中でのセルフ健康検査への開発装置の応用可能性を検証するため，呼気計測装置を実装したヘルスキオスクの開発を行った[15)]。「ヘルスキオスク」とは，画面の案内に従いながら備え付けの各種センサや健康管理機器を自分で操作し，自身の健康状態に異常が無いかを検査できる機器である。公益財団法人福岡県産業・科学技術振興財団社会システム実証センターと，国

①緑内障，白内障，メンタルヘルス，認知症検査および操作案内，結果表示用ディスプレイ
②身長計測センサ
③聴力検査用ヘッドホン
④ICカードリーダ
⑤視力検査用リモコン
⑥体温センサ
⑦肺活量計
⑧血圧，脈拍，心電計
⑨呼気計測装置
⑩視力検査用覗穴
⑪体重・体脂肪率計

図5　呼気計測装置を実装したヘルスキオスク

立大学法人九州大学システムLSI研究センターの指導の下，株式会社スマートサービステクノロジーズ（現在，株式会社Nelsite）が開発・製造しており，身長，体重，血圧，体脂肪率，体温，脈拍，視力，聴力，肺活量，緑内障，白内障，心電波形，メンタルヘルス，認知症など計21項目以上のセルフ健康検査が可能である（図5）。利用者はICカードによって個人認証され，各項目の検査結果はその場で画面表示されると共に，ネットワーク上のサーバに蓄積される。蓄積された検査結果は，PCやモバイル端末から閲覧可能である。

このヘルスキオスクに，ドコモが研究開発した呼気計測装置を実装することで新たに脂肪代謝の検査が追加され，糖尿病や摂食障害，過度なダイエットなどに起因する代謝異常の有無も検査可能な世界最先端のセルフ健康検査機器となっている。病院受診要否の判断や，健康増進，病気の早期発見に役立つと期待され，医師不足の地域や離島などでは特に利用ニーズが高い。地域住民を対象とした国内外での利用実験を行いながらヘルスキオスクの有用性を実証し，公共施設や薬局などの街中や企業の健康管理センターなどに設置することで気軽にセルフ健康検査を行えるようにしたいと考えている。

3　皮膚ガス計測装置の開発と健康管理への応用

広く一般に普及している健康管理装置の一つに体重計・体組成計がある。一家に一台あると言っても過言ではなく，肥満の予防やダイエットを行うにあたっては，日々の体重管理は重要である。そこで，体重計測時に皮膚ガス成分も同時に計測できれば，呼気計測装置よりも更に手軽に，かつ多項目の健康チェックが実現できると考え，脂肪代謝の指標となるアセトン，飲酒の指標となるエタノール，脱水の指標となる水蒸気の3種類のガス成分を，体重計を模した装置に乗るだけで同時に計測できる「足裏皮膚ガス計測装置」を世界で初めて開発した（図6）[15]。

開発装置は大きさが30×30×3.5cm，重さが1.7kgであり，一般的な体重計・体組成計と同等の大きさ，重さである。開発装置には4つの皮膚ガス捕集・計測孔があり，各孔にアセトンに高感度なガスセンサ，エタノールに高感度なガスセンサ，温度・湿度センサ，ユーザが装置に乗ったことを判定するための物理スイッチを備えている。皮膚から放出されるガス成分の量は呼気中のガス成分の量よりも非常に少ないため，ガスセンサ自体の高感度化を行うとともに，計測結果の算出アルゴリズムおよび装置へのガスセンサの実装方法を工夫することで，極微量な皮膚ガス成分の計測を可能にしている。開発装置に乗ると，約20秒間で足裏の皮膚から放出されたアセトン，エタノール，水蒸気の同時計測が行える。なお，アセトンなどの生体ガス成分の分子の大きさは数Å程度であるのに対し，靴下やストッキングの繊維の網目は数百μm程度であるため，皮膚ガス成分の分子は繊維の網目を通り抜けられることから，靴下やストッキングをはいた状態でも皮膚ガスの計測は可能である。計測結果はBluetooth®による無線伝送で，対向するスマートフォンまたはタブレットに送信される。一方，対向するスマートフォンまたはタブレットには，開発装置からの送信データを受信し，計測結果に応じて現在の脂肪代謝レベル，酒気帯びの有無，脱水の有無と，それらに関連する健康アドバイスをGUIで視覚的に表現するAndroid™ アプリケーションを開発・実装した（図7）。

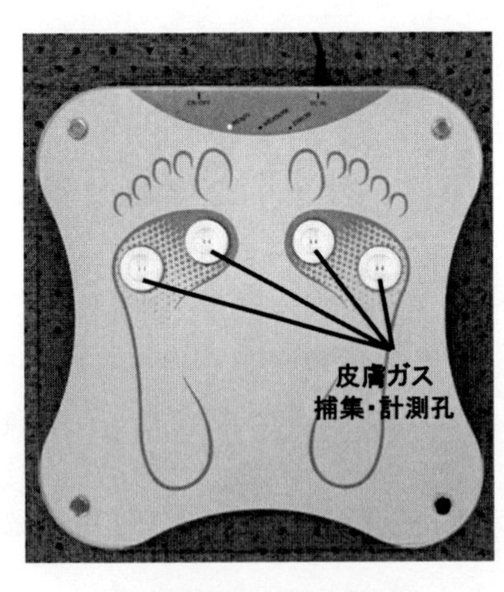

足裏皮膚ガス計測装置

Bluetooth®
接続

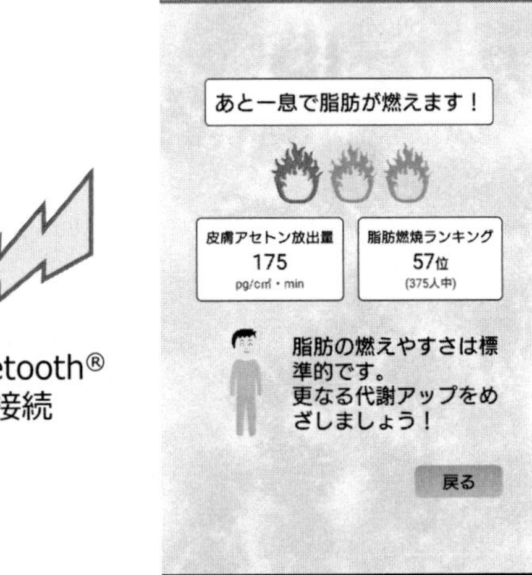

操作誘導、計測結果表示
（スマートフォンまたはタブレット）

図6　足裏皮膚ガス計測システム

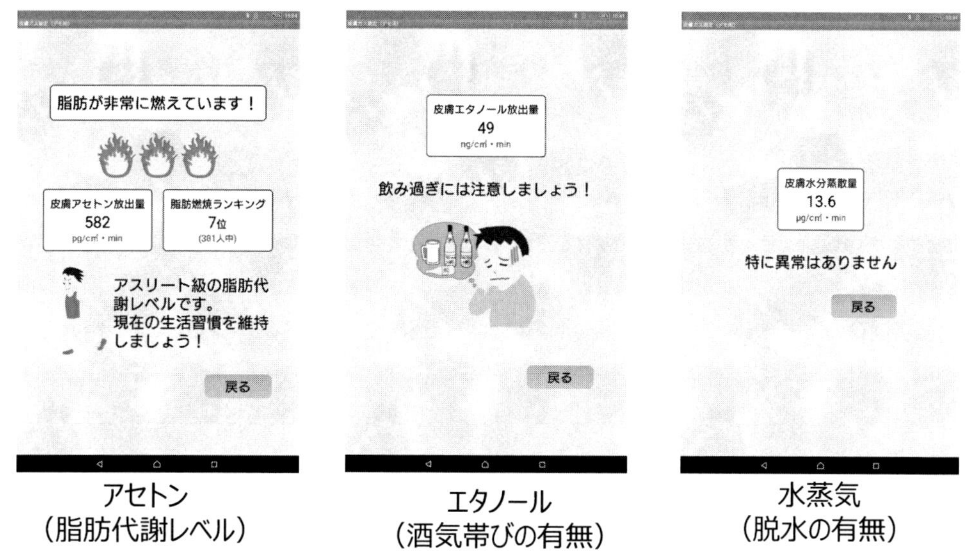

図 7　皮膚ガス計測結果の表示例

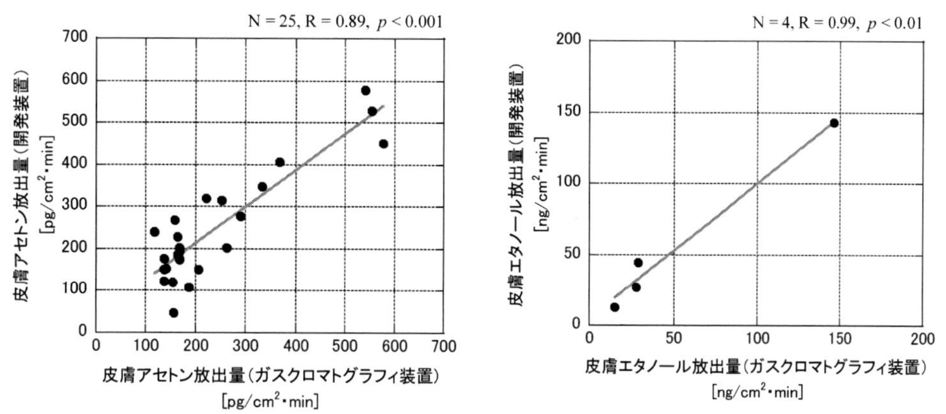

図 8　足裏皮膚ガス計測装置の精度

開発装置の計測精度を確認するため，性能評価実験を実施した。開発装置とガスクロマトグラフィ装置で，複数名の被験者の皮膚から放出されるアセトンとエタノールを計測し，両装置で計測された各ガス成分の量の比較評価を行った。その結果，開発装置による計測結果は，ガスクロマトグラフィ装置による計測結果と正の高い相関が認められた（アセトンの相関係数 $R=0.89$, $p<0.001$，エタノールの相関係数 $R=0.99$，$p<0.01$）（図 8）。これらの結果より，ユーザが簡易的に自身の健康状態を把握する利用用途において，実用に耐え得るレベルであることがわかった。

開発装置は，例えばダイエット支援や健康アドバイスへの応用が可能である。ダイエットを成功させるためには，水分や筋肉ではなく，体脂肪を減少させる必要があるが，体重を測るだけでは減量したものが体脂肪であるのか，それとも水分や筋肉であるのかが特定できない。これに対し，アセトンは体脂肪の分解・燃焼に伴って放出される代謝産物であるため，体重と合わせて計測することで，体脂肪の減少による減量なのか否かを特定することができ，効果的なダイエットを行うことが可能となる。なお，インピーダンス法に基づく体組成計では体内の水分量の増減が体脂肪量の計測に影響を与えて大きな計測誤差となり得るが，アセトン計測の場合はそのような影響をうけない。さらに，過度なダイエットを行っている場合には，炭水化物の摂取不足によって体脂肪が過剰に分解・燃焼されてアセトンの放出量が異常に多くなるため，ユーザに注意喚起を行うことで健康損失への抑止にもつながる。体重計に乗るという日常的な動作で負担なくアセトン計測による脂肪代謝の評価が行え，エタノールの計測結果から飲酒頻度などの生活習慣を推定して健康アドバイスを行うことも可能である。

開発装置は，糖尿病患者や妊婦などが発症する代謝異常の病気（ケトアシドーシス）の早期発見にも役立つことが期待される。ケトアシドーシスは，ケトン体の蓄積により血液が酸性に傾いた状態を示し，早期に適切な治療が行われないと死に至る可能性もある疾患として知られている。また，脱水時には症状がさらに重篤化する危険性もある。糖尿病患者や妊婦は日常的に体重管理を行っているため，体重と合わせて皮膚ガス成分を計測することで，負担なくケトアシドーシスの早期発見につながると期待される。

なお，身に着けるだけで腕から放出されるアセトンを計測して，脂肪代謝レベルを連続モニタリングできる「ウェアラブル皮膚アセトン計測装置」もドコモは開発済みである[16,17]。このようなウェアラブルタイプの装置は，アスリートや健康意識が高い人，腕時計やスマートウォッチなどを普段から身に着けている人のニーズが高く，脂肪代謝レベルの経時変化・日内変動が容易に「見える化」できる。利用シーンや用途，好みに応じて，呼気を測るタイプや体重計を模したタイプ，身に着けられるタイプなどを使い分けるのが望ましい。

4 おわりに

本稿では，呼気計測装置と皮膚ガス計測装置の開発例と，その応用展開例を紹介した。これらの装置を日常的に気軽にユーザが利用することで，健康の維持や増進，病気の予防や早期発見に役立ち，健康寿命の延伸に繋がることが期待される。健康・医療分野における社会的課題の解決に向け，引き続き貢献していく。

文　献

1) 厚生労働省，社会保障に係る費用の将来推計の改定について，p.5 (2012)
2) 厚生労働省，平成 26 年版厚生労働白書 健康長寿社会の実現に向けて～健康・予防元年～，pp.57-58 (2014)
3) 厚生労働省，平成 27 年（2015）人口動態統計（確定数）の概況，p.1 (2017)
4) 小橋恭一，呼気生化学－測定とその意義－，㈱メディカルレビュー（1998）
5) O. B. Crofford *et al.*, *Trans. Am. Clin. Climatol. Assoc.*, **88**, pp.128-139 (1977)
6) C. *Wang et al.*, *IEEE Sensors J.*, **10** (**1**), pp.54-63 (2010)
7) P. Spanel *et al.*, *Physiol. Meas.*, **32**, pp.N23-N31 (2011)
8) J. King *et al.*, *J. Breath Res.*, **3**, 027006 (2009)
9) J. King *et al.*, *Physiol. Meas.*, **33**, pp.413-428 (2012)
10) K. Schwarz *et al.*, *J. Breath Res.*, **3**, 027003 (2009)
11) S. K. Kundu *et al.*, *Clin. Chem.*, **39** (**1**), pp.87-92 (1993)
12) 山田祐樹ほか，NTT DOCOMO テクニカル・ジャーナル，**20** (**1**), pp.49-54 (2012)
13) T. Toyooka *et al.*, *J. Breath Res.*, **7**, 036005 (2013)
14) T. Toyooka *et al.*, "Portable Breath Acetone Analysis Toward Self-monitoring of Diabetic Control," *World Diabetes Congress 2013*, Melbourne, Australia, Dec. (2013)
15) 山田祐樹ほか，NTT DOCOMO テクニカル・ジャーナル，**24** (**4**), pp.6-11 (2017)
16) Y. Yamada *et al.*, *Anal. Chem.*, **87** (**15**), pp.7588-7594 (2015)
17) 山田祐樹ほか，NTT DOCOMO テクニカル・ジャーナル，**23** (**2**), pp.74-79 (2015)

第Ⅱ編

食と代謝

第10章　代謝・栄養

三輪茉那美[＊1]，大澤俊彦[＊2]

1　栄養素の消化・吸収

ヒトをはじめとするすべての生物は，生命を維持するために必要な物質を摂取して，エネルギーを産生し，生体構成成分を作り出し，ホルモンや酵素，抗体などの生成に利用されている。このように，生命維持に必要な物質を摂取して利用する過程は，「栄養」とよばれ，日常の食物成分として摂取される物質は，栄養素と呼ばれている。主な栄養素は，炭水化物，たんぱく質，脂質の３種類に分類されており，栄養素として最初に取り上げる炭水化物（糖質）は，組成式 $Cm(H_2O)_n$ からなる化合物であり，エネルギー源として重要な役割を果たしている。摂取された炭水化物は，グリコーゲンとして蓄積され，余った分は脂肪に合成され，貯蔵される。炭水化物は，グルコース，ガラクトース，フルクトースなどの単糖類とマルトース，スクロース，ラクトースなどの二糖類，マルトオリゴ糖，ブドウ糖以外の単糖類を含むオリゴ糖である少糖類と共に，多糖類として，デンプン（アミロース，アミロペクチン）と，セルロース，ペクチンなどの非デンプン性炭水化物に分類される。食物から摂取される炭水化物のほとんどは多糖類の状態であり，また，スクロースなどの二糖類も多く含まれる。唾液，膵臓中のアミラーゼにより少糖類となり小腸上皮細胞で膜消化を受け，単糖類となり吸収される。グルコース，ガラクトースはSGLT1，フルクトースはGLUT5により細胞内に取り込まれる[1)]。

一方，たんぱく質とは，20種類のアミノ酸がペプチド結合してできた窒素を含む化合物である。様々な機能（代謝の調節，生体防御，物質輸送，生理活性物質の前駆体，エネルギー源）を果たし，生命の維持には欠かせない構成成分の１つである。代謝物から体内で合成できるアミノ酸と，体内で合成できず，摂取しなければならない必須アミノ酸がある。たんぱく質は，ペプチド結合を消化酵素（ペプシン，トリプシンなど）によって切断し，トリペプチド，ジペプチド，アミノ酸にまで消化され吸収される。これらは分解されたのちに小腸で吸収される。アミノ酸の取り込みは，Na^+依存性とNa^+非依存性の輸送担体により行われ，トリペプチド，ジペプチドはH^+依存性であるペプチド輸送担体によって取り込まれる。

最後に紹介する脂質は，水に不溶であり，有機溶媒に溶解性を持つ極性の低い化合物である。エネルギー源であると共に脂肪として蓄積され，また，細胞膜の構成成分となると共にステロイドホルモンや胆汁酸の生成に利用される。脂質を大別すると，アシルグリセロール，ステロール

＊1　Manami Miwa　愛知学院大学　心身科学部　健康栄養学科

＊2　Toshihiko Osawa　愛知学院大学　心身科学部　健康栄養学科　客員教授

エステル，ロウ（ワックス）のような単純脂質と，リン脂質，糖脂質などの複合脂質と共に，誘導脂質として脂肪酸，ステロイド，脂肪族アルコールなどが存在する。

食事から摂取する脂質の主成分はトリアシルグリセロール（TG）であり，他にリン脂質，糖脂質，コレステロールなどが含まれる。TGはリパーゼにより消化され，脂肪酸とモノアシルグリセロールは胆汁酸と混合してミセルを形成し可溶化されることで小腸にて細胞内に取り込まれる。また，リン脂質の場合は，ホスホリパーゼ，コレステロールエステルはコレステロールエステラーゼにより消化される。中鎖脂肪酸は吸収された後，門脈に移行し取り込まれる。脂肪酸としては，n-6系脂肪酸（リノール酸，アラキドン酸）とn-3系脂肪酸（リノレン酸，DHA，EPA）は体内で合成できないため，食事により摂取すべき必須脂肪酸である。

2 栄養素と栄養センシング

消化・吸収により生体内に取り込まれた栄養素の糖質，たんぱく質，脂質は，いずれもアセチルCoAに変換されTCA回路を回ってATPを産生してエネルギーとなる。糖質は，1分子のグルコースもしくは体内で貯蔵されているグリコーゲンがグルコース6リン酸となり解糖系において2分子のピルビン酸または乳酸に代謝される。好気的条件下では，ピルビン酸はミトコンドリアに入り，アセチルCoAに変換されオキサロ酢酸と結合してクエン酸になり，TCA回路に回る。グルコースは糖新生によって供給される。糖新生とは糖質以外からグルコースを生合成することである。筋肉で生じた乳酸は肝臓にてグルコースとなり（コリ回路），糖原性アミノ酸（アラニン，アスパラギン酸，グルタミン酸など）はフマール酸やスクシニルCoAになりTCA回路に入るものなどがある。また筋肉で生じたアミノ基はピルビン酸と結合しアラニンが生じ，肝臓に運ばれてアミノ基を離しピルビン酸となってグルコースに再生される（グルコース・アラニン回路)。他にグリセロールからも供給される。一方，たんぱく質の場合は，消化・吸収により生成したアミノ酸が，脱アミノ反応（アミノ基転移反応，酸化的脱アミノ反応）によってαケト酸（αケトグルタル酸，オキサロ酢酸，ピルビン酸など）が生じて，解糖系もしくはTCA回路に合流する。アミノ酸から脱アミノ反応によって遊離したアミノ基（アンモニア）は，そのままでは有害なため，解毒を行うために肝臓の尿素回路で尿素に変えられて，腎臓に運ばれて尿となり排泄される。一方，脂質の代謝に関しては，脂肪酸はβ酸化を受けてアシルCoAとなりカルニチンと結合してアシルカルニチンとなりミトコンドリア内に運ばれ，アセチルCoAとなってTCA回路に入る。グリセロールは解糖系に入り，さらにTCA回路に取り込まれる。アセチルCoAは，アセチルCoAカルボキシラーゼの作用によってマロニルCoAとなり脂肪酸合成に使用される。TCA回路を回る過程で炭素と水素が抜き取られ，最終的に水，二酸化炭素として排出されるが，その過程で大量にATPが産生される（図1）[2]。

このような栄養素の摂取状態を感知して代謝を調節するメカニズムとして，最近，栄養センシングという機能が大きな注目を集めている。生体内に吸収された糖質，タンパク質，脂質などの

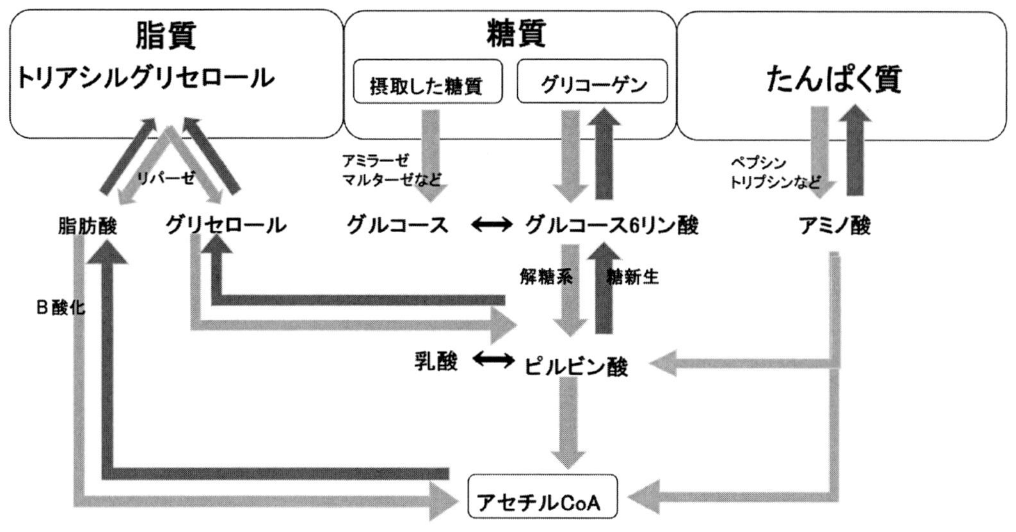

図1　栄養素の生体内代謝

栄養素は，ヒトの体を構築しエネルギー源として働くだけでなく，細胞内シグナル伝達物質としての代謝調節機能に大きな注目が集められている。これらの機能は栄養センサーと呼ばれ，重要な役割を果たしているのは，サーチュイン，mTOR（mammalian target of rapamycin），AMPK（AMP-activated kinase），などである。そのうち栄養過剰で活性化するのがmTORC1であり，カロリー制限・エネルギー不足で活性化するのがサーチュイン，AMPKである[3]。

TORは，Ser/Thrプロテインキナーゼであり，酵母からほ乳類，藻類，植物に至るまでの真核細胞に広く保存されており，特に，哺乳類の場合は，mTORと呼ばれている。mTORは，複数のタンパク質と2種類の複合体を構成しており，そのうちmTORC1と呼ばれる複合体は，アミノ酸・グルコース・インスリンなどの栄養素を過剰摂取することにより活性化を受ける。その結果，メタボリックシンドローム，特に，肥満やインスリン抵抗性の形成，糖・脂質の代謝異常などが引き起こされることが報告されている。逆に，AMPKは，カロリー制限や細胞内のエネルギー不足の結果，活性化されるリン酸化酵素であり，活性化の結果，グルコース取り込み促進され，脂肪酸酸化は促進されるなど，糖・脂質代謝の異常を抑制し，メタボリックシンドロームの予防に重要な役割を果たしていると考えられている。

一方，酵母の寿命に関わる遺伝子として*Sir2*の存在が1999年に発見された。SIR2はヒストンを脱アセチル化させることで不活性化させ，多様な遺伝子の転写を抑制する。NADHやNADPでは効果がなく，NADのみを必要とすることから，NAD依存性脱アセチル化酵素と呼ばれる。その後，ヒストン以外のタンパク質も基質とする酵素が明らかにされ，サーチュイン（sartuin）と呼ばれている。哺乳類の持つ7種のサーチュインの中でSIRT1の活性化は，AMPKの活性化によって引き起こされる細胞内NAD濃度の上昇と関連している。カロリー制限によって引き起こされるSIRT1の活性化が，抗炎症，酸化ストレスの抑制，DNA損傷の修復やオートファジー，ストレス抵抗性などを誘導し，メタボリックシンドロームや神経変性疾患，腎臓病などの老化に関連した疾患の発症を抑制していることが明らかにされている。このような背景で，カロリー制限しないでSIRT1の活性化ができないか，との期待から，酵母を対象に様々な分子のスクリーニングが行われ，赤ワイン中のポリフェノール，レスベラトロールに最も高い効果が認められた。われわれは，レスベラトール以外の植物ポリフェノールにも同様な効果が期待できるのではないか，との考えからカレー料理に必須のスパイス「クルクミン」の代謝産物「テトラヒドロクルクミン」も同時に用いたショウジョウバエの実験系で，SIRT1の関与と共にFOXOを介して，カロリー制限と同様な効果を有していることを明らかにしている[4]。

3 機能評価のためのバイオマーカーの開発

脂肪細胞に由来する種々のバイオマーカーとしては，抗炎症性のサイトカインとしてアディポネクチンやレプチン，また，炎症性のサイトカインとしてはmcp-1やレジスチンをはじめ，TNF-αやIL-6などが重要なバイオマーカーとして注目を集めている（図2)。このような疾患予防バイオマーカーを組み合わせることで，糖尿病合併症や動脈硬化症の予防に期待できる食品の機能性測定に効果の検討に利用し，最終的には，メタボリックシンドローム予防の分子レベルにおける機能評価を行おうとする試みである[5]。われわれの日常生活に必要な酸素も，過剰発現

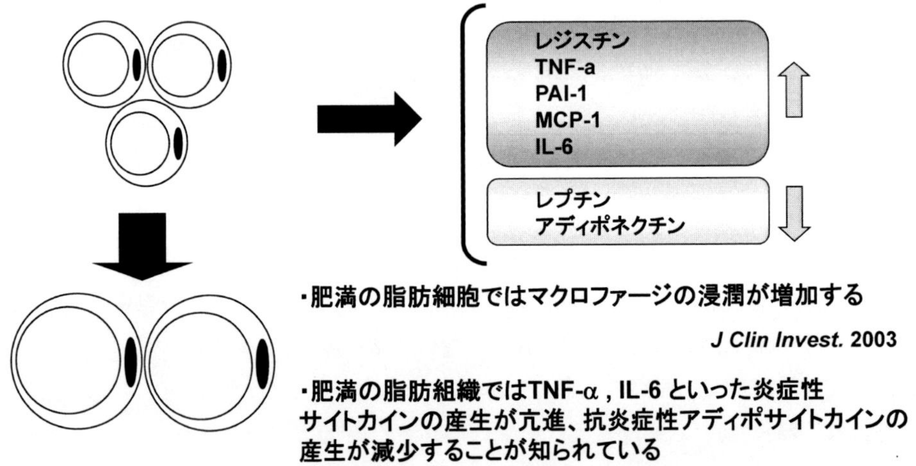

図2　肥満細胞由来のバイオマーカー

することにより直接，タンパク質やDNA，リン脂質を攻撃し，酸化的に修飾された「酸化修飾物」が生成する。さらに「活性酸素・フリーラジカル」は，細胞膜や脳組織を構成する脂質（多価不飽和脂肪酸と呼ばれる酸化されやすい脂肪酸が中心である）を攻撃し，反応性の高い「脂質過酸化物」が生成する。これらもタンパク質やDNA，リン脂質と反応して「付加体」が作られる。私たちは，このような付加体をウサギやマウスに抗原として注射することで，酸化ストレスに特異的な30種類以上の「抗体」を得ることができた[6]。酸化ストレスは，喫煙や飲酒，過度の運動や紫外線，さらにさまざまな精神的なストレスでも生じることが明らかにされ，その蓄積が生活習慣病の原因である，と考えられている。このような背景で，今，われわれが重点的に進めているのが，メタボリックシンドローム予備軍の段階で診断を行うためのバイオマーカーの確立と，肥満が引き金となって発症する疾病予防に期待できる食品の機能性測定に有効な疾患予防バイオマーカーを酸化ストレスバイオマーカーと共にチップ上にインプリンティングしようという試みである。具体的には，一滴の血液やだ液，尿を対象に，疾患予防バイオマーカーや酸化ストレスバイオマーカーなど，未病診断バイオマーカーに特異的なモノクローナル抗体を，スライドガラス上にスピンコートされたアゾポリマーに光照射によりインプリンティングすることで「抗体チップ」を作製し，化学発光で未病診断，特に，メタボリックシンドロームや動脈硬化予防診断マーカー，さらには，疲労診断マーカーも含めた未病診断のバイオマーカー評価を測定しようというものである（図3）。

1．モノクローナル抗体
- 既に市場化され、メタボ未病マーカーとして期待されるモノクローナル抗体
- 酸化ストレスマーカーを中心とした独自のモノクローナル抗体

① アディポサイトカイン：細胞レベルからヒト臨床系に応用できる炎症性、抗炎症性サイトカイン類

アディポネクチン
レプチン
レジスチン
TNF-α
MCP-1
IL-6

② 酸化ストレスマーカー：細胞レベルからヒト臨床レベルでのバイオマーカーに応用できる酸化修飾タンパク質

脂質過酸化物の初期生成物
HEL (N^{ε}-hexanoyl-lysine)
AZL (N^{ε}-azelayl-lysine)
GLL (N^{ε}-glutaroyl-lysine)
PRL (N^{ε}-propanoyl-lysine)
SUL (N^{ε}-succinyl-lysine)
炎症反応初期に生じるタンパク質酸化修飾物
ジチロシン (Di-tyrosine)
ニトロチロシン (Nitro-tyrosine)
ジブロモチロシン (Dibromo-tyrosine)
フリーラジカル修飾DNA
8-OHdG (8-hydroxy-deoxyguanosine) 8-BrdG (8-bromo-deoxyguanosine)

2．アゾポリマーにモノクローナル抗体をインプリンティングした「抗体チップ」の開発

特徴：可視光で固定化が可能　⇒紫外線照射のようにタンパク質の変性を受けない

図3　バイオマーカーの開発

生体防御に重要な役割を持つ免疫担当細胞として主要な食細胞であるマクロファージが生産するNOは，血管弛緩因子としての重要性や神経伝達因子としての役割など，生体に不可欠であるが，過剰発現の結果，特に，スーパーオキシド（O_2^-）と反応して生産されるペルオキシナイトライト（$ONOO^-$）は，酸化傷害因子であると推定され，生成したニトロチロシンは重要な酸化ストレスバイオマーカーとして知られている。一方，同じ食細胞として知られる好中球も過剰発現するとジチロシンやハロゲン化チロシンが酸化修飾物として生成することが明らかにされた[7)]。一例として，最近，低線量のUV暴露でも皮膚の光老化が進行し，その理由として，好中球由来のミエロペルオキシダーゼ（MPO）が生産する過剰な「活性酸素」により酸化修飾を受けたチロシン，ジチロシンやニトロチロシン，ハロゲン化チロシンが生成することを免疫染色により明らかにしている[8)]。

さらに，㈱浜松ホトニクス中央研究所の數村公子専任研究員らとの共同研究で，好中球の活性化指標となるO_2^-産生とミエロペルオキシダーゼ（MPO）活性を，O_2^-検出用化学発光試薬MCLAによる化学発光と，次亜塩素酸イオン（OCl^-）検出用蛍光試薬APFによる蛍光の，二つの光情報に変換して検出する技術を開発した[9)]。指先からランセットを用いて自己採取した極微量の血液中の好中球活性を，細胞分離することなく希釈のみで測定可能とするディスポーザブルの樹脂製角型特製計測セルと計測装置（CFL-H2400）によってリアルタイムで簡便に評価できる技術である。この研究は，内閣府SIP（戦略的イノベーション創造プログラム）「次世代農林水産業創造技術」のサポートで行われ，研究の詳細をまとめた論文は，現在，印刷中である[10)]。

4 「攻めの栄養学」への期待

最近の急速な機能性食品研究の進展に伴い，注目を集めてきたのが，「攻めの栄養学」である。バランスの取れた栄養素の摂取や適正なカロリー摂取，ビタミンやミネラルの摂取などを対象とした栄養学，いわゆる「守りの栄養学」に加えて，食物繊維と共に第7の栄養素と呼ばれる「非栄養素」，例えば，ポリフェノール類やイオウ化合物，カロテノイド類などを積極的に摂取することが健康長寿につながるのではないか，という「攻めの栄養学」の概念である。特に，ポリフェノールの吸収・代謝と健康の関わりに関する研究の進展は目覚ましい。われわれも，ゴマやウコンなどのハーブ・スパイスやチョコレート・ココアなどの嗜好品中に含まれるカカオポリフェノールに注目して，腸内細菌の機能も含めた生体内での吸収・代謝に注目して，研究を進めてきた。

沖縄で伝統的なウコン料理やカレー料理に必須のスパイス，ターメリックの黄色色素「クルクミン」の生体体吸収や代謝にも注目して研究を進めてきた。ターメリックはスパイスとして用いられるだけでなく，インドやインドネシアの女性は，皮膚感染の予防を目的として，ターメリックを化粧に用いる習慣が知られている。このような伝統を背景に，我々の研究グループも含めて，過剰な皮膚の炎症反応の抑制，特に，皮膚がんの予防に関する多くの研究が進められた。その後，クルクミンの機能性に関しては，大腸がんや乳がんに対する予防作用などが報告されてきたが，われわれは，クルクミンを経口で摂取すると腸管の部分で吸収される時に上皮細胞中に存在する還元酵素によりテトラヒドロクルクミンに変換され，生体中で実際に効果を示すのは，このテトラヒドロクルクミンである，というわけである[11)]。今までに，我々が中心となり，クルクミン，テトラヒドロクルクミンの機能性の比較研究を進め，抗酸化性，大腸がんや腎臓がんの抑制効果，糖負荷による白内障予防効果や動脈硬化予防作用，さらには，老化抑制作用など，広範囲な生理機能は，テトラヒドロクルクミンの方が強いという結果が得られた[12)]。

2003年にNature誌に発表され大きな注目を集めたのは，赤ワイン中に存在するレスベラトロールに強力な寿命延長効果を見出されたことであった[13)]。その内容は，寿命延長に重要な役割を果たしているサーチュインファミリーの脱アセチル化活性を強く促進する作用をもつポリフェノールとして，レスベラトロールを同定されたというものだった。私たちは，最近，国立長寿医療センターとの共同研究により，ショウジョウバエを対象にした寿命延長および抗酸化ストレス応答効果を示す物質として，テトラヒドロクルクミンが，レスベラトロールよりも強力な効果をもち，そのメカニズムは，ストレス応答性の遺伝子を標的遺伝子とするFOXO転写因子の核内局在誘導作用であることを明らかにした[14)]。FOXOはカロリー制限による寿命延長に重要な役割を果たす転写因子である。今後，さらに詳細に検討を行うことは必要であるが，クルクミンの生体内代謝物であるテトラヒドロクルクミンがカロリー制限と同じメカニズムで寿命を延長しているのか，また，その作用部位はどこにあるのかを特定してゆきたいと考えている。このような機能性食品因子による吸収・代謝は，多くのポリフェノール類で期待されている。その一例として最近大きな注目を集めているカカオポリフェノールの生体内吸収・代謝である。われわれも，㈱明治と蒲郡市民病院らとの共同研究で，347人を対象とする大型ヒト臨床試験「蒲郡スタディ」を行った。その結果，血圧低下作用や動脈硬化のリスク低下，さらには，認知症予防も期待できる神経栄養因子（BDNF）の増加など興味ある結果を得ている。これらの効果は，カカオポリフェノールによるものであり，高カカオチョコレートの製造過程の発酵の工程で大量に生成したポリマーであるプロシアニジンが腸内細菌の作用で低分子化されて生じた単量体の（−）エピカテキンや二量体，三量体などが腸管から吸収・代謝され，様々な機能性が発現されたものと考えられている[15)]。しかしながら，我々は，最近，ポリマーのプロシアニジンも強い抗炎症作用を持っていることを明らかにしているので[16)]，今後，ヒト臨床レベルでのカカオポリフェノールの吸収・代謝研究の進展が期待されている。

以上，紹介してきたように，栄養源，エネルギー源としてのみならず，細胞内伝達物質として重要な役割を持つ栄養素と共に，第7の栄養素として注目を集めているポリフェノールを対象に，腸内細菌の役割も含めて，栄養機能性における代謝・吸収の重要性を概説した。これらの機能を分レベルで調節する栄養素の栄養センサーとしての役割の重要性を概説するとともに，著者らが開発中の「抗体チップ」や「炎症・酸価ストレス計測装置」の開発の現状と動向を紹介した。

今後，ポリフェノール類だけでなく，他の多くの機能性を持つイオウ化合物やカロテノイド，サポニンやアルカロイドなどの多種多様な「非栄養素」の持つ新たな機能性評価センシング技術の開発にも注目した研究の進展が期待される。

文　献

1) 上野川修一，田之倉優編，食品の科学，東京化学同人（2005）
2) 加藤久典，藤原葉子，分子栄養学，羊土社（2014）
3) 北田宗弘，古家大祐，化学と生物，**51**，294-301 (2013)
4) 大澤俊彦，“ポリフェノールとレスベラトロール”，レスベラトロールの基礎と応用（監修　坪田一男），p.11-17 (2012)
5) 大澤俊彦，“抗体チップによる未病診断・食品機能性評価の新しい展開”，テーラーメイド個人対応栄養学（日本栄養・食糧学会監修），p.71-82，建帛社（2009）
6) 大澤俊彦，プロテインチップテクノロジーと機能性食品，ケミカルエンジニアリング，55 (4)，303-307 (2010)
7) 大澤俊彦，“未病診断とバイオマーカー”，ニュートリゲノミクスを基盤としたバイオマーカーの開発（大澤俊彦，合田敏尚監修），シーエムシー，p.11-20 (2013)
8) Y. Ishitsuka *et al., Clinical and Experimental Dermatology*, **37**, 252-258 (2012)
9) 數村公子，“光センシングによる抗酸化・抗炎症評価法の開発”，血流改善成分の開発と応用（大澤俊彦監修）シーエムシー，p.80-88 (2018)
10) K. Kazumura *et al.*, PLoS One, *in press*
11) 上野有紀，大澤俊彦，“ウコンの機能”，スパイス・ハーブの機能と最新応用技術（中谷延二監修），シーエムシー出版，p.93-103 (2011)
12) T. Osawa “Nephroprotective and hepatoprotective effects of curcuminoids”, Molecular Targets and Therapeutic Users of Curcumin in Health and Diseases, *Advances in Experimental Medicine and Biology*, **595**, 407-423 (2007)
13) K. T. Howitz *et al., Nature*, **425**, 191-196 (2003)
14) L. Xiang *et al., Aging*, **3** (11), 1098-1107 (2011)
15) 大澤俊彦，木村修一，古谷野哲夫，佐藤清隆，チョコレートの科学，朝倉書店，東京（2015）
16) 三輪茉那美ほか，“抗酸化・抗炎症・自然免疫賦活同時評価細胞試験によるカカオポリフェノールの機能評価”，日本酸化ストレス学会東海支部第6回学術集会，静岡（2018年2月）

第11章　カロテンとその代謝物による骨格筋へのヘルスベネフィット

北風智也[*1]，原田直樹[*2]，山地亮一[*3]

1　はじめに

ヒトの身体を構成する随意筋である骨格筋は人体で最大の組織であり，成人男性では体重の約40%，女性では約35%を占める。骨格筋は，運動や姿勢保持という身体活動の他に，インスリンの標的組織としてグルコースの代謝を担い，またグリコーゲンやタンパク質（アミノ酸）の貯蔵器官としての機能も持つ。エネルギー代謝調節を担う骨格筋の量が減少すると筋力の低下による身体活動の低下を招くだけでなく，肥満や2型糖尿病のような代謝性疾患に罹患するリスクが高まる。骨格筋量の低下は，肥満や過栄養，感染や炎症によって誘発されるが，健康な状態であっても加齢に伴い進行する。日本では65歳以上の高齢者の割合が2017年に27.7%に到達し，今後もこの割合は増加すると推測されている。男女ともに平均寿命は伸びているが，健康寿命も伸びているため，平均寿命と健康寿命の差は横ばい状態である。一方で，「平成28年国民健康・栄養調査結果の概要（厚生労働省）」によると，20歳以上で運動習慣のある者の割合は男女ともに60歳代以上では平均値より高いが，20歳～59歳までのすべての年代においては平均値より低いことが示されている。つまり慢性的な運動不足を考慮すると骨格筋量の低下が危惧される人は高齢者に限られず，全ての人が対象となる。したがって骨格筋を量的・質的に維持・増強することは，ロコモティブシンドローム（運動器症候群）だけでなく，メタボリックシンドロームに対する予防・改善の対策となる。

我々の身体では，摂取した食品成分（栄養素・非栄養素）は体内でそのままの形，あるいは代謝物として存在する。食品成分は化学物質であり，細胞内において，単独で作用，あるいは他の因子（例えばタンパク質など）と相互作用することで機能を発揮する。近年，食品成分の生理活性を利用して身体の機能をサポートすることに期待が寄せられている。本稿では，まず骨格筋の特徴と骨格筋量の調節機構について概説する。続いてビタミンA前駆体であるβ-カロテンとその代謝物であるビタミンAが，どのような栄養センシング機構を通して骨格筋の細胞の機能を制御して骨格筋の健康に寄与するのかを概説する。

＊1　Tomoya Kitakaze　神戸大学大学院　科学技術イノベーション研究科　学術研究員
＊2　Naoki Harada　大阪府立大学大学院　生命環境科学研究科　応用生命科学専攻　講師
＊3　Ryoichi Yamaji　大阪府立大学大学院　生命環境科学研究科　応用生命科学専攻　教授

2　骨格筋とは？

骨格筋を構成する筋線維は，中胚葉由来のサテライト細胞が活性化し筋芽細胞となり，筋芽細胞が分化・融合することで筋管細胞となり，さらに筋管細胞が成熟・肥大することで形成される。筋線維には，遅筋線維と速筋線維の２種類が存在し，遅筋線維の多い骨格筋は遅筋，速筋線維の多い骨格筋は速筋と呼ばれる。遅筋は毛細血管やミトコンドリアが豊富に存在していることから，好気的な代謝，主に脂質代謝に優れ，速筋線維よりも高い酸化能を有する。また，耐疲労性がありマラソンのような長時間の持続的な運動に適する。一方，速筋は嫌気的な代謝能に優れ，主に糖代謝を担い，短距離走のような瞬発的で大きな力を発揮する運動に適する。遅筋と速筋のそれぞれで起こる筋萎縮の原因は異なる。遅筋における筋萎縮（廃用性筋萎縮）は寝たきりやギブス固定による筋肉の不活動が原因で引き起こされ，速筋における筋萎縮はストレス時に副腎から分泌される，あるいはグルココルチコイド療法時に薬理的に投与されるグルココルチコイドによって誘導される他に，加齢に伴っても起こる。

2.1　骨格筋量の調節機構

遅筋と速筋を問わず，骨格筋量はタンパク質の合成と分解のバランスにより制御されている。したがって骨格筋のタンパク質合成を増加させ，タンパク質分解を抑制することは骨格筋量の維持・増強に有効である。昨今，サプリメントや天然に存在する食品成分の生理活性を利用してタンパク質の合成と分解の調節をサポートすることに期待が寄せられている。タンパク質分解はユビキチンプロテアソーム系によって制御されている。不活動や加齢などにより骨格筋において酸化ストレスが増加すると活性酸素種が産生され，そのセンシングをうけて，転写因子であるForkhead box O3a（FOXO3a）が活性化され，骨格筋特異的なE3ユビキチンリガーゼであるMuRF1やAtrogin-1，脱ユビキチン化酵素であるUSP14やUSP19の発現を亢進し，タンパク質の分解を増加する（図1）。一方で，骨格筋におけるタンパク質合成の主要な経路としてはPhosphoinositide 3-kinase（PI3K）やAktを介したmechanistic target of rapamycin（mTOR）経路が知られている。運動やinsulin-like growth factor-1（IGF-1）といった成長因子のセンシングをうけて，mTOR経路へとシグナルが伝達されると，その下流分子であるp70S6Kや4E-BP1を介してタンパク質の合成が促進される（図2)。つまり，食品成分による骨格筋量の維持・増強を考えた場合，mTOR経路の活性化とユビキチンプロテアソーム系の抑制を行うことが重要となる。以下の項では，抗酸化作用とビタミンA様作用を発揮することで，ユビキチンプロテアソーム系の抑制とmTOR経路の活性化の両側面から骨格筋量の維持・増強に寄与するβ-カロテンを中心に，食品成分のセンシングによる骨格筋量の調節機構について説明する。

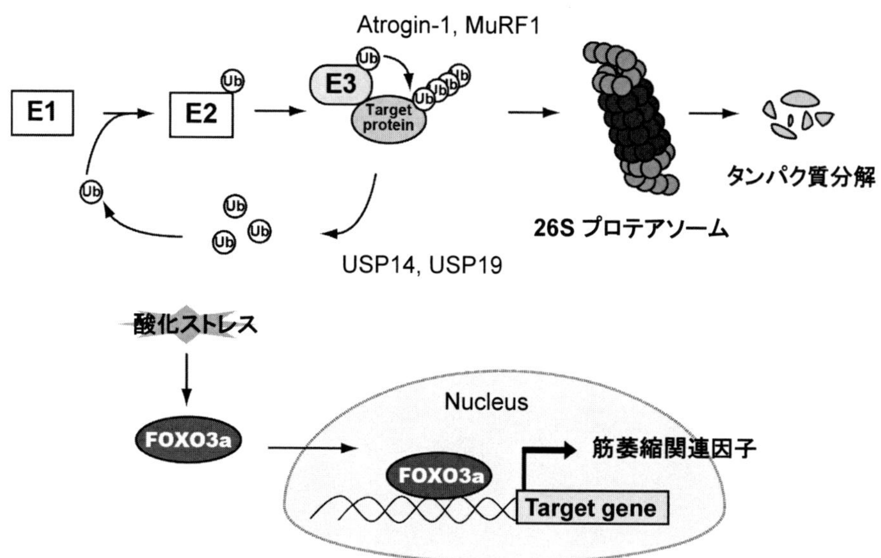

図1　タンパク質分解に関与するユビキチン-プロテアソーム経路

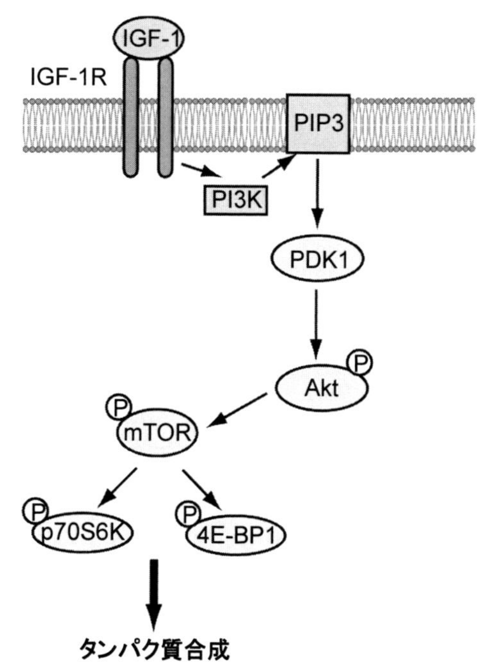

図2　タンパク質合成に関与するIGF-1/mTOR経路

3 カロテノイド

カロテノイドは植物，真菌，バクテリアより見つかったC40テルペノイドであり，自然界に750種類以上存在する。哺乳類は主に植物由来のカロテノイドを摂取しており，ヒトの血中や組織中から約20種類のカロテノイドが検出される[1)]。カロテノイドは主に細胞膜に局在することで一重項酸素やフリーラジカルを除去し，脂質の過酸化を防御するなど，生体内で抗酸化作用を発揮している。その中でも，α-カロテン，β-カロテン，β-クリプトキサンチンなどのカロテノイドはプロビタミンA作用を有しており，菜食家にとってはこれらプロビタミンA作用を持つカロテノイドが唯一のビタミンAの供給源となる。カロテノイドは古くから食として摂取されてきた化合物であり，その機能性に期待が寄せられ，多くの疫学的調査が行われている。1998年から2000年にかけてイタリアのトースカーナ州キャンティ地区在住の65歳以上の高齢者を対象としたInCHIANTI研究では，食に関する調査アンケートから日常的に摂取しているβ-カロテン量を算出し，摂取しているβ-カロテン量と筋力に正の相関がみられることが明らかとなっている[2)]。また，InCHIANTI研究の6年後に再度筋力を測定し筋力の減少と血中カロテノイド濃度の相関性を調査した研究では，血中カロテノイド濃度と筋力の減少率に負の相関がみられ，加齢に伴う筋力の低下に対する予防にカロテノイドが有効であることが示唆されている[3)]。また，米国メリーランド州の65歳以上の女性を対象に行われたWHAS（女性の健康および老化の研究）では，血中カロテノイド濃度と歩行速度に正の相関がみられることが示されている[4)]。歩行速度は寿命とも関係しており，65歳以上の高齢者の歩行速度を測定し，その後の死亡率を調査した結果は，歩行速度が速いほど死亡リスクが低減することを示している[5)]。これらのことから，抗酸化作用をもつカロテノイドは加齢に伴う筋萎縮を予防・改善し，身体活動能力を維持することで寿命の延長にも寄与すると考えられる。

3.1 ビタミンAシグナル

プロビタミンA作用を持つβ-カロテンはビタミンAへの変換効率が最も高いカロテノイドであり，体内に吸収されたβ-カロテンは腸管において，β-carotene 15, 15′-monooxygenase-1（BCMO1）によって2分子のレチナールへと変換される。レチナールは，さらに，レチノールへと代謝され血中を循環し，肝臓において貯蔵型のレチニルエステルへと変換される。蓄積型のレチニルエステルは必要に応じて，レチノール，レチナールへと代謝され，活性型ビタミンAであるレチノイン酸に変換される。レチノイン酸が細胞内に取り込まれると，核内で転写因子であるretinoic acid receptor（RAR）と結合し，RARの標的遺伝子の発現を調節する（図3）。RARにはα，β，γの3つのサブタイプが存在し，異なる遺伝子上に存在する。また，RARは多くの組織に広く分布し，サブタイプの発現パターンは組織によって異なっている[6)]。骨格筋ではRARの3つサブタイプのうちαとγの発現量が多いため，ビタミンAはRARαとRARγを介して機能を発揮すると考えられる。骨格筋におけるビタミンAの役割に関する情報としてネ

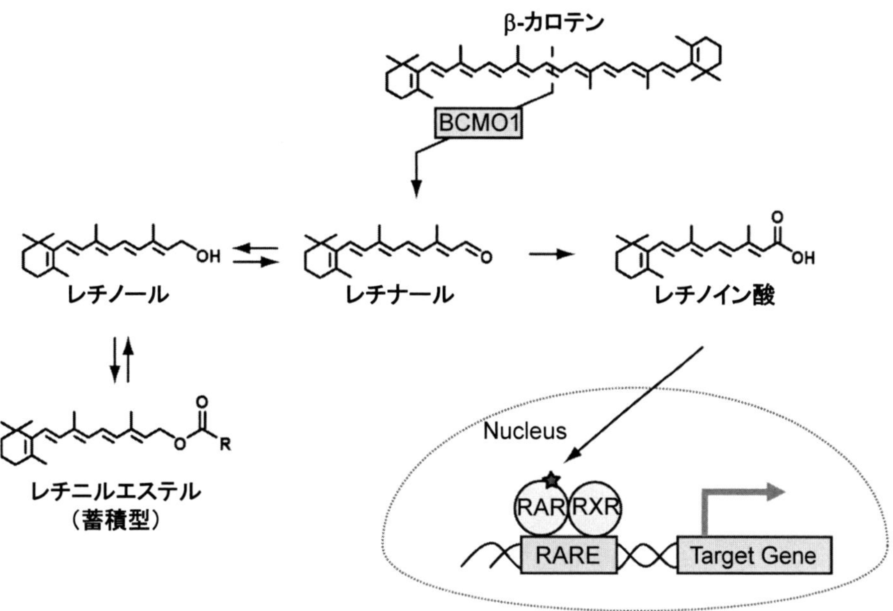

図３　ビタミンＡ受容体シグナル経路

パールにおけるコホート研究があり，ビタミンＡが不足している子供に4ヶ月に1回，16ヶ月間にわたりビタミンＡを与えると，腕の外周と筋肉の断面積が増加することが報告されている[7)]。また，ビタミンＡを欠乏させたラットではタンパク質分解が亢進する。この他にも，RARγの筋特異的なノックアウトマウスでは，骨格筋が損傷した際の回復が遅延することが明らかとなっている[8)]。これらのことから，ビタミンＡのセンサーであるRARの活性化が骨格筋機能の維持に有用であると期待される。

3.2　カロテノイドによる筋萎縮の抑制作用

このような背景から我々は，β-カロテンによって筋萎縮が抑制できると考え，マウス由来C2C12筋管細胞にH_2O_2で酸化ストレスを負荷した際のβ-カロテンの作用を検討した。その結果，H_2O_2によるミオシン重鎖の減少，FOXO3aの活性化，E3ユビキチンリガーゼであるMuRF1やAtrogin-1，そして脱ユビキチン化酵素であるUSP14やUSP19の発現上昇，ユビキチン化タンパク質の増加がβ-カロテンによって抑制された。*in vivo*においても，マウスにβ-カロテンを摂取させると坐骨神経切除により誘発させる廃用性筋萎縮が遅延し，ユビキチンプロテアソーム系を介したタンパク質分解を抑制することから[9)]，β-カロテンが寝たきりによる筋萎縮の予防・改善に有効な効果を発揮する可能性が期待される（図4）。ビタミンＡ前駆体ではないが，抗酸化作用を持つ他のカロテノイドとして，アスタキサンチンも筋萎縮に対する抑制効果を示す。約1年齢のラットに アスタキサンチンを含む飼料を1年間与え骨格筋を解析した結

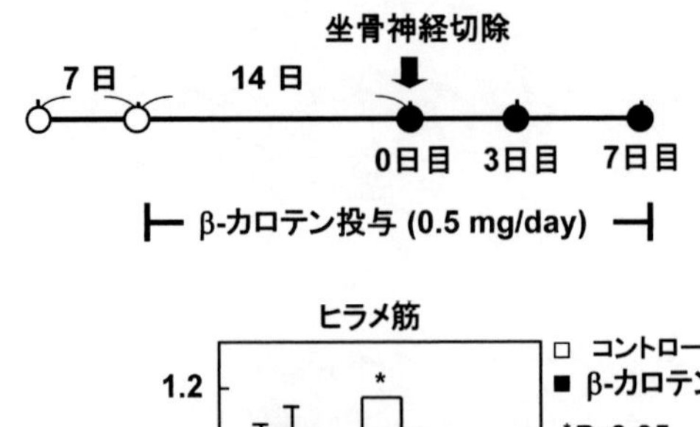

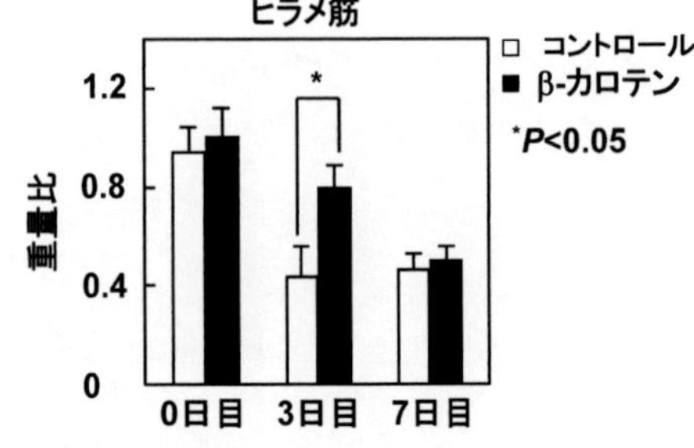

図４ β-カロテンによる筋萎縮抑制機構
ddY マウスにβ-カロテンを 14 日間投与した後、坐骨神経を切除して筋萎縮を誘発させた。坐骨神経切除後、骨格筋を採取するまでβ-カロテンをマウスに投与した。坐骨神経切除後，3 日目と 7 日目の骨格筋重量比を測定した。坐骨神経切除 3 日目では，β-カロテンによってヒラメ筋の萎縮が有意に抑制された。（文献 9）より改変して引用）

果，コントロール群と比較して骨格筋重量が有意に大きく，ユビキチン化タンパク質レベルが有意に減少した[10)]。またアスタキサンチンは筋萎縮条件下でおそらく抗酸化作用を発揮して，毛細血管の減少を抑制することも報告されている[11)]。このように，抗酸化作用を有するカロテノイドは酸化ストレスによるセンシングを調節することで，筋萎縮につながる経路を抑制できる食品成分であり，酸化ストレスが原因で引き起こされる老化など様々な生理現象に対する効果も期待できる。

3.3 カロテノイドと筋肥大

β-カロテンはプロビタミン A 作用も発揮することから，筋萎縮の抑制だけでなく，筋量の増加にも寄与するのではないかと考え，健常状態のマウスにβ-カロテンを摂取させ骨格筋を解析した。その結果，β-カロテンによってマウスのヒラメ筋は肥大し，筋重量と筋力が増加した（図5)。筋力を筋断面積で補正した specific force には変化がなかったことから，β-カロテンによる筋肥大は機能的な筋肥大であることが明らかとなった。また，β-カロテンは骨格筋におけるユビキチン化タンパク質レベルを減少させ，タンパク質合成を増加させたことから，β-カロテンはタンパク質分解を抑制するだけでなく，タンパク質合成を増加させることで骨格筋量の維持・増強に寄与することが明らかとなった[12)]。さらに，β-カロテンの筋重量増加作用において，RARγが栄養センサーとして機能するかを検討するため，骨格筋における RARγの発現をノックダウンさせたマウスにβ-カロテンを投与した。その結果，β-カロテンによる筋重量の増加や

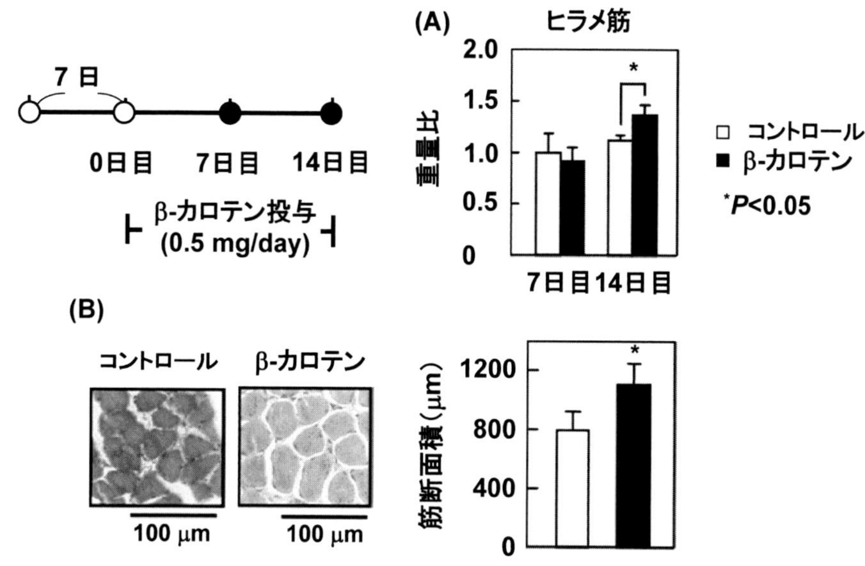

図 5　β-カロテンの筋肥大促進作用
(A)C57BL/6 マウスにβ-カロテンを 7 日間または 14 日間投与した際のヒラメ筋重量を測定した。β-カロテン投与 14 日目でヒラメ筋重量が有意に増加した。(B) β-カロテン投与 14 日目におけるヒラメ筋の筋断面図（左図）と筋断面から筋断面積を算出した(右図)。β-カロテンによってヒラメ筋の断面積が有意に増加した。(文献 12）より改変して引用)

mTOR シグナルの活性化が消失したことから，RAR γはβ-カロテンの代謝物であるレチノイン酸の栄養センサーとして機能し，下流の mTOR 経路へとシグナルを伝達することが明らかとなった。しかし，RAR γの活性化がどのように mTOR 経路へとシグナルを繋げるのかは不明である。骨格筋は運動などの刺激を感知すると，マイオカインと呼ばれる分泌型タンパク質を産生することで自身や他の組織へとシグナルを伝達することが知られている。運動によって分泌される interleukine 6 は肝臓に作用することで糖新生を促進し，骨格筋への糖源供給を促進する働きを持つ[13]。Irisin もマイオカインとして骨格筋から分泌され，脂肪組織の褐色化を促進するだけでなく[14]，運動によって増加した Irisin は脳に作用することで脳機能の向上にも寄与する[15]。そこで分泌タンパク質に着目して研究を行ったところ，ATRA に応答して分泌されるタンパク質が mTOR 経路を活性化することを見出したので，ATRA 応答遺伝子を RNA-sequence 解析し，発現の増加した遺伝子についてバイオインフォマティクス解析後，さらに分泌タンパク質に関する文献サーチを行うことで Transglutaminase 2（TGM2）を ATRA 応答分泌タンパク質の候補に絞った。TGM2 はβ-カロテンを摂取したマウスの骨格筋で発現が増加すること，また筋管細胞において細胞外 TGM2 が mTOR シグナル経路を活性化し，肥大化させることを突き止め，骨格筋の量的な維持・増強における新たな分泌タンパク質の役割を見出した。骨格筋から分泌される前述のマイオカインのように，RAR γの活性化によって増加する TGM2 を含む分泌タンパク質が骨格筋以外の組織へも作用する可能性もあり，RARγが他の組織とのクロストークを制御するセンサーとして機能するという新たな機能性研究も今後期待される。

4　おわりに

生体のエネルギー代謝調節システムとして機能する骨格筋を量的・質的に維持・向上することは，単なる運動機能改善になるだけでなく，代謝力を上げることにもつながる。本稿では，β-カロテンの抗酸化作用に着目して骨格筋の萎縮予防におけるβ-カロテンの役割について概説した。β-カロテンが一重項酸素の消去やフリーラジカルの補足といったセンシング機構に寄与することを考慮すれば，他の抗酸化作用を持つカロテノイドにも筋萎縮予防効果を期待できる。一方，β-カロテンが代謝物であるレチノイン酸としてRARを介したセンシング機構を通してタンパク質合成の促進と筋肥大の誘発に寄与することも紹介した。今後はβ-クリプトキサンチンのようなレチノイン酸前駆体と位置付けられる他のカロテノイドの機能にも注目する必要がある。β-カロテンのように，食品成分はそのままの形で，あるいは代謝された形で生体内において機能を発揮する。食品成分がどのように栄養センシングとして細胞内で感知され，機能を発揮するのかを理解できれば，メタボリックシンドロームやロコモティブシンドロームの予防・改善に利用できるはずである。

文　　献

1） A. V. Rao and L. G. Rao, *Pharmacol. Res.*, **55**, 207 (2007)
2） M. Cesari *et al.*, *Am. J. Clin. Nutr.*, **79**, 289 (2004)
3） F. Lauretani *et al.*, *J. Gerontol. A. Biol. Sci. Med. Sci.*, **63**, 376 (2008)
4） N. Alipanah *et al.*, *J. Nutr. Health. Aging*, **13**, 170 (2009)
5） S. Studenski *et al.*, *JAMA*, **305**, 50 (2011)
6） R. Mollard *et al.*, *Mech. Dev.*, **94**, 223 (2000)
7） K. P. West *et al.*, *J. Nutr.*, **127**, 1957 (1997)
8） A. Di Rocco *et al.*, *Am. J. Pathol.*, **185**, 2495 (2015)
9） M. Ogawa *et al.*, *Br. J. Nutr.*, **109**, 1349 (2013)
10） 芝口翼ほか，体力科学，**57 (5)**, 541 (2008)
11） M. Kanazashi *et al.*, *Acta. Physiol.* (*Oxf*)., **207**, 405 (2013)
12） T. Kitakaze *et al.*, *J. Nutr. Sci. Vitaminol.* (*Tokyo*), **61**, 481 (2015)
13） L. Bertholdt *et al.*, *Am. J. Physiol. Regul. Integr. Comp. Physiol.*, **312**, R626 (2017)
14） P. Boström *et al.*, *Nature*, **481**, 463 (2012)
15） C. D. Wrann *et al.*, *Cell. Metab.*, **18**, 649 (2013)

第12章　体温によるアミノ酸代謝のセンシング

山岡一平*

1　なぜ，アミノ酸と体温か

私たちはご飯を食べた後，身体が熱くて暑くなり汗をかいたりすることは漠然と知っており，いつも体感している。この温感のもととなる発熱反応がいかにして生体では引き起こされるのか，食べたものの何がこの食後の発熱に寄与するか，実際には未だ謎の部分が多い。この不思議な現象をヒトで観察した最初の記述が二世紀以上も前に存在するが，食事に関連する熱産生の機序の解明は不十分である。食事の代謝のなかでも，タンパク質が特に熱産生の役割を果たし，この作用をたんぱく質の特異動的作用（specific dynamic action（SDA））と呼ぶ表現も一世紀前には作られた。その後，20年間の議論の焦点はそれぞれの栄養素の違いによるエネルギー消費への影響についてであり，大規模なヒトを用いた試験によって，タンパク質は最も大きなエネルギー消費作用を持っており，糖質や脂質の効果は大幅に低いことが実験的に明らかにされた[1,2]。それぞれの栄養素を摂取したことによるエネルギー消費の上昇をそれぞれの栄養素がもつカロリー値に対する割合で示した場合，タンパク質が30%と高く，糖質および脂質はそれぞれ6%および4%と圧倒的に低く，教科書的にはこの値がいつも引用される。次の論点は，なぜ違いが生じるのかの機序に集約されることになる。突如として摂られる過剰な食事，とりわけタンパク質が，代謝活性を上げエネルギー消費を引き起こすことが原因ではないかという説もあったが，それぞれの栄養素が代謝される過程で消費するエネルギーの大小が関係しているといまでは理解されている。本稿では，食事を摂ったことによるエネルギー消費への影響に関する議論のみならず，表現型として体感できる体温までをもカバーするために，食事を摂取したことによる体温に及ぼす影響に関する研究を紹介しながら，体温によるアミノ酸代謝センシングのひとつを説明する。

2　全身麻酔で体温が下がる

私たちの身体には，体の中心部の温度（以降，本稿では体温と記載する。）が上昇するイベントがあれば熱を放散したり熱産生を抑制する一方で，下降の場合は熱を保持したり熱産生を促進する仕組みが備わっており，病的環境でない場合には体温はとても狭い範囲にありほとんど変動しない。とはいえ，哺乳動物のなかでも，活動を停止し体温を低下させて食料の少ない冬季を過ごすことが可能な冬眠動物では，体温変動の幅は大きくなる。残念ながらヒトの体の機能は冬眠

---

*　Ippei Yamaoka　㈱大塚製薬工場　メディカルフーズ研究所　主任研究員

には適応できるようになっていない。なぜなら，体温を落としてまで代謝能を低下させ細胞内のアデノシン3リン酸（ATP）が減ると心筋が収縮しなくなるからである。麻酔薬により眠りを導入し意識をなくすことができるが，この全身麻酔の状態では体温調節の働きが鈍くなってしまう。麻酔薬の自律性体温調節反応の抑制により，体温が低下しても（逆に上昇しても）正常な体温調節反応が起こりにくくなる。具体的には，血管拡張反応や発汗を引き起こす時の体温が上昇する一方で，血管収縮や震えを誘引する時の体温は低下し，通常よりも幅広い範囲で体温の変動を観察することが可能となる。この状態でアミノ酸を投与したからこそ，本稿で論じるアミノ酸が体温保持に関係があることが明確になったといっても過言ではない。

3　アミノ酸による体温保持効果

待機手術患者に対するアミノ酸の体温保持効果の有効性を検証するため，解析対象症例計626例，14件の比較データ文献を系統的にレビューした報告[3]によると，個々のアミノ酸組成の違いによることなくアミノ酸混合液を静脈内投与すると麻酔状態のヒトで0.46℃，投与しない場合に比べて，体温が上昇することが集約されている。外的に保温する手法の適用が難しい場合，下方から温めた場合で0.1℃，上方から温めるデバイスによっても0.4℃程度しか上昇しない[4]ことから，わずかな温度上昇といえども生体にとっていかに困難極まりないこととが医学的見地から理解できる。それでは，なぜ，絶大なる熱がアミノ酸を投与すると発生するのか。アミノ酸による熱産生が全身麻酔によって更に5倍にも上昇する[5]といわれているが，この理由はおそらく中枢での熱産生にブレーキをかける反応が麻酔によって抑制されていることによる。全身麻酔のかかったげっ歯類でも同じようにアミノ酸投与による体温上昇効果がみられるが，グルコースや脂質の投与によっては認められず[6]，三大栄養素のなかでも体温を上昇させる栄養素はアミノ酸に限った話であることが分かる。

4　栄養素による熱産生

栄養素の組成を変えた場合もエネルギー消費量はさほど変わらないことが示され，SDAはタンパク質に限ったことではない理由から，食事，または栄養素誘発熱産生（DIT，またはNIT）と呼ぶようになった。栄養代謝にかかわる生化学の進歩から，代謝反応で論じることが可能となり，Krebs[7]やFlatt[8]が食事性タンパク質，糖質，脂質の利用に関するエネルギーコストを算出した。なかでもFlattはそれぞれの栄養素の吸収，輸送，及び貯蔵に使用されるATPコストを基にNIT値を算出した。それによると，グルコースと脂質は直ちに酸化されるといずれの場合も2%，貯蔵（グルコースの場合はグリコーゲン）された後に酸化されるとそれぞれ7%，4%のNIT値となるが，タンパク質の場合はアミノ酸に分解され酸化された場合は25%，タンパク質として貯蔵され同様に酸化された場合も25%の理論値になる。

それでは，アミノ酸はどの組織の如何なる反応に働きかけ熱産生を促し体温に影響を及ぼすのか，明確な答えはなかった。以降では，機序の一端として着目してきた骨格筋におけるタンパク質代謝様式とその熱産生との関連性について紹介する。

5　アミノ酸混合物による麻酔時の体温上昇と骨格筋タンパク質合成の亢進作用

体内に投与されたアミノ酸の行方は酸化されて最終的には尿素や二酸化炭素に変換されるか，又は生体タンパク質材料に用いられるかのどちらかでしかない。いずれの代謝を経た場合も投与エネルギーの20～30％はその代謝過程で消費されるのは先ほどのFlattの理論から理解できる。アミノ酸だけが麻酔時において熱産生を促し体温を上昇させることができることから，アミノ酸特有の代謝反応であるタンパク質合成への作用，なかでも体構成比率の高い骨格筋での応答が期待される。麻酔状態のラットの骨格筋タンパク質合成速度は，覚醒状態に比べて低いが，アミノ酸投与により覚醒状態と同様の合成速度の上昇を認めた[9)]。このアミノ酸による筋肉タンパク質合成の促進様式が双方で異なっており，麻酔状態ではアミノ酸を投与した場合に血中インスリン濃度が著明に上昇することが特徴的である。インスリンは骨格筋において，セリン・スレオニンキナーゼの一種，哺乳類ラパマイシン標的タンパク質であるmTOR（mammalian target of rapamycin）を経由する翻訳因子の活性化を介してタンパク質合成を刺激するが，麻酔下にアミノ酸を投与されたラットの骨格筋において，このmTORのリン酸化のみならず，インスリンシグナル伝達経路で上流にあるPKB（プロテインキナーゼB），そして下流にある翻訳開始因子のリン酸化もやはり顕著であり，血液中に著増したインスリンの影響がシグナル伝達の下流にまで伝わっている。麻酔状態にはフィードバックメカニズムの破綻がエネルギー消費，延いては体温上昇に寄与すると推察されていたが，膵臓における麻酔薬によるインスリン分泌制御の破綻がこの機序を担っていることが判明されたのである。術患者を対象とした臨床研究においても，アミノ酸によって著名なインスリン分泌と体温上昇効果も確認されており，このような生理応答がアミノ酸投与による熱産生上昇や体温低下軽減の一因となることを支持している。

6　アミノ酸によるタンパク質代謝回転の亢進

体内のアミノ酸は投与由来のアミノ酸の他に体タンパクの分解から生じたアミノ酸も存在する。アミノ酸を投与して新しく合成されるタンパク質の材料はこの遊離アミノ酸プールから供給されることになるが，このプールには投与されたアミノ酸とタンパク質から分解されたアミノ酸の両者が混在し互いに区別することなく使用される。体内で合成されるタンパク質の総量（体重60kgの成人で180g/日）は食事によって摂取されるタンパク質（成人男子の所用量で70g/日）よりも多い。成人では見かけ上，（身体を構成する）タンパク量は日々変わらないと考えられるので，新たに合成されるタンパク質のかなりの部分が，体タンパク質の分解によって生じたアミノ酸を再利用して合成されていることが分かる。覚醒及び麻酔状態下にアミノ酸を投与した場合の骨格筋，とりわけ筋原線維タンパク質分解の指標である3-メチルヒスチジンの血中濃度について検討した報告がある[10]。血中3-メチルヒスチジン濃度はいずれの状態下においてもアミノ酸投与によって，アミノ酸を投与していない場合に比べて高値を示した。更に，それぞれの状態下で個々の動物の血中3-メチルヒスチジン濃度と直腸温度をプロットしてみると，両者の間には強い相関関係があることが明らかとなった。先述の骨格筋タンパク質合成の知見を勘案すると，骨格筋におけるタンパク質代謝の合成と分解双方のターンオーバーがアミノ酸投与により亢進し，これらがアミノ酸による体温低下の軽減効果に寄与することを傍証している。アミノ酸投与によってはどのようなタンパク質の分解系を解して骨格筋タンパク質分解を亢進するのか明らかにされておらず，今後の課題である。

7　タンパク質摂取と体温の変調

睡眠の前には手足がぽかぽかと温かくなるが，これには生理学的意義がある。体の表面に熱を移動させ，そこで放出して，結果的に深部体温を下げ，睡眠中の脳や内臓の活動低下に働き，身体は眠りの体制に入ろうとする。目が覚める頃になると逆に活動を活発にするため体温が除々に上がるという24時間単位の体温リズムがあり，これを「概日リズム」という。この体温のリズム形成にも食事の摂取が大きく関わることが，食餌を断った動物の深部体温変動から明らかにされた[11]。起きている活動期の体温は絶食によっても影響を受けないが，睡眠している非活動期には低下するのである。身体活動や食事の摂取がもたらすエネルギー消費によって体のなかで熱が発生する訳であるが，とりわけ食べ物のなかではタンパク質（アミノ酸）が最も効率よくエネルギーを消費させることは先に述べた通りである。体温はエネルギー消費に伴う熱産生と末梢からの熱の放散の差し引きで規定されるが，実際たんぱく質を欠落させた飼料で飼育したラットの体温は活動期には行動量を増加させて体温を上昇させる一方で非活動期は行動や代謝活動は不変であるも深部体温は低下する[12]。逆に，高たんぱく食を摂取させた場合には，餌の摂取が少ない状況下においても行動量はむしろ低下する一方でエネルギー消費は増加し，結果的に深部体温は通常の飼料を摂取している時と変わりなく推移する[13]。このようにたんぱく質は活動によらない身体を温める効果的な栄養素である。さらに，たんぱく質は食餌の探索行動や体重減少にも関与しており，生活で体調に異変があるときに気にかける生命兆候と密接な関連がある。

8　おわりに

体温によって生体内におけるアミノ酸のエネルギー代謝の状態が把握できる機序について新しい知見を概説した。以前はアミノ酸混合物やタンパク質を対象としたエネルギー消費との関係の議論にとどまっていたが，体温保持の目的に麻酔状態でアミノ酸が投与されるようになったことにより体温変調の表現型にまで議論が深まりつつある。

文　献

1) F. G. Benedict and T. M. Carpenter, Carnegie Institute of Washington, 355-382 (1988)
2) G. Lusk, *Journal of Biological Chemistry XIII*, 155-183 (1912)
3) Y. Aoki *et al., Anesth. Analg.,* **125**, 793-802 (2017)
4) C. Eagan *et al., Anesth. Analg.,* **113**, 1076-1081 (2011)
5) E. Sellden *et al., Clinical Science*, **86**, 611-618 (1994)
6) 藤原広明ほか，外科と代謝・栄養，**36**, 215-220 (2002)
7) H. A. Krebs, *Mammalian Protein Metabolism*, **1**, 125-176, New York and London, Academic Press (1964)
8) J. P. Flatt, Recent Advances in Obesity Research, pp211-228, Washinton DC, Newman (1977)
9) I. Yamaoka *et al., Am. J. Physiol. Endocrinol. Metab.,* **290**, E882-E888 (2006)
10) I. Yamaoka *et al., Journal of nutritional science and vitaminology* **54**, 467-474 (2008)
11) K. Nagashima *et al., Am. J. Physiol. Regul. Integr. Comp. Physiol.,* **284**, R1486-R1493 (2003)
12) I. Yamaoka *et al., The journal of physiological sciences*, **58**, 75-81 (2008)
13) I. Yamaoka *et al., Journal of nutritional science and vitaminology*, **55**, 511-517 (2009)

第13章　呼気におけるアルコール代謝のセンシング

當麻浩司[*1]，荒川貴博[*2]，三林浩二[*3]

1　はじめに

呼気や皮膚から放出される生体由来のガス（生体ガス）には代謝過程で産出され，血中に溶け込んでいた揮発性成分（volatile organic compounds, VOCs）が含まれている。例えばアセトンガスは脂質代謝との関連性が指摘され[1)]，水素ガスは糖質吸収不全と関係しているとの報告がある[2)]。したがって生体ガス中に含まれるVOCの計測により簡便かつ非侵襲な代謝評価（代謝センシング）が可能になり，身近なヘルスケア・医療技術につながるものと期待されている。しかしながらガスクロマトグラフ質量分析装置（GC/MS）やガス検知管，半導体ガスセンサなど従来の分析・計測技術は，操作の煩雑さや感度，選択性などに課題があり，簡便性が要求される代謝センシングには適さない。

一方で，生体触媒である酵素にはVOCの酸化還元反応を触媒するものが多数存在する。著者らは酵素反応を利用し，VOCをルミノールの化学発光や還元型ニコチンアミドアデニンジヌクレオチド（NADH）の自家蛍光にて光情報に変換することでVOC濃度の時空間分布を可視化する「探嗅カメラ」を開発してきた[3〜5)]。本稿では，エタノール用探嗅カメラと，それを用いた呼気の可視化計測によるアルコール代謝センシングへの応用について概説する。

2　酵素を利用した生体ガスの高感度センシング

食と代謝の関係を評価する様々な手法が検討されるなか，「呼気」などの生体ガスは非侵襲かつ簡便なサンプリングが可能で，またその幾つかのVOCは代謝を反映することから，生体ガス計測のための新技術に関する研究が盛んに進められている。図1に示すように生体ガス中のVOCは多様な代謝に起因するが，例えば，飲酒などによりアルコールを摂取すると，肝臓にてエタノールがアルコール脱水素酵素（alcohol dehydrogenase, ADH）を介してアセトアルデヒ

＊1　Koji Toma　東京医科歯科大学　生体材料工学研究所　医療デバイス研究部門
センサ医工学分野　助教

＊2　Takahiro Arakawa　東京医科歯科大学　生体材料工学研究所　医療デバイス研究部門
センサ医工学分野　講師

＊3　Kohji Mitsubayashi　東京医科歯科大学　生体材料工学研究所　医療デバイス研究部門
センサ医工学分野　教授

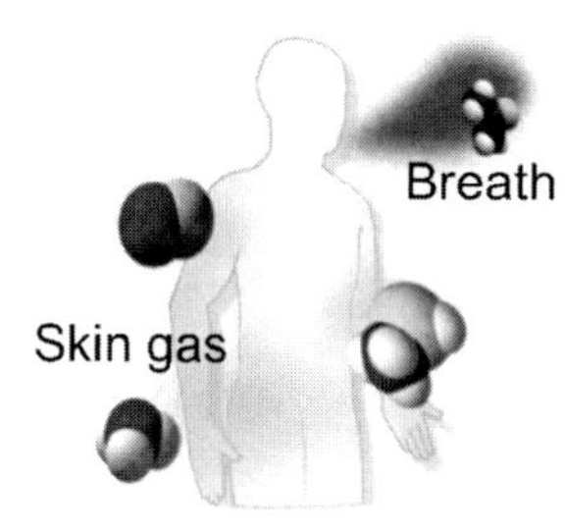

揮発性成分	関連する代謝
アセトン	脂質代謝
エタノール	アルコール代謝
トリメチルアミン	魚臭症候群
ノネナール	加齢臭
水素	糖質吸収不全

図 1　生体ガス（呼気・皮膚ガスなど）中の揮発性成分と関連する代謝

ドに分解され，さらにアルデヒド脱水素酵素（aldehyde dehydrogenase, ALDH）にて酢酸へと分解される。この時，分解されずに残ったエタノールは血液を介して肺へも到達し，そこでのガス交換にて呼気として体外へ排出される。そのため，呼気中のエタノール濃度を計測することで，非侵襲なアルコール代謝センシングが可能になると考えられている。特にその濃度を撮像・可視化することで直感的な評価が可能となり，被験者・評価者両者にとって代謝センシングがより簡便なものになることから，呼気中 VOC の可視化計測システムへの期待が高まっている。また，可視化により VOC の発生部位や放出動態が明らかになることが予想され，その知見を基にした新たな代謝センシング法も期待される。

生体ガスは多様な成分で構成されるため，代謝センシングで用いるバイオセンサには対象成分だけを抽出するための高い選択性が求められる。また呼気や皮膚ガス中に含まれる VOC は非常に低濃度であることから，高い感度も必要である。著者らは生体触媒である酵素を用いて，VOC を化学発光や蛍光などの光情報へと変換することで，生体ガス中成分の可視化の可能性について報告してきた[5~8]。以下に，エタノールガス用の可視化システム「探嗅カメラ」と，その呼気中成分の可視化計測による代謝センシングについて詳述する。

3　生体ガス中エタノール用の可視化計測システム「探嗅カメラ」

3.1　エタノールガス用探嗅カメラ

蛍光を利用したエタノールガス用探嗅カメラでは，アルコール脱水素酵素（alcohol dehydrogenase, ADH）を介した酵素反応にて，エタノールガスを光情報に変換し，可視化計測した（式 1）。

$$\text{ethanol} + \text{NAD}^+ \xrightarrow{\text{ADH}} \text{acetaldehyde} + \text{NADH} + \text{H}^+ \tag{1}$$

上式に示すように，まずエタノールが ADH により酸化触媒され，アセトアルデヒドが生成されると同時に，補酵素である酸化型のニコチンアミドアデニンジヌクレオチド（NAD^+）が還元され，NADH が生成される。この NADH は自家蛍光特性（励起波長 $\lambda_{ex} = 340\,\text{nm}$，蛍光波長

λ_{fl}＝490nm）を示すことから，励起光源と高感度カメラを組み合わせて蛍光強度を撮像することで，エタノールガス濃度を定量的に可視化し，その濃度を時空間分布の情報として示すことができる。

探嗅カメラは，ADHとNAD^+をメッシュ状担体に固定化して作製した「酵素メッシュ」および81個の紫外発光ダイオード（ultraviolet light emitting diode, UV-LED）を並べた「UV-LEDシート」，「高感度カメラ」を組み合わせて構築した（図2）。また余分な光を除去するために，2つのバンドパスフィルター（BPF1：λ＝340nm；BPF2：λ＝490nm）をそれぞれUV-LEDシート側，高感度カメラ側へ設置した。酵素メッシュは，市販のコットンメッシュ担体にADHとウシ血清アルブミンの混合溶液を均一に塗布し4℃の暗所にて1時間乾燥した後，2.5vol％に調整したグルタルアルデヒド（glutaraldehyde, GA）溶液を塗布し，再び4℃の暗所にて1時間乾燥させて作製した。GAによりADHはコットンメッシュ状に架橋固定化される。可視化測定の前には，酵素メッシュをリン酸緩衝液にて洗浄脱水し，5mMに調整したNAD^+溶液にて湿潤させた後，暗箱内のUV-LEDシートと高感度カメラの間に設置した。

探嗅カメラの特性評価では，エタノール標準ガスを酵素固定化メッシュへと負荷した時の蛍光強度変化を高感度カメラにて撮像し，多機能汎用画像解析ソフト（cosmos32）を用いて解析を行った。測定の結果，エタノールガスの負荷点を中心とし，同心円状に広がる蛍光が観察された（図3a）。画像から得られる平均蛍光強度の経時変化を調べると，強度はガスの負荷に伴い増加し，定常値に達する様子が観察された（図3b）。しかしながら，酵素反応で生成されたNADHが酵素メッシュに残存するため，ガス負荷停止後も蛍光強度は初期値へ回復せず，ガス濃度の経時変化を捉えることが困難であった。そこで微分解析を用いて蛍光強度の変化速度を求め，動画として表示することとした。その結果，微分値はメッシュ表面上のエタノールガス濃度の増減に応答し，得られたピーク曲線ではガスの負荷による蛍光変化速度の増加と，停止による減少を示すことができ，ガスの時空間情報をリアルタイムに可視化計測できる可能性が示された。またル

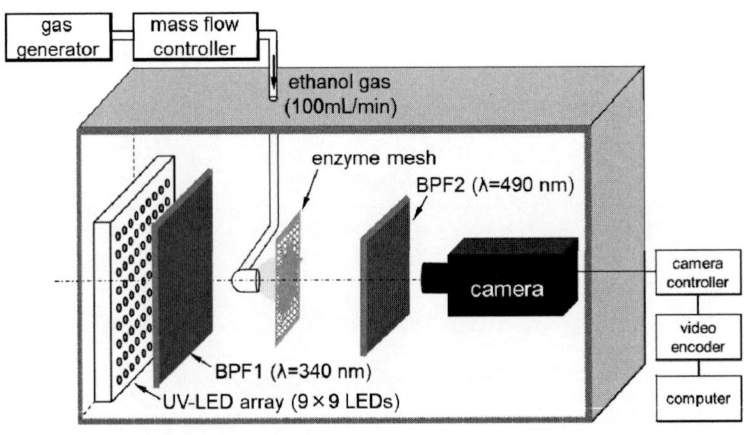

図2　NADHの自家蛍光を利用したエタノールガス用探嗅カメラの概略図

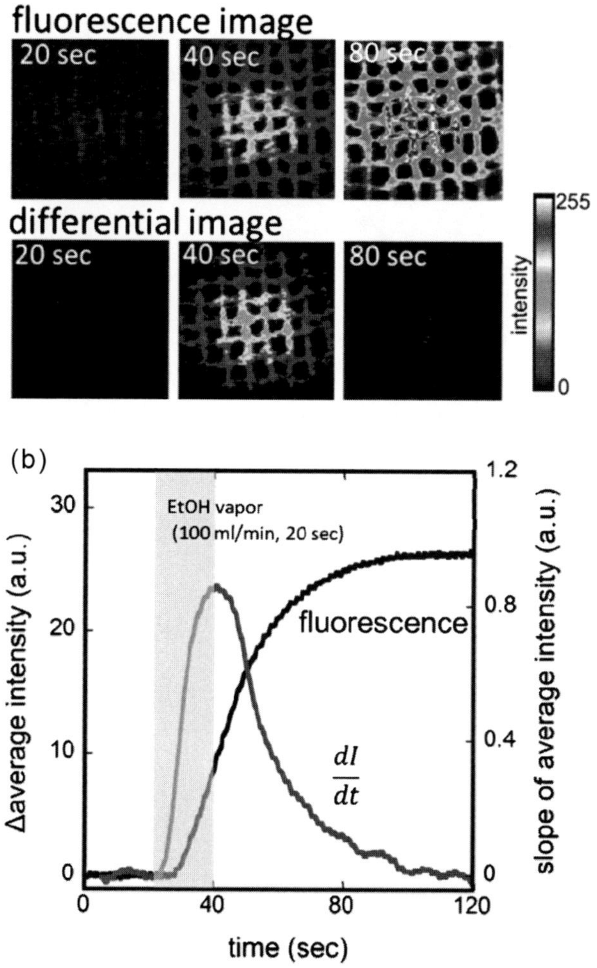

図3　50ppm 標準エタノールガスを負荷した際の (a)蛍光強度（上）および微分法（下）による可視化像 (b)エタノール負荷に伴う蛍光強度（黒線）および微分法による出力（赤線）の経時変化

（T. Arakawa *et al.*, *Analytical Chemistry*, **89**, 4495-4501（2017）[5]の許可のもと改編。Copyright（2017）American Chemical Society.）

ミノールの化学発光を利用していた従来の探嗅カメラに比し，ガス負荷に対する応答性（50ppm のエタノールガスに対する 90％応答時間）が 35s から 20s へと向上した。これは化学発光で採用していた 2 酵素反応系を，1 酵素系へと簡略した影響だと考えられる。

次に，構築した探嗅カメラの定量特性を調べるため，酵素メッシュへ種々の濃度の標準エタノールガスを負荷し，その時の蛍光強度の定常値および微分法による蛍光変化速度のピーク値から，それぞれの手法による定量特性を評価した。その結果，図 4 の検量線が示すように，蛍光強

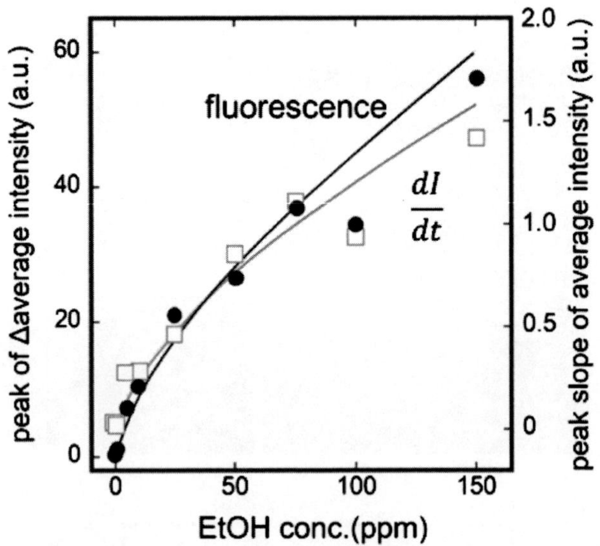

図４　蛍光強度（●）および微分法による蛍光強度変化速度（□）に基づき算出した標準エタノールガスに対する探嗅カメラの定量特性
（T. Arakawa *et al.*, *Analytical Chemistry*, **89**, 4495-4501, (2017)[5]の許可のもと改編。Copyright (2017) American Chemical Society.）

度を用いた場合の定量範囲は0.5～150ppmであり，また微分法の場合も同等の定量特性（1～150ppm）が得られた。これらは従来の化学発光を用いていた探嗅カメラの感度（50～200ppm）に比し，50～100倍高い感度であった。

生体ガス中には多数の化学成分が混在しているため，特定の成分を正確に計測するためには高い選択性が求められる。そこで呼気中に含まれる主な化学成分６種（エタノール，メタノール，2-プロパノール，アセトアルデヒド，アセトン，メチルメルカプタン）およびエタノールとアセトアルデヒドの混合ガスを呼気中濃度にてエタノールガス用探嗅カメラに負荷した際の出力を比較し，エタノールガスに対する探嗅カメラの選択性を調べた（図５）。図５からわかるように，エタノールガス負荷時（100%）およびエタノールとアセトンの混合ガスの場合（80%）で出力が観察された。他の成分から出力が観察されなかったことから，ADHの基質特異性に基づく探嗅カメラの高い選択性が示された。

3.2　呼気中エタノールの可視化計測によるアルコール代謝センシングへの応用

エタノールガス用探嗅カメラにて，アルコール飲酒に伴う呼気中エタノール濃度の経時変化を可視化計測し，アルコール代謝センシングの可能性を調べた（東京医科歯科大学・生体材料工学研究所・倫理委員会 承認番号：2012-06）。実験では，予め趣旨を説明し同意を得た健常成人にアルコールパッチテストを行い，エタノールの代謝物であるアセトアルデヒドを代謝する

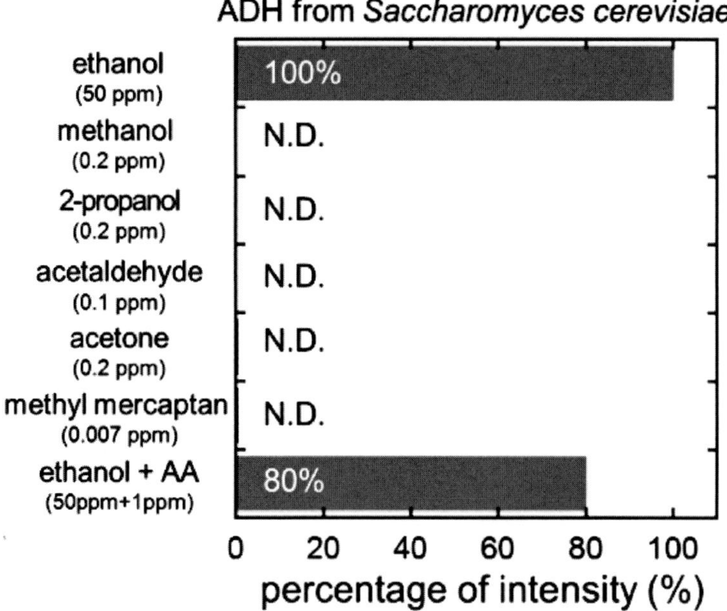

図5　エタノールガス用探嗅カメラの選択性
エタノールならびに主な呼気成分，エタノールとアセトアルデヒドの混合ガスとの出力比較．濃度は呼気中濃度を反映。
（T. Arakawa *et al.*, *Analytical Chemistry*, **89**, 4495-4501, (2017)[5]の許可のもと改編。Copyright (2017) American Chemical Society.）

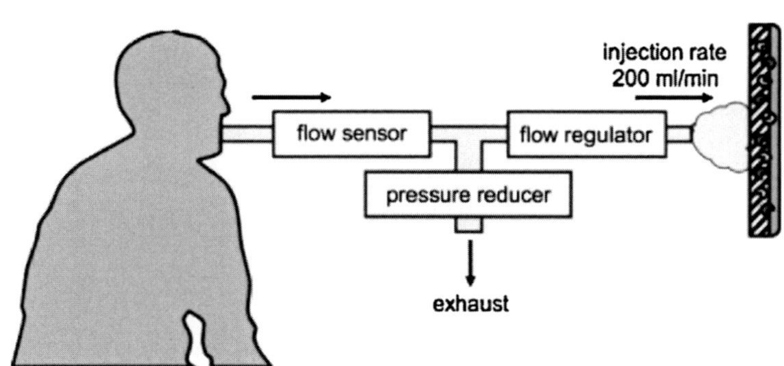

図6　呼気流量制御装置と探嗅カメラにより，呼気中エタノールガスを直接可視化可能なシステムの概略図

ために必要なアルデヒド脱水素酵素2（aldehyde dehydrogenase 2, ALDH2）の活性が高い「ALDH2＋」と低い「ALDH2－」の被検者に分類した。被験者には実験前72時間のアルコール類，タバコならびに薬の使用を控えてもらい，4時間の絶食後に0.4 g ethanol/kg body weightのアルコールを15分かけて摂取してもらった。その後，呼気を直接，呼気流量制御装置を通し一定の流量（200 mL/min）にて酵素メッシュへと吹きかけ，探嗅カメラへと負荷した（図6）。

両タイプの被験者の飲酒後180分までの呼気中エタノール濃度の経時変化および，飲酒30－90分後の可視化像を図7に示す。可視化像からは標準ガスを負荷した時と同様に，濃度が負荷点を中心に同心円状に広がる様子が観察された。可視化像の平均蛍光強度から算出した呼気中エタノール濃度は，飲酒後から増加し，30分後にピーク値を迎えた後，徐々に減少していった。これは当初，飲酒により上昇した血中エタノール値が，代謝により分解され濃度が減少していく

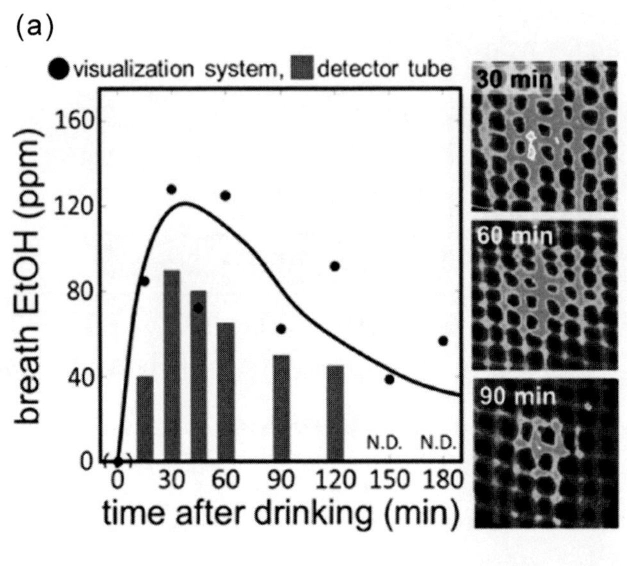

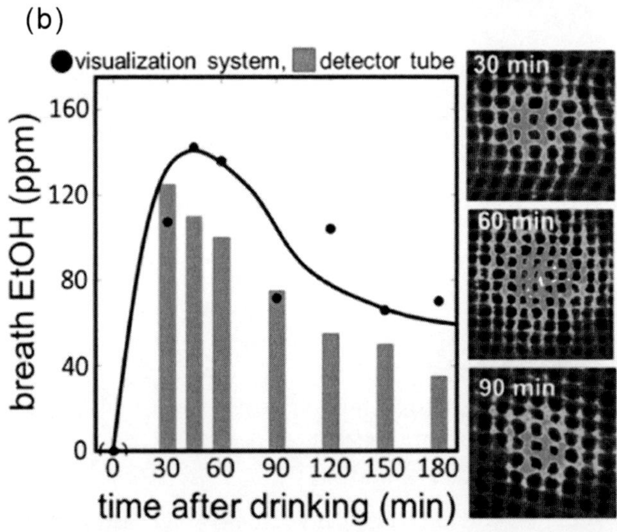

図7　(a) ALDH2＋ならびに (b) ALDH2－の被験者から採取した飲酒後の呼気中エタノール濃度の経時変化
●：探嗅カメラ，棒グラフ：検知管での測定結果）および可視化像（飲酒後30－90分
（T. Arakawa *et al., Analytical Chemistry,* **89**, 4495-4501,（2017）[5]の許可のもと改編。Copyright（2017）American Chemical Society.）

様子を反映したと考えられた。また，ALDH2の活性が異なる被験者の結果を比較したところ，ALDH2＋の場合にてより低い最大呼気中エタノール濃度と速い代謝速度が観察された。比較として検知管（定量範囲：50～2000ppm）を用いて同呼気サンプル中のエタノール濃度を計測したところ，本探嗅カメラによる結果に近い値が得られ，可視化計測の妥当性が示された。以上の結果より，エタノールガス用探嗅カメラを用いることで，呼気中エタノールガスの可視化計測が可能であり，ガス成分濃度の時空情報を非侵襲的に取得することで，簡便なアルコール代謝センシングの可能性が示唆された。

4　おわりに

呼気など生体ガス中の揮発性の化学成分濃度を，生体触媒である酵素を介して光情報へ変換することで可視化計測し，簡便かつ非侵襲的な代謝センシングを実現する可視化システムの例として，アルコール代謝センシングのための「エタノールガス用探嗅カメラ」を開発した。NADHの自家蛍光を出力として利用し，微分法と組み合わせることで，従来の化学発光法に比べ高感度かつ優れた応答性を実現した。また本探嗅カメラを飲酒後の呼気中エタノールの可視化計測へ応用したところ，ガス成分濃度の時空間情報が視認され，飲酒に伴う呼気中エタノール濃度の上昇と代謝による減少が観察された。ALDH2の活性が異なる被験者から採取した呼気を可視化計測したところ，代謝酵素の活性に依存した呼気中エタノールの最大値や，代謝速度の違いを評価することも可能であり，探嗅カメラの「代謝センシング」に対する有用性が示された。

今後，本探嗅カメラを用いることで，呼気だけではなく皮膚ガスなど，その他の生体ガス中エタノールを可視化し，発生部位の特定や放出動態観察を研究することで得られる知見から，更に新しい代謝センシングへと発展していくことが期待される。

謝辞

本研究は日本学術振興会（JSPS）科研費（15H04013）からの助成により行われた。

文　　献

1）A. Prabhakar, A. Quach, H. Zhang, M. Terrera, D. Jackemeyer, X. Xian *et al.*, Acetone as biomarker for ketosis buildup capability--a study in healthy individuals under combined high fat and starvation diets. *Nutr. J.*, **14**, 41. doi:10.1186/s12937-015-0028-x (2015)

2）DA. Lindberg, Hydrogen Breath Testing in Adults. *Gastroenterol Nurs*, **33**, 8-13. doi:10.1097/SGA.0b013e3181da8b3a (2010)

3) T. Arakawa, X. Wang, E. Ando, H. Endo, D. Takahashi, H. Kudo *et al.*, Real-time chemiluminescence visualization system of spacially-distributed exhausted ethanol breath on enzyme immobilized mesh substrate. *Luminescence*, **25**, 185-7 (2010)
4) T. Arakawa, E. Ando, X. Wang, M. Kumiko, H. Kudo, H. Saito *et al.*, A highly sensitive and temporal visualization system for gaseous ethanol with chemiluminescence enhancer. *Luminescence*, **27**, 328-33. doi:10.1002/bio.1352 (2012)
5) T. Arakawa, T. Sato, K. Iitani, K. Toma, K. Mitsubayashi, Fluorometric biosniffer camera "Sniff-cam" for direct imaging of gaseous ethanol in breath and transdermal vapor. *Anal. Chem.*, **89**, 4495-501. doi:10.1021/acs.analchem.6b04676 (2017)
6) X. Wang, E. Ando, D. Takahashi, T. Arakawa, H. Kudo, H. Saito *et al.*, 2D spatiotemporal visualization system of expired gaseous ethanol after oral administration for real-time illustrated analysis of alcohol metabolism. *Talanta*, **82**, 892-8. doi:10.1016/j.talanta.2010.04.048 (2010)
7) H. Kudo, M. Sawai, X. Wang, T. Gessei, T. Koshida, K. Miyajima *et al.*, A NADH-dependent fiber-optic biosensor for ethanol determination with a UV-LED excitation system. *Sensors Actuators, B Chem.*, **141**, 20-5. doi:10.1016/j.snb.2009.06.008 (2009)
8) X. Wang, E. Ando, D. Takahashi, T. Arakawa, H. Kudo, H. Saito *et al.*, Non-invasive spatial visualization system of exhaled ethanol for real-time analysis of ALDH2 related alcohol metabolism. *Analyst*, **136**, 3680-5. doi:10.1039/c1an15101k (2011)

第14章　日常的な飲酒時のアルコール代謝動態
～食の影響を中心に～

大嶋俊二*

1　はじめに

我々は，日常的な食生活の中で嗜好品として醸造酒や蒸留酒など種々の酒類を摂取している。その中に含まれるアルコール（以下，Alcと略す）は様々な薬理作用を有する薬物であり，その摂取量によっては種々の健康問題や社会的問題を引き起こす。Alcの代謝動態を理解することは，そのようなAlcの身体への影響を把握する上で重要となる。一般的に，爽快期，ほろ酔い期，酩酊期，泥酔期，昏睡期といった酩酊の度合いと血中Alc濃度（以下，blood alcohol concentration：BACと略す）は密接に関係するとされる[1]。また，過度の飲酒後の二日酔い症状の惹起には最高血中Alc濃度（以下，BAC-maxと略す）が0.11%以上に達することが必要との報告[2]があり，これらの濃度は有用な指標となる。本稿では，日常的な飲酒時のAlc代謝動態において，食物やその成分によるBACならびにBAC-maxへの影響について解説してみたい。

2　飲酒後の血中Alc濃度

BACは血液を過塩素酸にて処理し，ヘッドスペースGCを用いることで精度良く測定できる。Alcの代謝産物であるアセトアルデヒドの濃度も同様にヘッドスペースGCにて測定が可能である[3]。しかし，血中アセトアルデヒド濃度はBACの約1/1000程度と極めて低く，また，血液の処理方法によってはその過程でエタノールからアセトアルデヒドが産生される可能性があり，分析方法が未確立であった1980年以前の報告には信頼できないものが少なくないとされる[4]。ここでは未だ知見の少ないアセトアルデヒドや酢酸には触れず，BACに焦点を当てることにする。食の影響を解説するに先立ち，まずは飲酒後のBACに関して理解を深めるため，BAC-maxの推定方法を以下に示したい。Alcの摂取量が適量（20～25グラム程度）では飲酒後30分程度でBAC-maxに達し，飲酒量が多くなると飲酒スピードにも依存するが1時間以降で最大となる。その後，Alcはおよそ0.1～0.15 mg/ml/hrの速度で消失していく[5]。そして，BAC-maxは「摂取Alc量」と「Alc分布容積×体重」の二つのパラメータから算出できることが示されている[6]。摂取したAlcは消化管から吸収後，循環血流に移行し体内の水分の存在する場所に速やかに分

＊　Shunji Oshima　アサヒグループホールディングス㈱　コアテクノロジー研究所
主幹研究員

布することから，「Alc 分布容積×体重」はおよそ体水分量となる。これより，“飲酒後の BAC-max＝摂取した Alc 量（グラム）÷体水分量（リットル）”といった式で簡便に求められる。実際には BAC-max に達するまでに一部代謝されているが，日本人の平均的な Alc 代謝能力はおよそ1時間あたり 0.1 g/kg 程度（体重 50 kg の人で 5 g）に過ぎない[5]。また，Alc の消失は実際には0次消失ではなく Michaelis-Menten 型の消失動態を取るため[7]，BAC が低い吸収相での Alc 代謝量はさらに少ないと考えられる。よって，空腹状態で素早く飲酒した場合は上記の式にてほぼ近似可能であり，個人の代謝能力は大きく寄与しないといえる。この算出方法は特にイッキ飲みによる BAC-max を推定し，その危険性を理解するのに有用である。なお，一般的に女性は男性よりも体水分量が少ないため，BAC-max は女性の方が高値傾向となる[8]ことも付け加えておく。

さて，日常的に行われる飲酒時においては，上記の推定式はあまり当てはまらない。そこには Alc 代謝動態に影響を及ぼす種々の因子が存在しているためである。Alc の代謝速度（β 値）に影響する因子としては個々人の Alc 代謝関連遺伝子多型，性別，飲酒習慣（頻度）等が挙げられる。一方，BAC-max に影響する因子としては上述の性別以外に，お酒の種類（主に Alc 度数），飲酒量，飲酒スピード，食物摂取の有無等が挙げられる。これらの中で特に影響の大きいのが食物摂取の有無である（食物摂取以外の因子についてはここでは触れないので総説[9]等を参照されたい）。

3　飲酒後の血中 Alc 濃度に対する食物摂取の影響

空腹状態で飲酒をするのと食物を一緒に摂取するのとでは，BAC の推移が著明に異なる。飲酒時に食物を摂取することで BAC-max が顕著に低下するという現象は古くから知られていた[10]。実際にどれほど異なるのか，お酒に対する体質を決定する因子として広く知られるアルデヒド脱水素酵素（aldehyde dehydrogenase：ALDH）の遺伝子多型[11]，すなわちお酒に強いタイプである *ALDH2*1/*1* 型，お酒を飲めるが弱いタイプである *ALDH2*1/*2* 型の両多型を対象に，2種類のお酒（ビールと甲類焼酎）と軽食を用いて調べてみた[12]。いずれの多型においてもビール（醸造酒），焼酎（蒸留酒）のみの摂取に比べて，軽食を同時に摂取することによって著明に BAC-max ならびに血中 Alc 濃度下面積（以下，BAC-AUC と略す）が低下した（図1）。上述の BAC-max の推定式が食物を摂取することで全く使えなくなることは一目瞭然であろう。

では，飲酒時の食物摂取はアルコール代謝を亢進することで BAC-max を低下するのであろうか。Alc の代謝（アセトアルデヒドへの酸化）が進むとそれに付随して NAD^+ から NADH への還元が生じる[13]。そこで NADH から NAD^+ へ再酸化するためにピルビン酸が乳酸に変換され，乳酸が蓄積していく。食物に含まれる糖質（ブドウ糖，果糖等）や一部のアミノ酸（アラニン等）は代謝の過程でピルビン酸を生成する。生じたピルビン酸は NAD^+ の再酸化に利用され，Alc 代謝を進めることになる[14]。図1に示した試験の際に血中ピルビン酸濃度の変化を調べると，確か

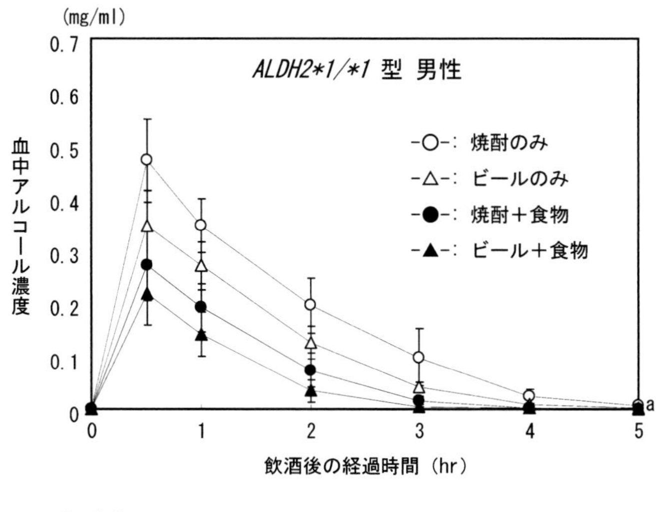

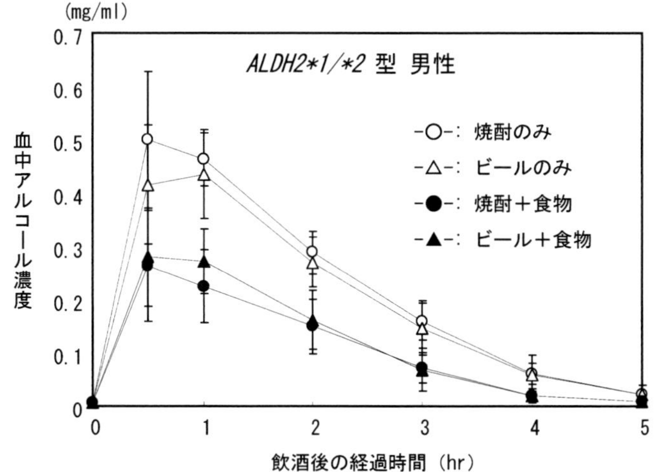

図 1　適量飲酒後の血中アルコール濃度推移に及ぼす食物の影響
飲酒量は 0.32 g アルコール/kg 体重，食物は 460 kcal 分の軽食を摂取した。
図は文献 12)から一部改変して引用した。

に食物摂取はピルビン酸濃度低下を抑えた[15,16)]。しかし一方で，Alc を静脈内投与した場合には，食物摂取によって Alc 代謝速度は上昇したものの BAC-max の低下は認められない[17)]。著者らは，カロリー液（市販の栄養調整飲料）の経口投与後に Alc を同じく経口投与すると，カロリー液のない場合に比べて著明な BAC の低下が生じる一方で，カロリー液の経口投与後に Alc を腹腔内投与した場合では BAC-max の低下が全く認められないことをラットによる試験で確認した[18)]（図 2）。これは，食物（成分）による BAC-max の低下が肝での代謝亢進では生じないことを示している。

Alc は主に小腸から吸収されることから，その吸収速度には胃から十二指腸への移動，すなわ

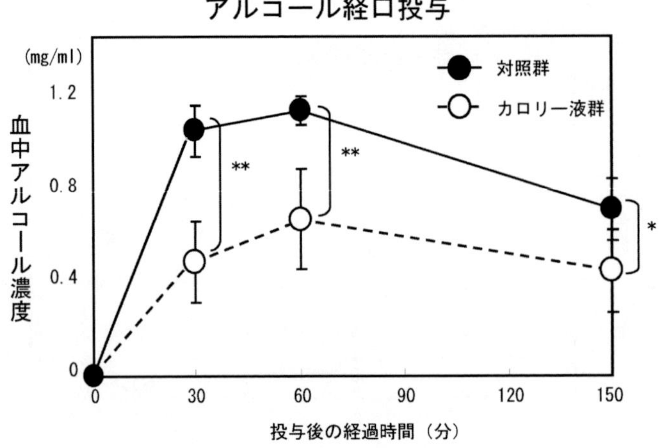

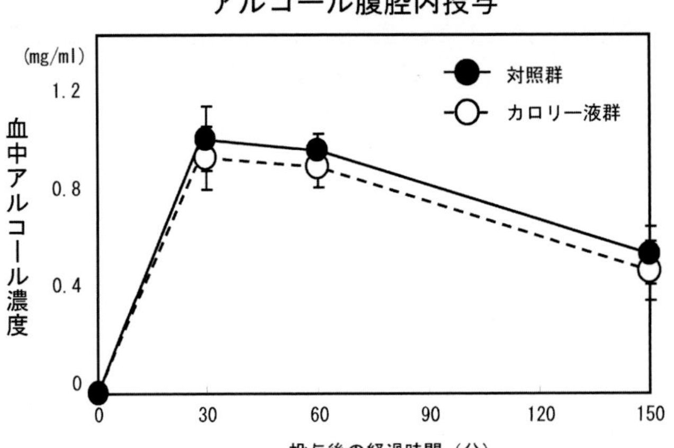

図２　アルコール投与後のラット血中アルコール濃度推移に及ぼすカロリー液ならびにアルコール投与経路の影響

ラットにカロリー液を8.5kcal/kg体重で経口投与後、アルコールを1g/kg体重で経口あるいは腹腔内投与した。対照群とカロリー液群間の有意差をアスタリスクにて示した（$^{*}p<0.05$, $^{**}p<0.01$）。図は文献18)から一部改変して引用した。

ち胃排出速度（胃内滞留時間）が大きく関与する。胃を切除した患者では健常者よりもBAC-maxへの到達が速くなる[19]。そして，固形食や食品成分の摂取が胃排出速度を低下し，飲酒後のBACが低くなったとする報告[20]や，食物摂取によるBAC-maxの低下が胃排出速度を高める薬物の投与によって弱まったとの報告がある[21]。飲酒時に食物を摂取すると胃内でアルコールと食物が混ざることでAlcの胃排出速度が緩やかになると考えられる。しかし，図１を見ると食物摂取によりBAC-maxとともにBAC-AUCも低下し，一方で消失時間は変わっていない。この現象は吸収速度の遅延のみでは説明できない。そこで，初回通過代謝（以下，first pass metabolism：FPMと略す）を考慮する必要がある。Alc脱水素酵素（以下，alcohol dehydrogenase：ADHと略す）は様々な組織に存在し，胃にもClass ⅢやⅣに属する高Km値のADHが存在している[11]。1980～90年代に胃部ADHによるAlcのFPMが議論された。胃切除者ではAlcの経口投与と静脈内投与とでBAC-AUCの差が消失する[22]ことや，静脈内投与したBAC-AUCから経口投与したBAC-AUCを差し引いた値が胃部ADH活性と正相関を示すこと[23]等から，Alcは胃部でも代謝されているとした。一方で，Smithら[24]は胃部でのAlc代謝はごく僅かとして反論した。彼らはラットを用いて消化管を経ずに門脈への直接的なAlc流入を行ない，流入速度を変えて同量のAlcを投与した場合のBACへの影響を検討した。興味深いことに，流入速度によってBAC-maxおよびBAC-AUCは顕著に変動し，流入速度が極端に遅いとBAC-maxのみならずBAC-AUCも極めて低値となることを示した。このことは，経口的にAlcを摂取した場合でも，Alcの吸収速度が非常に緩やかであれば胃部でのFPMが起きなくともBAC-maxとBAC-AUCは低下し得ることを示している。これは肝のFPMの寄与によるものと考えられる。すなわち，肝代謝酵素（ADH等）が示す代謝速度（Vmax）で十分代謝可能な程度の少ないAlc量で肝への流入が続いた場合，肝でのFPMの寄与が高くなり，肝から循環血中に流れ出すAlcは僅かとなる。逆にKm値を大きく超えるような濃度で門脈から肝への流入が続いた場合，肝でのFPMでは到底代謝が追いつかずにBACは上昇していく。

以上より，食物摂取によるBAC-maxやBAC-AUCの低下は，食事由来成分による肝Alc代謝の促進ではなく，Alcの胃排出速度を低下させて吸収を緩やかにすることで肝（胃の関与も否定はできない）におけるFPMの寄与を高め，結果として体循環に移行するAlc量が低下することによるものと説明するのが妥当であろう。著者らは，飲酒後のBAC-maxの個人差に影響する因子を調べ，体水分量とAlcの胃排出速度（胃内滞留時間）の2つの因子でBAC-maxの近似が可能であることを報告した[25]。簡単に言うと，体水分量が多く，胃排出速度が遅い人ほど飲酒後のBAC-maxは低値傾向となり，それが個人差となって現れるということである。そして，この個人差は空腹時飲酒では顕著に現れるが，食物を摂取することで小さくなる。

4　血中Alc濃度に影響する食素材・成分について

BACに影響する食物中の成分や食素材にはどのようなものがあるのか，主にヒトでの報告例を調べてみた。食物中の蛋白質，脂質，糖質の割合を変えてどの成分が影響するかを調べた報告[26～28]では，特に一致した見解は得られていない。単一の食素材・成分として韓国ナシ[29]や紅参[30]，コーンペプチド[31]や大豆ペプチド[32]にBAC-max低下作用が報告されている。ウコンについては，飲酒の際にその抽出物を用いた検討でBACが低下傾向を示したとの報告がある[33]。アミノ酸であるアラニン・グルタミン混合物は，BAC-maxは低下しないがAlc代謝を14%高めた[34]。酢酸を含む食酢は日常的に利用可能な量でBACを低下し，その効果には胃排出遅延が寄与する[35]。酒類自身に含まれる成分も影響する。ウイスキーは熟成年数が増すにつれADH阻害活性を有するポリフェノール類が増加するため，熟成年数の長いウイスキーほどAlc代謝が緩やかになるようである[36]。食品添加物として人工甘味料について検討した例[37]では，スクロースを用いた飲料と人工甘味料（アスパルテーム・アセスルファムK）を用いた低カロリー飲料にそれぞれAlcを混ぜて摂取した場合，人工甘味料を用いた飲料で胃内容物の排出が有意に速く，BAC-maxとBAC-AUCいずれも有意に高値を示した。人工甘味料は今や多くの飲食品に用いられているが，このような成分を含有した低カロリーのAlc飲料は酔いがまわりやすい可能性があるため注意すべきである。

食物やその成分の摂取によるBAC-maxの低下には，上述の通りAlcの胃排出速度低下が必要である。ピルビン酸の供給源となる栄養成分を摂取した場合は代謝がスムーズに進むため消失時間は早まるものの，Alcの胃排出速度に影響しない場合にはBAC-maxの低下は生じないと考えられる（図3）[38]。著者らはこのような知見を踏まえてBACに影響するような食成分を網羅的に調べてみた。その結果，野菜や果物の水溶性成分を取り除いた不溶性画分，すなわち食物繊維がAlc水溶液を物理的に保持することでBAC-maxを顕著に低下することを発見し，報告した[39]。特にトマトやマンゴーの不溶性画分が強い作用を示し，市販の食物繊維素材の一部にも同効果を認めた[38]。そして，ラットを用いた試験で本作用が胃排出遅延に基づくことを確認した。ところで，日常的な食生活においては食物繊維だけを摂取するということはないため，これらと共存することで本効果に影響を及ぼすような成分の存在も考えられる。そこで著者らは複合的な作用を調べたところ，これらにアラニンなど一部のアミノ酸を共存させることでAlc水溶液保持能が増強され，BAC-maxの低下作用が相乗的に高まることを見出した[40]。そして，健常人におけるこれらの混合物（アラニンを強化したトマト加工品を用いた）の飲酒時摂取により，Alc濃度の低下や尿pH低下の抑制といった生理的な影響や，酔いの主観的感覚を緩和できることを確認した[41]。これらの知見を実際の食生活に活かすには，今後，さらに複合的な影響を調べていく必要があるが，飲酒時に摂取する食物として，特に繊維質の多い野菜・果物類と蛋白質の食品を積極的に試してみる価値はあろう。

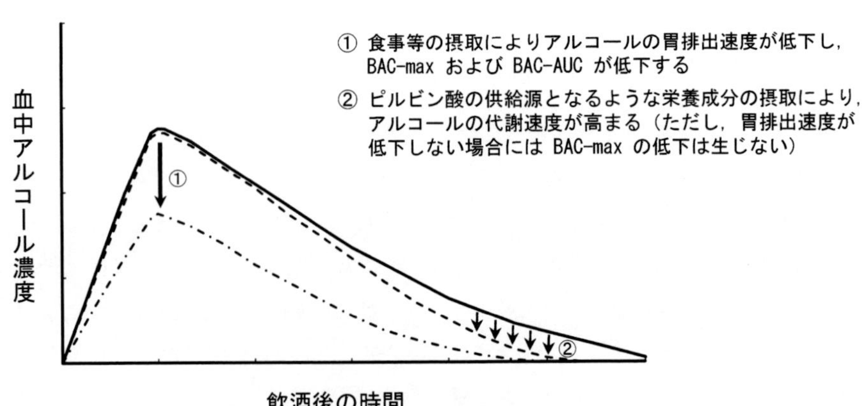

図３　飲酒後の血中アルコール濃度推移に及ぼす胃排出速度の影響
文献38)から一部改変して引用した。

ところで，BAC には影響せずに酔いの感覚に影響を及ぼすと考えられる食品成分も存在していることを付け加えておく。その代表がカフェインである。エナジードリンク類に含まれているカフェインは興奮作用を有しており，Alc の中枢抑制（鎮静）作用がマスクされる可能性が示唆されており，そのため飲酒量の増大に繋がり急性中毒等の飲酒関連問題が引き起こされるといった社会的な問題として提起されている[42, 43]。

5　飲酒時の食事の役割について

飲酒時において，食物やある種の食成分の摂取が BAC–AUC を低下することは，体循環に移行する Alc 量が摂取した Alc 量よりも実質的に減ることを意味する。このことは Alc による種々の影響の緩和に繋がる可能性があることから，食物の重要な役割の一つと言えよう。一方で，栄養学的に重要な役割も担う。Alc は種々の栄養成分の挙動に影響し，慢性的な過度の飲酒は栄養障害を惹起することが良く知られている[44]。影響を受ける成分としてアミノ酸，ビタミンや一部の微量元素が挙げられる。アミノ酸は必須，非必須に限らず飲酒の影響を受け，Alc 依存症者や Alc 性膵炎患者で健常人に比して血中濃度が低く[45, 46]。健常人においても飲酒後に一過性に低下する[47]。Alc による血中アミノ酸濃度低下の多くは吸収阻害によるものとされる。一方で，ADH 阻害剤である 4–メチルピラゾールがアミノ酸濃度低下を減じた[48]ことから，Alc 代謝に付随した $NADH/NAD^+$ 比の上昇に伴うアミノ酸からピルビン酸への代謝の関与が示唆される。ビタミン，ミネラルについても多量飲酒者による慢性的な欠乏等がよく知られており，ビタミン A，B 群，C，D，E，葉酸や K，P，Ca，Mg など多くの成分が影響を受ける[49～51]。飲酒をする際には，ピルビン酸供給源となる糖原性アミノ酸や糖質の摂取を心掛けるとともに，Alc 濃度が低下し酔いが醒めた後に種々の微量栄養成分を充分に補給することを常に意識することも重要であろう。

6　おわりに

本稿では，食物やその成分の Alc 代謝動態への影響について，主にヒトを対象とした研究報告を基に解説した。なお，Alc 代謝産物であるアセトアルデヒドや酢酸の動態に対する食の影響については十分な知見が見当たらないため，ここでは割愛した。食の有する三つの機能，すなわち「栄養」（一次機能），「嗜好（美味しさ）」（二次機能），「生体調節」（三次機能）いずれの機能も飲酒（あるいは Alc）との関わりは深く，慢性的な多量飲酒やイッキ飲みなどの有害な飲酒行為を減らし，適度な飲酒を楽しむ豊かな飲酒文化の醸成において，飲酒時に摂取する食の役割は大きい。今後も新たな知見が見出されていくことに期待したい。

文　献

1) 重盛憲司，ハンドブック　アルコールと健康，p.70，社団法人アルコール健康医学協会（2005）
2) L. F. Chapman, *Q. J. Stud. Alcohol*, **5**, 67 (1970)
3) S. Tsukamoto *et al.*, *Jpn. J. Alcohol&Drug Dependence*, **33**, 200 (1998)
4) 溝井泰彦，*Res. Pract. Forens. Med.*, **32**, 1 (1989)
5) Y. Mizoi *et al.*, *Alcohol Alcohol.*, **29**, 707 (1994)
6) M. G. Eggleton, *J. Physiol.*, **98**, 228 (I940)
7) T. Fujimiya *et al.*, *J. Pharmacol. Exp. Ther.*, **249**, 311 (1989)
8) P. B. Sutker *et al.*, *Pharmacol. Biochem. Behav.*, **18**, 349 (1983)
9) 大嶋俊二ほか，精神科，**24**, 501 (2014)
10) H. W. Southgate, *Biochem. J.*, **19**, 737 (1925)
11) 原田勝二，日アルコール・薬物医会誌，**36**, 85 (2001)
12) 大嶋俊二ほか，日アルコール・薬物医会誌，**46**, 357 (2011)
13) 石井裕正，アルコール内科学，p.39，医学書院（1981）
14) H. I. D. Thieden *et al.*, *Biochem. J.*, **102**, 177 (1967)
15) 大嶋俊二ほか，日臨栄会誌，**34**, 189 (2012)
16) 大嶋俊二ほか，アルコールと医生物，**33**, 1 (2015)
17) R. G. Hahn *et al.*, *Alcohol Alcohol.*, **29**, 673 (1994)
18) 大嶋俊二ほか，アルコールと医生物，**30**, 64 (2011)
19) R. G. Elmslie *et al.*, *Surg. Gynecol. Obstet.*, **119**, 1256 (1964)
20) M. Horowitz *et al.*, *Am. J. Physiol.*, **257**, G291 (1989)
21) S. Kechagias *et al.*, *Br. J. Clin. Pharmacol.*, **48**, 728 (1999)
22) J. Caballeria *et al.*, *Gastroenterology*, **97**, 1205 (1989)
23) M. Frezza *et al.*, *N. Engl. J. Med.*, **322**, 95 (1990)
24) T. Smith *et al.*, *J. Clin. Invest.*, **89**, 1801 (1992)
25) S. Oshima *et al.*, Food. Nutr. Sci. **3**, 732 (2012)
26) N. A. Pikaar *et al.*, *Alcohol Alcohol.*, **23**, 289 (1988)
27) A. W. Jones *et al.*, *Br. J. Clin. Pharmacol.*, **44**, 521 (1997)
28) F. Finnigan *et al.*, *Appetite*, **31**, 361 (1998)
29) H. S. Lee *et al.*, *Food Chem. Toxicol.*, **58**, 101 (2013)
30) M. H. Lee *et al.*, *Food Funct.*, **5**, 528 (2014)
31) M. Yamaguchi *et al.*, *Biosci. Biotech. Biochem.*, **61**, 1474 (1997)
32) 佐藤大毅ほか，スポーツ整復療研，**8**，119 (2007)
33) 伏見宗士ほか，薬理と治療，**40**，285 (2012)
34) 太田史生ほか，アミノ酸研究，**3**，57 (2009)
35) 浜野拓也ほか，応用薬理，**72**，31 (2007)
36) T. Haseba *et al.*, *Metabolism*, **57**, 1753 (2008)
37) K. L. Wu *et al.*, *Am. J. Med.*, **119**, 802 (2006)

38）大嶋俊二，日醸造協会誌，**112**，167 (2017)
39）S. Oshima *et al., Funct. Foods Health Dis.*, **5**, 406 (2015)
40）S. Oshima *et al., J. Nutr. Metab.*, doi:10. 1155/2015/280781 (2015)
41）S. Oshima *et al., Nutr. Metab.*, **13**, doi:10. 1186/s12986-016-0087-9 (2016)
42）栗原久，日本医事新報，**4563**，63 (2011)
43）J. C. Verster *et al., Int. J. Gen. Med.*, **5**, 187 (2012)
44）堀江義則，*Fronti. Alcohol.*, **2**, 30 (2014)
45）F. L. Siegel *et al., Proc. Natn. Acad. Sci. USA*, **51**, 605 (1964)
46）Y. Kawaguchi *et al., Digestion*, **86**, 155 (2012)
47）T. Eriksson *et al., J. Stud. Alcohol*, **44**, 215 (1983)
48）M. Hagman *et al., Biochem. Pharmacol.*, **38**, 105 (1989)
49）荒井正夫ほか，臨成人病，**19**, 37 (1989)
50）橋詰直孝，日臨栄会誌，**16**, 24 (1994)
51）C. S. Lieber, *Annu. Rev. Nutr.*, **20**, 395 (2000)

第15章　時間栄養学

小田裕昭*

1　はじめに

平成28年国民健康・栄養調査によると，日本人の5分の1は糖尿病が疑われている[1)]。つまり，インスリン抵抗性を基盤とするメタボリックシンドロームの人が増加していることを意味している。特に男性で肥満が増えていることが特徴的である。カロリー摂取はこの間減ってきているのに，こうした現象が起きることは注目に値する。運動の減少が問題であると考えられているが，健康志向で運動する人がそれほど少ない訳ではない。それでは，他にどのような因子が問題であろうか。やはり食が重要であろう。食というと，普通「何を食べたら」よいか考えるが，「何を食べるか」だけでなく，食べ方（食スタイル）にも注目が集まるようになってきた。私たちは，食スタイルを「食の5W1H」としてとらえ，「誰が（Who）」「何を（What）」「いつ（When）」「どこで（Where）」「どのように（How）」食べるのか考えることを食スタイルと考え，食べ方を総合的に考えることによってメタボリックシンドロームの予防ができるのではないかと考えた。特に，いつ食べるかという，「時間栄養学」が成功を収めるようになってきた。

昔から人の知恵として「規則正しい食生活は健康に重要だ」といわれてきた。日本の古い書物でも，朝食の重要性は指摘されてきている[2,3)]。私たちは経験的に食事のタイミングの重要性を認識していたようである。そして，実際に夜勤する人に冠状動脈疾患や肥満などの病気が多いことは以前からわかっていた[4)]。また，シフト・ワーカーとガンの関連も指摘されてきた[5)]。頑張って活躍している人ほど，乱れた生活を送っているのが現状である。現代社会では，仕事柄規則正しい生活ができない人も多い。この生活を変えるのは困難である。食事のタイミングを意図的に操作することは可能である。このように食事のタイミングを変化させることが健康に重要であることが解明されるようになってきた。

2　体の中の内在的な時計：概日時計

体の中には，多くの日周性のリズムがあることがわかっている[6)]。睡眠・覚醒などは日周性のリズムの典型的な例である。ほかにも，ホルモンの分泌や体温，血圧，心拍など多くの生理現象が約24時間のリズムを持っている[6,7)]。「寝る子はよく育つ」というように，夜中に成長ホルモンの分泌が多いことが知られている。細胞分裂を盛んに行うのも夜が多いと考えられている。

*　Hiroaki Oda　名古屋大学　大学院生命農学研究科　栄養生化学　准教授

一方，病気が悪化しやすい時間帯も知られている。例えば，胃潰瘍がひどくなる時間帯が早朝である。また，「魔の時間」といわれる突然死が多い時間帯が存在する[6]。顕著なのが午前中と夕方にあって，特に午前の時間帯は心筋梗塞，脳梗塞などが起きやすい生理現象が集中するまさに魔の時間である。病気の起きる時間帯だけでなく，死ぬ時間にも死因により日周性のリズムがある。

身体的，精神的パフォーマンスの高くなる時間帯が午後から夕方であることも知られていて，オリンピックなどの決勝が午前中に行われないのもこのためである。これらの約24時間のリズムのうち遺伝子に情報が書かれた内在的な時計を概日時計（サーカディアンリズム）と呼び，受動的なリズムである日周リズムと区別している。ほとんどのリズムが，内在的な時計に制御されている。私たちが想像しているよりも，はるかに私たちの体は時間（内在的な時計）に制御されている。

生物が内在的時計（概日時計）を持たなければならない理由として2つのことが考えられる。「未来予測性」と「機能的分業」である。「未来予測性」は主に餌の獲得と捕食から逃れるためになくてはならない機能である。哺乳類は恐竜のいた時代には，恐竜が休んでいる夜に活動する必要があったため，多くの哺乳類はいまでも夜行性である。恐竜がいなくなり，多くのものが餌の獲得に有利な昼間に活動するようになったと考えられる。「機能的分業」は，多くの複雑な細胞機能の時間的分業を可能にする作用である。細胞増殖は一般に夜に行われ，昼は活動に必要な分化機能が行われる。多くの生化学的代謝経路は，多くを他の代謝系と共通にしている。時間的分業を行わないと代謝はスムーズに流れることができなくなる。例えば，糖新生と解糖系が同時に働くということはありえず，代謝的矛盾を回避するために，時間的機能分業は必須の機能である。両方の理由とも食に関連した，生存に重要な機能である。

3　時計遺伝子とその異常によるメタボリックシンドローム

概日時計は時計遺伝子の転写のネガティブ・フィードバックによって制御された時計である。時計遺伝子である転写因子のClock・Bmal1が遺伝子の転写調節領域のE-boxに結合して，時計遺伝子であるPer，Cryの転写を活性化する[7]。合成されたPer，CryはClock・Bmal1による転写活性化を抑制する。そして，Per，Cryが減少することにより再び転写活性化が起きる。この周期が約24時間である。他の時計遺伝子もこのE-boxを介するフィードバック・システムに参加する形で時計を調整している。約24時間の時計であるため細胞間で微妙なずれが生じるが，これを同調因子がリセットすることによって24時間の時計として機能することになる。

哺乳類の生物時計研究は，はじめ脳の時計に注目して進められ，脳の視交叉上核（SCN）にマスター時計があることが解明された。そして自律的に強い24時間の振動を示していることが明らかになった。体の時計は，光の刺激を受けたマスター時計が体全体を制御していると理解されるようになった。しかし，末梢の臓器が時計を持っていることが分かり，現在では，すべての細胞が独自の24時間の時計を持っていて，それが臓器の時計となり，臓器間を同調させる因子を介して統合的な体内時計を形成していると理解されている。したがって，細胞時計は自律的であり，生物時計にとって重要なのは同調因子であることが分かった。通常，太陽光により同調を受けたマスター時計が自律神経系や内分泌系を介して末梢組織を制御し，それによって体全体の時計が統御される。つまり，光が最も強い同調因子として働くことになる。

脳に限らず，肝臓・心臓・大腸などほとんどの臓器で10%ほどの遺伝子はリズムを刻んでいる[8〜10)]。同じ遺伝子でも臓器ごとにそのピーク時間は異なり，臓器独自の時計が回っていることがわかる。そして，それらが統合された時計として体全体の機能を制御していることが健康であると考えられる。そして，末梢臓器の時計は，光ではなく食事によってリセットされるととがわかってきた（後述）。

時計遺伝子を欠損させたマウス，ノックアウトマウスは，予想されたように行動異常を起こすことが示された。ところが，それらのマウスが代謝異常も示すことが分かった。Clockノックアウトマウスが肥満とメタボリックシンドロームを起こすという報告は大きな注目を浴びた[11)]。さらにBmal1が肥満に重要であることが明らかになり[12,13)]，当初想像されていたリズム異常だけでなく，ノックアウトマウスにおいてみられた代謝異常は，概日時計と末梢組織の代謝が強く結びついていることを明らかにした。

4　時間栄養学の2つのポイント

野生動物の場合，摂食中枢など様々な生理機能はSCNにあるマスター時計の支配下にあるため，体内時計は光に制御されている。ところが，私たちヒトは，意志で摂食を制御することができ，さらに電灯や電子機器の開発は，太陽光とは独立して体内時計を調整することを可能にした。実験動物においても明暗のサイクルはそのままで摂食タイミングを逆転させると消化器系のリズムが逆転してくることが分かり，消化器系では摂食による同調作用は光の作用より強いことがわかった（図1)。そして食事はすべての内臓において最も強い同調因子であることがわかった。首から下のすべての臓器の時計の同調因子は食事といっても差し支えない（図1)。概日時計が存在する理由がタイムリーに食物を得ることにあった点を考えると，食事が強い同調因子であることは合理的な応答である。太陽光を同調因子に使っていたのは，食事をとる時間を合わせるのに必要だったからであり，重要なのは食事であった。さらに，食事がSCN以外の脳の時計も同調させることが分かり，体のほとんどは食事によってその時計が制御されているようである。

このような背景から，摂食タイミングを科学する「時間栄養学」という学問領域が生まれるようになった。2005年に私たちが編集した栄養学のテキストで時間栄養学という項目が作られ[14)]，2009年には世界で最初の『時間栄養学』が出版されるようになった[15)]。職業柄規則正しい食生活をするのが難しい人が多くなり，このような現代的課題から時間栄養学が注目されるようになってきた。時間栄養学には，2つのポイントがある。このタイミングで食べると良い，などと

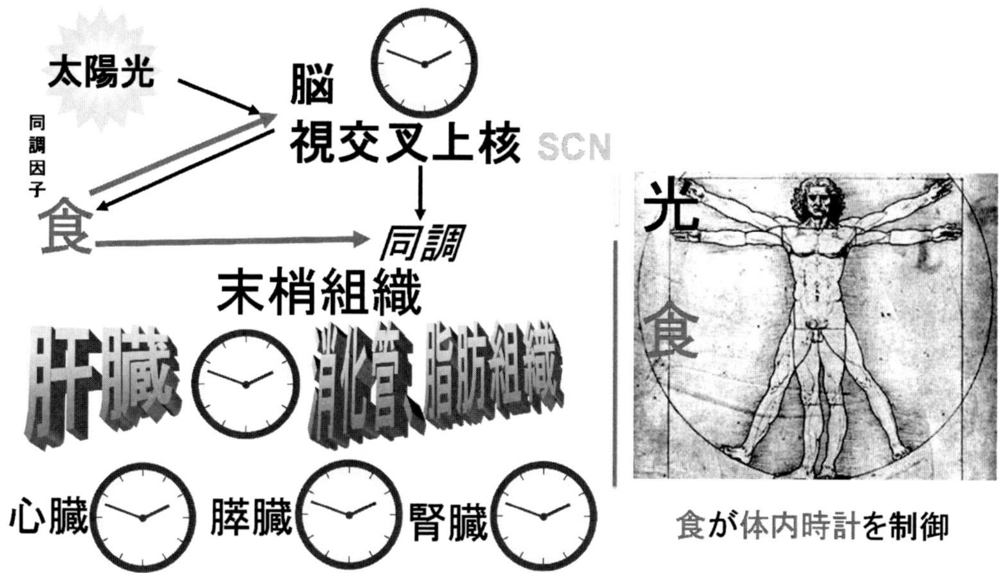

図1　食事は末梢臓器の強い同調因子として働く
視交叉上核（SCN）のマスター時計は，光だけにより同調を受けるが，脳の他の部分や末梢臓器の時計は食事による同調を受ける。

いわれるような「良いタイミング」のことである。例えば，この時間にこれを食べると太らないとか，この時間にこれを食べると最大のパフォーマンスができるなどのような良いタイミングである。もう一つのポイントは，摂食タイミングが体内時計を同調するなどの，「体内時計の正常化作用（あるいは悪化作用）のタイミング」である。前者では，夜食を食べるとそのエネルギーは使用されないため，同じエネルギーでも朝昼に比べて太りやすいことになる。同じ夜食も，後者の視点からは体内時計を乱す作用があるということがわかってきた。したがって，夜食は二重にメタボリックシンドロームへ進める作用があることになる。一方，朝食は，絶食のため下がった血糖値をあげるため糖の補給や糖新生の原料として使用されているアミノ酸補給が効果的な良いタイミングであり，また体内時計を正常化させて健康になるタイミングの食事でもある。

5　不規則な摂食タイミングと脂質代謝異常

一般に規則正しい食生活の重要性は認識されているにもかかわらず，あまり日常生活の中で重要視されてこなかった。そこで，私たちは正常な動物（遺伝的改変をしていない動物）を用いて不規則な摂食タイミングの脂質代謝に与える影響を検討した。夜行性のラットに，例えば昼だけ給餌させると，昼夜逆転するだけであるため，昼夜の区別なく与える給餌プロトコールを考案した。この不規則な食事をしたラットの肝臓では概日時計に異常が生じ，血中コレステロールが上昇した[16)]。不規則な摂食タイミング自身が代謝を異常にすることを実験的に示した最初の研究である。この研究では，同じ餌を同じ量摂取しても，食事のタイミングが異なるだけでコレステロール代謝に異常が生じることを示したものである。これは，コレステロールの異化代謝，つまり胆汁酸合成の律速酵素 CYP7A1 の遺伝子発現の概日リズムのピークが前にずれたためであることがわかった。このとき，肝臓の時計遺伝子のリズムにも異常が生じていた。

ヒトでは夜食症候群といわれる夜間だけ食べるため肥満になる現象が知られている。摂食時間を逆転させても，それはそれで規則正しいと考えられなくもないため，動物実験で検討してみた。摂食タイミングを逆転させて毎日継続させると，時計遺伝子は完全に逆転するが，代謝のリズムは乱れ血中コレステロールが増加してしまった。これは，臓器間の時計がちゃんと協調して動かないと代謝が異常になることを示している。それでは，休息期には全く食べない「超」規則正しい食生活をさせるとどうなるのであろうか。マウス，ラットはほとんどの餌を活動期に食べるが，約 2 割の餌を休息期にも食べる。この 2 割の餌も活動期だけしか食べない「超」規則正しい食生活をするとそれだけで食事誘導性の肥満を抑制することが報告された[17]。これは，不規則な食生活が健康に良くないだけでなく，規則正しい食生活が，積極的に健康に資することを実験的に示したものである。

これまでメタボリックシンドロームの原因は，エネルギーの過剰摂取，特に飽和脂肪酸の取りすぎが問題とされてきた。最近になり，ショ糖や異性化糖を含んだ飲料の取りすぎが改めてクローズアップされるようになった[18]。WHO は 2015 年に，添加する砂糖の量を摂取エネルギーの 5% 未満にするように指針を出した。これは 1 日小さじで約 6 杯分であることが，日本でも話題となった。ショ糖を構成するフルクトースに問題があることは知られているが，その取りすぎが脂肪肝やインスリン抵抗性，高脂血症，高尿酸血症などを引き起こす。これまでその分子機構は十分に理解されていなかった。私たちは，これが肝臓での脂質合成系酵素の概日リズムの振幅が大きくなることによることを明らかにした（未発表）。また，活動期だけ砂糖を摂取するように時間制限を設けることで，脂肪肝や高脂血症が抑えられることを明らかになった[19]。甘いものの誘惑が強いこと問題であるが，食べるのを昼だけにすればその影響は限定的になるかもしれない。

6　食事のタイミングが体内時計を同調させるメカニズム

摂食タイミングはどうやって末梢の時計を同調させるのだろうか。これまでに，神経系，液性因子（ホルモンなど），運動（活動），体温，栄養素そのものが仲介していることが分かっている[20]。摂食タイミングによって変動するホルモンとしてインスリンは，最も有名なホルモンであるが，同調作用について不明確であったため，私たちはインスリンが肝臓時計を同調させる因子であることを実験的に示した[21]。インスリンは肝臓に対して位相反応曲線を示すことを明らかにした[21]。位相反応曲線というのは，ある一つの刺激が時間帯により異なった方向に作用することを図式化したものであり，これが起きれば同調因子であることが示される。例えば，夜型になってしまった睡眠障害を直すために，強い光を照射する光治療というものがあるが，朝に強い光を浴びれば朝型になっていくが，夜に強い光を浴びてしまっては逆効果になるというような現象を図式化したものである。活動期（つまり摂食期）のインスリン投与は肝臓時計を正常化させたが，休息期のインスリン投与は肝臓時計を悪化させてしまった。このことは，夜食が太る原因は，食べたエネルギーが消費されず蓄積されるだけでなく，肝臓の時計を乱してしまうためであることを示している。

7　同調因子として働く食品因子

栄養素そのものが直接細胞時計に働きかけることも知られている。エネルギー源として最も重要なグルコースがリズムを同調させることが示されている[22,23]。培養細胞にグルコースを処理すると同調作用がみられる。培養細胞の場合，培地交換だけでも細胞の時計を同調させる作用があることが分かっており，細胞実験では注意が必要である。アミノ酸にも単独で同調作用があることがわかっている[24]。食事因子として，糖質とタンパク質が肝臓の強い同調因子として働いていることが示されている[25]。一方，脂質は同調因子として働かず，リズム発振そのもの働きかけるようである。高脂肪食は一日の長さ（周期）を変えてしまう[26]。マウスの1周期は，約23.5時間であるが，高脂肪食を与えるとほぼ24時間になってしまう。逆に，脂質の異化代謝を促進するクロフィブラートという薬剤は，高脂肪食で長くなった時計を元に戻す作用を有している[27]。他の栄養素でも，食塩[28]やビタミンA[29]も時計を同調させる作用が知られている。非栄養素であるレスベラトロールも時計を動かす作用が知られるようになり[30]，毎日食べる食品中には概日時計を制御する多くの成分が含まれることがわかる。まさに，同調因子を食べているようなものである。したがって，普通の食事は，だいたい同調因子として機能している。

8　時間栄養学から考えた健康的な賢い食スタイル（SmartNutriStyle：SNS）

これまでの知見から，健康的な食スタイルとはどういったものなのか。明期の活動期に食べて，暗期の休息期に食べない，昼夜のメリハリの規則正しい食生活である。時間制限食が多くの代謝異常に効果的なことから，夜は一切食べないというのも効果的だろう。決まった時間に食事をとることである。食事を3回摂ればインスリンが3回出ることになるが，長い絶食後の最初のインスリン，朝食，が同調に重要である。夜食を食べて十分な絶食をしていないと，朝食のリセットの効果は少ないだろうと考えられる。また，すでに述べてきたように夜食には良いことは全くない。私たちが普段毎食べる食事は同調因子でてんこ盛りである。したがって，何を食べたらよいかあまり迷うことはない。

重要なのは朝食を食べることだろう。これまで朝食欠食に関係する研究では，朝食欠食が体内時計と関係があるとは考えてこなかった。私たちは，ラットに活動期の食べ始める時間を4時間遅らせたところ，代謝のリズムがそれに連動して遅れ，それが代謝異常に結びつく可能性を明らかにした（未発表）。

それでは，食事は3回ちゃんと食べないといけないのだろうか。食事の回数は少ないよりが多い方がよさそうである[31)]。食べ過ぎになってはいけないが，1日3回以下の場合より回数が多い方が，健康的である。ただ，回数は増やしてもそれが夜食になると意味がなくなることも示されている。

通常，摂食タイミングは睡眠のサイクルと連動しているので，乱れた食生活を直すには，基本の生活リズムを改善する必要がある。ただ，シフト・ワーカーなど職業柄，不規則な食生活から逃れられない人も多い。今後研究が進めば体内時計に作用する食品成分や薬を開発しそれを摂取すればよくなるかもしれない[32)]。

9　おわりに

これまでの研究から，多くの疾患の裏にリズム異常が隠れていることがわかってきた。時間栄養学以外にも，時間薬理学では，効果を最大限に発揮する投与時間や，副作用を最小限にする投与時間などが研究されている。薬の投与だけでなく治療やリハビリ，運動なども効果的な時間が知られるようになってきている。これらの基盤は正常な体内リズムである。この正常な体内リズムを作るのが時間栄養学の役割である。時間栄養学は，すべての時間〇〇学の基盤である。栄養学はこれまで主に何を食べるかに注目してきたが，摂食タイミングを含めた食べ方，つまり食スタイル（食の5W1H）を考えて，規則正しく賢い食スタイル（SmartNutriStyle: SNS）を確立することが重要である。

文　　献

1)　平成28年国民健康・栄養調査（2017）
2)　福沢諭吉，養生の心得「福沢諭吉全集　第20巻」 岩波書店（1971）
3)　関寛，養生心得草 「命の洗濯」警醒社（1912）
4)　A. Knutsson, *Occup. Med.*, **53**, 103 (2003)
5)　T. Kubo *et al.*, *Am. J. Epidemiol.*, **164**, 549 (2006)
6)　田村康二　編著，「時間診療学」 永井書店（2001）
7)　小田裕昭，オレオサイエンス，**15**, 61 (2015)
8)　K-F. Storch *et al.*, *Nature*, **417**, 78 (2002)
9)　S. Panda *et al.*, *Cell*, **109**, 307 (2002)

10)　W. A. Hoogerwerf *et al., Gastroenterology*, **135**, 2019 (2008)
11)　F. W. Turek *et al., Science*, **308**, 1043 (2005)
12)　R. V. Kondratov *et al., Genes Dev.*, **20**, 1868 (2006)
13)　S. Shimba *et al., Proc. Natl. Acad. Sci. USA*, **102**, 12071 (2005)
14)　小田裕昭，加藤久典，関泰一郎　編「健康栄養学　第 2 版」共立出版 (2014)
15)　香川靖雄，柴田重信，小田裕昭，加藤秀夫，堀江修一，榛葉繁樹　著「時間栄養学」女子栄養大学出版部 (2009)
16)　D. Yamajuku *et al., Circ. Res.*, **105**, 545 (2009)
17)　M. Hatori *et al., Cell Metab.*, **15**, 484 (2012)
18)　R. H. NLustig *et al., Nature*, **482**, 27 (2012)
19)　S. Sun *et al., Plos ONE*, **13**, e0201261 (2018)
20)　S. Panda, *Science*, **354**, 1008 (2016)
21)　D. Yamajuku *et al., Sci. Rep.*, **2**, 439 (2012)
22)　F. K. Stephan and A. J. Davidson, *Physiol. Behav.*, **65**, 277 (1998)
23)　T. Hirota *et al., J. Biol. Chem.*, **277**, 44244 (2002)
24)　S. M. Reppert and Weaver, D.R., *Nature*, **418**, 935 (2002)
25)　A. Hirao *et al., PLos ONE*, **4**, 6909 (2009)
26)　A. Kohsake *et al., Cell Metab.*, **6**, 411 (2007)
27)　H. Shirai *et al., Biochem. Biophys. Res. Commun.*, **357**, 679 (2007)
28)　H. Oike *et al., Biochem. Biophys. Res. Commun.*, **402**, 7 (2010)
29)　H. Shirai *et al., Biochem. Biophys. Res. Commun.*, **351**, 387 (2006)
30)　H. Oike and M. Kobori, *Biosci. Biotechnol. Biochem.*, **72**, 3038 (2008)
31)　P. Fabry *et al., Lancet*, **2**, 614–615 (1964)
32)　L. A. Solt *et al., Nature*, **485**, 62 (2012)

第16章　総エネルギー消費量の推定法

田中茂穂*

1　総エネルギー消費量とエネルギー必要量

ヒトは，体格や身体組成，および身体活動などに応じてエネルギーを消費し，それにみあったエネルギーを摂取する。通常は，そうしたエネルギーバランスがおおよそとれた状態で生活している。もしエネルギー消費量を摂取量が上回った状態が続けば体重が増加するが，体重の増加に伴う基礎代謝量（basal metabolic rate; BMR）や身体活動にエネルギー消費量の増加などにより，新たなレベルでエネルギーバランスが成立し，体重は一定となる。逆に，摂取量を消費量が上回った場合は，エネルギー不足の状態になるため，BMRの減少などによりエネルギー消費量が減少し，体重の減少は収束する。同時に，エネルギー摂取量も変動し，エネルギーバランスや体重を維持するレベルの決定に寄与する。このように，エネルギーバランスは，エネルギー消費量と摂取量の動的なバランスの上に成立しており，ある程度の幅の中でエネルギー必要量は決定される。「日本人の食事摂取基準（2015年版）」[1]において，エネルギー必要量は，「ある身長・体重と体組成の個人が，長期間に良好な健康状態を維持する身体活動レベルの時，総エネルギー消費量（total energy expenditure: TEE）との均衡がとれるエネルギー摂取量」と定義されている。さらに比較的短期間の場合は，「そのときの体重を保つ（増加も減少もしない）ために適当なエネルギー」とされている。TEEは，エネルギー必要量を得るために最も必要な情報である。

なお，疾病によっては，必ずしもエネルギーバランスがとれた状態，つまり，エネルギー消費量に等しいエネルギー摂取が望ましいとは限らない。例えば，減量が必要な肥満であれば，エネルギー消費量を下回るようにする必要があるし，疾病からの回復や体重増加が期待される状態では，逆に上回るようにすることもある。

2　総エネルギー消費量（TEE）の構成要素

2.1　基礎代謝量（basal metabolic rate; BMR）

BMRは，覚醒状態における必要最小限のエネルギーである。一般に，以下の条件で測定される[2]。

- 約12時間以上（～14時間程度）の絶食

---

*　Shigeho Tanaka　（国研）医薬基盤・健康・栄養研究所　国立健康・栄養研究所
栄養・代謝研究部　部長

- 身体活動の影響がない状態
  （激しい運動は前日から，軽い運動も測定前数時間は禁止し，30分程度の安静状態を保った上で測定を実施する）
- 安静仰臥位で，筋の緊張を最小限にした状態
- 快適な室温（25℃程度）で，心身ともにストレスの少ない（騒音がないなど）覚醒状態

測定前日から測定実施場所に宿泊することが，条件の一つに挙げられることもある。ただし，これまでBMRの推定式が得られた国内外の研究の多くは，当日の朝，測定実施場所に移動し，十分な安静（一般に30分以上）を保った後に測定が実施されている。

成人の場合，TEEをBMRで割ることで得られる身体活動レベル（physical activity level: PAL）の標準値は，「日本人の食事摂取基準（2015年版）」においても，また，欧米人においても1.75程度と考えられている。その値から計算すると，成人の場合，BMRはTEEの約60％程度を占めると考えられ，大多数の人において，BMRはTEEの中で最も大きな成分である。BMRは，各臓器・組織の重量とそれらのエネルギー代謝率（kcal/kg/日）でかなり説明できる。その他に，食事制限などによってもたらされるエネルギーバランス，甲状腺ホルモン，疾病の有無や種類，自律神経活動，最大酸素摂取量などの変動要因がある[2)]。

BMRはTEEの最大の構成要素であるとともに体格の影響が大きいため，体重を含む推定式が数多く発表されている。日本人に対してよく用いられる推定式の誤差を図1に示した[3)]。「日本人の食事摂取基準（2015年版）」[1)]では，性・年齢階級別に，基礎代謝基準値（kcal/kg体重/日）が示されている。基礎代謝基準値は体重の倍数となっており，簡単で使いやすい。しかし，実際のBMRと体重の関係は，切片のある一次関数で，比例ではない。そのため，標準から大きく外れた体格においては，推定誤差が大きくなる。

日本人を対象に妥当性の確認されたBMR推定式としては，国立健康・栄養研究所の式[4)]がある。

$$\text{BMR（kcal/日）} = (0.0481 \times \text{体重(kg)} + 0.0234 \times \text{身長(cm)} - 0.0138 \times \text{年齢} - 0.5473 \times \text{(男性：1，女性：2)} + 0.1238) \times 1000/4.184$$

特に，肥満ややせをはじめ標準的な体格から外れる場合には，体格等の変動要因を適切に考慮できるため，推定誤差が小さくなる[3)]。ただし，糖尿病患者ではBMRが亢進する（図2）[5)]など，疾病やその状態によっては推定式が当てはまらない場合もある。なお，病院などでよく用いられるHarris-Benedict式は，高齢の男性を除くと，日本人に限らず，概して過大評価する傾向がある（標準的な体格の健常者の場合，性・年齢階級によって平均50～200kcal/日程度）。

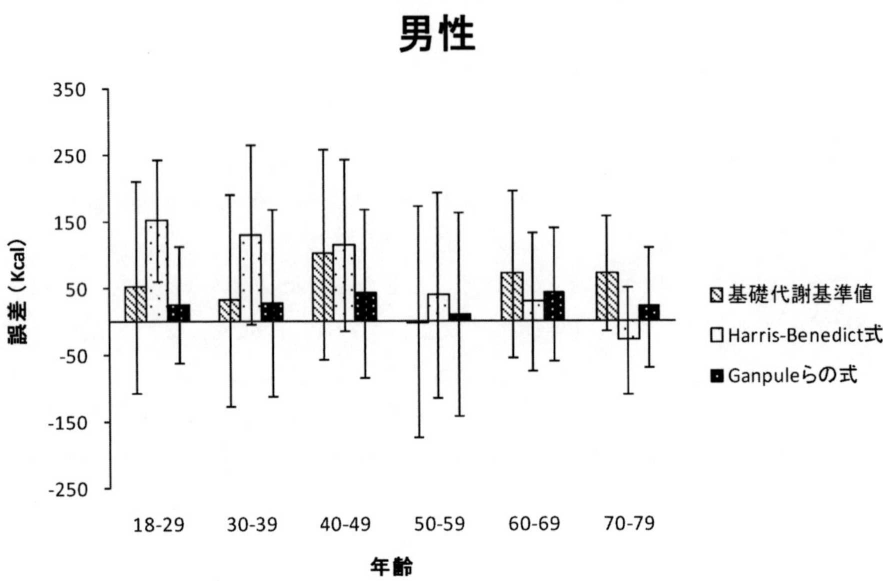

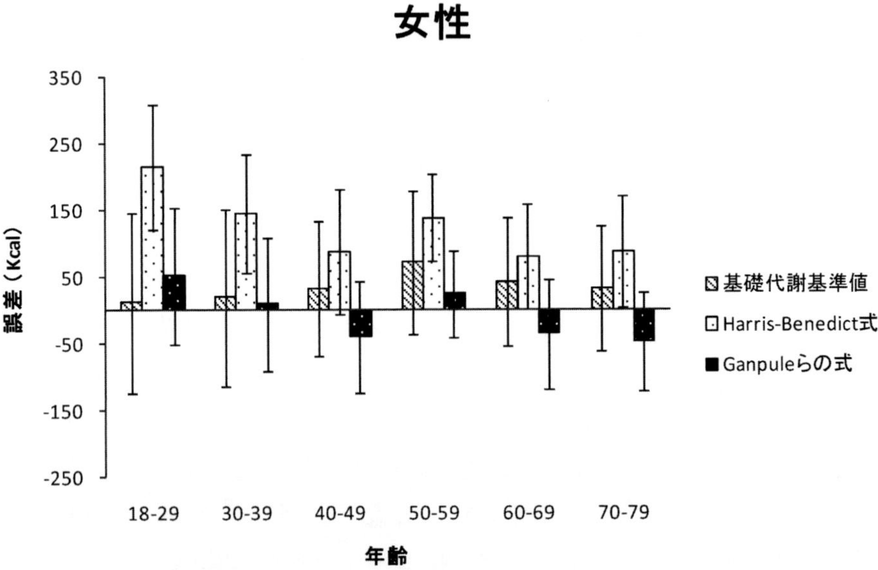

図1　基礎代謝量の各推定式による推定誤差（Miyake *et al.*[3]より作図）
値は（推定値－実測値）の平均±標準偏差

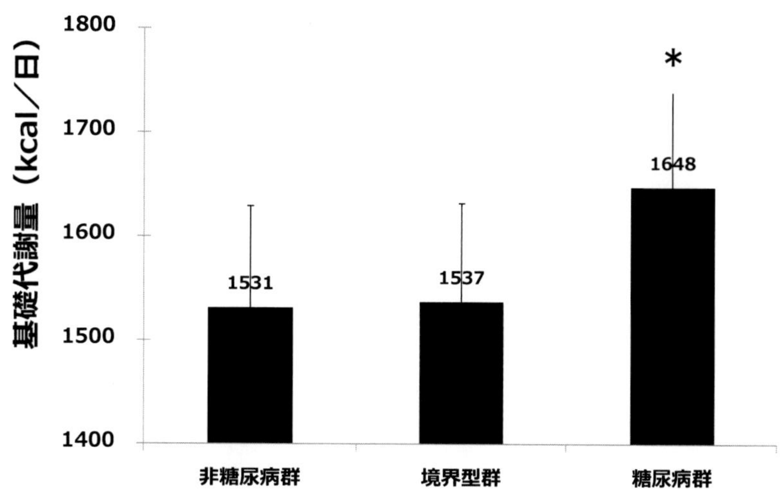

図２　糖尿病患者における基礎代謝量[5)]
性，年齢，脂肪量，除脂肪量を調整後の平均値
*$p<0.05$ vs 非糖尿病群

2. 2　食事誘発性体熱産生

栄養素の消化・吸収・運搬により，たんぱく質摂取後をはじめ，糖質・脂質を摂取した後にもエネルギー代謝の亢進が観察される（エネルギー摂取量のそれぞれ約 25～30%，8%，2%）[6)]。「食事誘発性熱産生（diet-induced thermogenesis: DIT あるいは thermic effect of food（あるいは meal): TEF（あるいは TEM)）」と呼ばれる。通常の食事であれば，エネルギー摂取量のおよそ 6～10%程度が DIT として消費されると考えられている。咀嚼の必要が少ない食事や，消化・吸収の負担が少ない経腸栄養・経管栄養の場合，DIT はこれより小さくなる。DIT は，値が小さい割に測定誤差が大きいため，TEE の 10%などと仮定し，TEE の推定において DIT を単独に推定することは少ない。

なお，熱産生としては，寒冷刺激に伴うエネルギー消費量の亢進などもある。エアコンなどにより温度調節が行き届いた環境で一日の大半を過ごしている場合は，その寄与は小さいが，冬にやや低めの室温で過ごすと熱産生が亢進すると考えられる（図 3）[7, 8)]。最近，特に寒冷刺激による熱産生に関して，褐色脂肪組織の活性による影響に個人間差があることが認められており，体重や血糖値などへの関与も注目されている。また，褐色脂肪組織活性が DIT を亢進するという報告もある[9)]。

2. 3　身体活動

身体活動は，「安静時より余分にエネルギーを消費する全ての営み」と定義され[10)]，身体活動によるエネルギー消費量としては，BMR や熱産生以外の全ての要素が含まれる。運動はもちろん，様々な歩行，家事や仕事等における動作や姿勢の保持など，広義の身体活動によるエネル

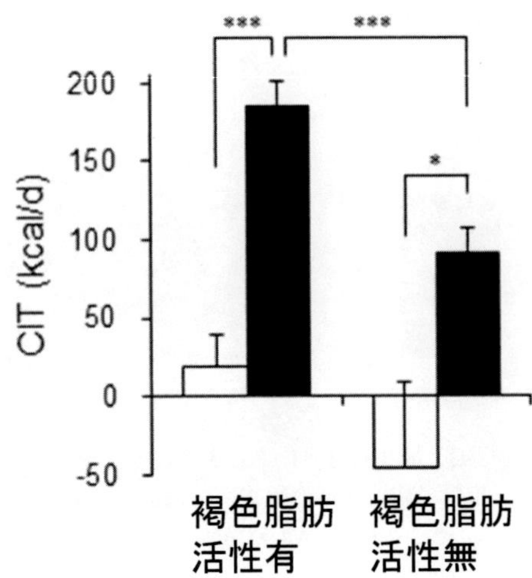

図３　寒冷刺激による非震え熱産生[8)]
(Cold-induced thermogenesis: CIT)＝寒冷時（19℃）における非震え熱産生－快適な温度（27℃）における熱産生

ギー消費量が相当する。

標準的なPALが1.75程度であることから逆算すると，平均して，TEEのおよそ3割程度である。しかし，PALは，ふつうに生活している人の間でも，1.4程度（外出が少ない座位中心の生活）から2.2～2.5程度（長時間にわたり体を動かす仕事に従事している人など）の幅がみられ，大きな個人差が存在すると考えられる。BMRを1400kcal/日とすると，このPALの範囲から試算される身体活動に要するエネルギー消費量の幅は，おおよそ350kcal/日～1400kcal/日に相当する。それに対して，例えば30分間の速歩を週5日実施しても，体重がかなり大きくない限り100kcal/日にもならない。このように運動がTEEに占める割合は概して小さく，したがって，身体活動のエネルギーの総量およびバラツキには，運動以外の身体活動量（nonexercise activity thermogenesis: NEAT）が大きく寄与していると考えられる[11, 12)]（図4）。

身体活動によるエネルギー消費量は，特にNEATの部分についてバラツキが大きく，後で述べるように評価も難しい。そのため，体格などからある程度の推定が可能なBMRや絶対量の小さいDITと比べて，変動の大きい要素であり（図5），TEEを正確に推定するにあたって非常に大きなポイントとなる。また，肥満の予防や改善とは独立に，身体活動量自体は生活習慣病と強い関連があると考えられており，その点でも，身体活動量の正確な定量化は非常に重要である。

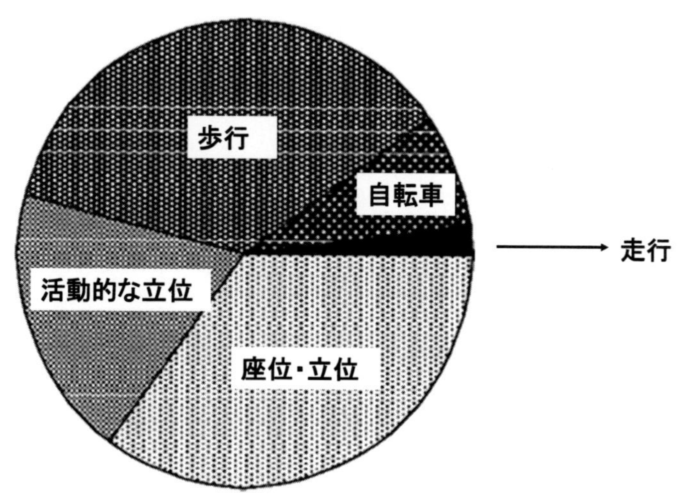

図 4　オランダ人における身体活動によるエネルギー消費量の構成割合[12)]
身体活動レベル＝1.75

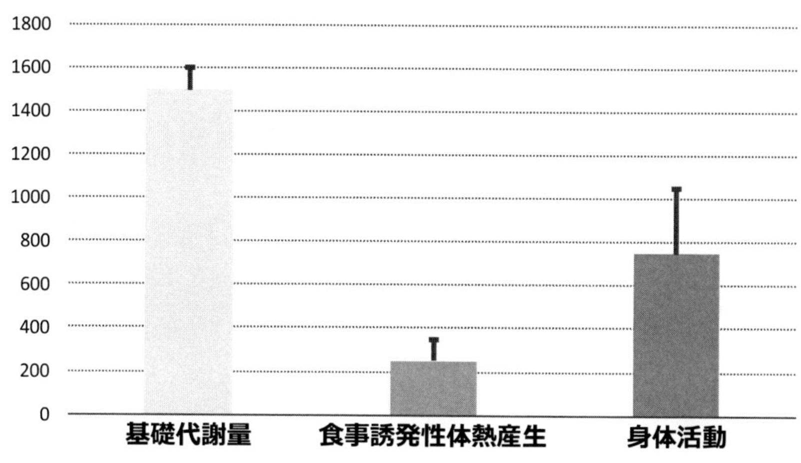

図 5　総エネルギー消費量の内訳とバラツキ
数値は，標準的な体格の日本人（スポーツ選手等は除く）におけるおよその平均±SD。

3　TEE の推定法

日常生活において TEE を推定する方法としては，二重標識水法，活動記録法，心拍数法，活動量計法などがある[13)]。これらのうち，^{2}H と ^{18}O という 2 つの安定同位体を摂取し，2 週間前後にわたって採取した尿または血液，唾液でその減衰率を評価して，二酸化炭素産生量，ひいては TEE を推定する二重標識水法が，最も信頼のできる方法であるとされている。欧米や日本など，最近の食事摂取基準のエネルギー必要量は，二重標識水法の結果を基に策定されている。ただし，コストがかかることやサンプルの分析が容易ではないことなどから，日常的に利用できる方法ではない。また，二重標識水法は，1～2週間における平均のエネルギー消費量が得られるだけであり，一日単位の値でさえもわからない。心拍数は，活動的な時間であればエネルギー消費量と強い相関があるが，その関係式には大きな個人差がある。また，その関係式が使えない時間の方が圧倒的に多い（一日当たり20時間前後かそれ以上）。活動記録法は，記録や分析の手間がかかる割には，大きな推定誤差がある。それらに対して，現時点で最も利用しやすく，今後さらに有望と考えられる方法は，主に加速度センサを用いた活動量計である。

4　加速度センサを用いた活動量計

加速度センサは，圧電型（Piezoelectric）やピエゾ抵抗型（Piezoresistive）あるいは静電容量型（Capacitive）などがある[14, 15]。そのうち，圧電型の加速度センサは，動きに伴い圧電素子に歪みを生じた結果，得られた出力電圧を加速度に換算する。比較的安価で消費電力も少ないため，広く用いられてきた。しかし，最近の活動量計では，動的な加速度のみをとらえる圧電型に代わって，ピエゾ抵抗型あるいは静電容量型が少しずつ用いられるようになってきた[14, 15]。新世代のセンサは，圧電型より高コストでバッテリーが長持ちしないが，高感度で，重力加速度が含まれるという特徴もある。その結果，姿勢の評価や活動の種類の判別に用いることも可能である。

加速度センサのサンプリング周波数は，ナイキストの標本化定理に基づき，最も高い周波数の少なくとも2倍でなければならない。腕の特定の動きにおいては25Hz程度になりうるし，立ち上がりや着地などの動作をこまかくみたい場合は，50Hzかそれ以上になる。しかし，人が通常行う衝撃のない身体活動時における重心の一般的な周波数は，走行中の垂直方向で8Hz以下である[16]。そのため，一般に10～32Hz程度が用いられている。

加速度のレンジとしては，通常の歩行であれば，得られる全ての加速度が±2G以内（平均すると0.3G程度）であるが，ランニングなどでは瞬間的に±10Gを越えることもありうる[16]。一方で，特に日常動作などの小さい動きを感知するには，分解能が小さいことが要求される。大きな加速度をとらえたいか，あるいは小さな動きにおける精密な感度（分解能）を要求するかによって，加速度センサにおける加速度のレンジと分解能が決定される。

得られた加速度値については，高周波数帯域にみられる電気的ノイズや，低周波数帯域にみられるセンサの劣化や温度変化に伴うドリフトの影響などを取り除くために，フィルタリング処理を行う。その際，扱いたい動作の周波数を考慮して，フィルタリングのレンジが決定される。一般に，フィルタリング処理により，およそ0.25～7Hz程度の周波数帯域が利用されることが多い。一般には，一定時間における加速度の絶対値の積分値を用いる方法が一般的である。

これまでは，主に腰や胸の体幹部に装着することで身体のおおまかな動きをとらえることを主眼としていた。しかし，それでは，睡眠時や着替え，入浴・水中運動などにより装着ができない時間がある。そのため，最近は，手首に装着する試みが数多くなされている。米国NHANESでも，2003～2006年では腰への装着だったのに対し，2011～2014年では手首への装着となっている。それは，装着時間を長くするとともに，睡眠の評価を可能にするためでもあった。その結果，腰に装着した2003～2006年のNHANESでは，10時間以上の装着を6日以上できたのが性・年齢階級によって40～70%だったのに対し，腕に装着した2011～2012年は，70～80%で6日以上のデータがとれており，装着時間の中央値は21～22時間と，劇的に長くなった[17)]。

ただし，自転車をこいでいる時，重い物を持ってじっと立っている場合，階段・坂道を昇り降りする場合など，加速度の大きさが，必ずしもエネルギー消費量と対応しないことがある。そのため，活動量計の種類によって推定の方法，ひいては推定精度に大きな違いがある。また，ほとんどの活動量計は，1日のエネルギー消費量を過小評価する傾向にある。研究用および一般消費者向けの12の活動量計について，二重標識水法を用いて測定された日常生活におけるTEEと比較したところ，全ての活動量計の平均値がDLW法の平均値を下回った（図6）[18)]。また，活動量計によるTEEの推定値のバラツキは非常に大きく，500kcal/日程度の違いを覚悟しなければならない。歩・走行とそれ以外の活動とでエネルギー消費量との関係式が大きく異なり，その点が，先に述べたような機種間差に大きく関与している（図7）[19, 20)]。そのため，使用する際には，どのような活動をどの程度正確にとらえることができるのか確認しておく必要がある。

近年，太ももや手首などに1個～複数個のセンサを装着し，活動の種類の判別を行う活動量計が存在する[14, 15)]。また，腰や手首に従来の加速度センサを装着した上で，仰臥位・座位・立位，（立位での）軽作業，歩・走行，階段・坂道，物を持って運ぶ，運動・スポーツ，自転車活動の種類をなるだけ細かく判別するためのアルゴリズムの開発が進められている[14, 15)]。これまでは単純なカットオフ値に基づく強度区分の判定が主に用いられてきたが，判別分析，decision tree，machine learning（neural network），hidden Markov modelといった様々な手法が利用されている。中でも，Artificial Neural Networkによる報告が最も多い。

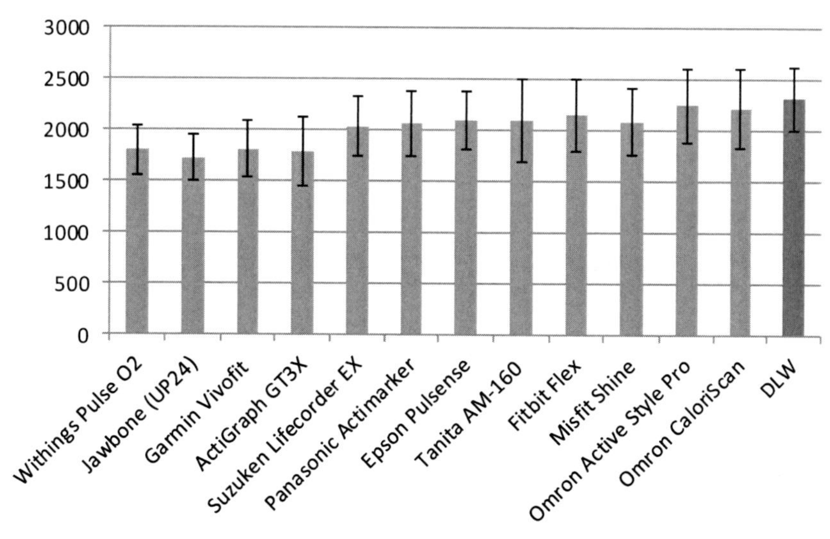

図6　自由生活下で得られた総エネルギー消費量[18)]

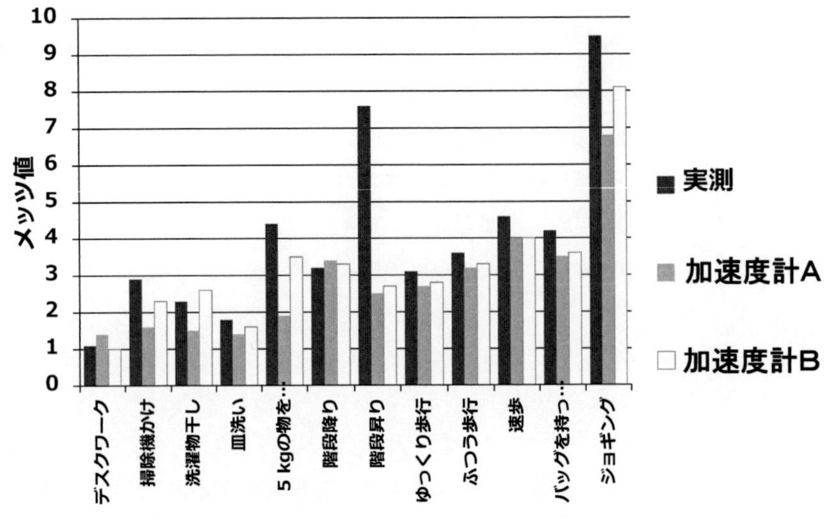

図7　加速度計による様々な活動の推定誤差[19)]

5　座位行動評価の重要性

最近は，中高強度活動や身体活動によるエネルギーとは独立に，座位行動時間が肥満や生活習慣病の発症などと関連するという知見が増えている[21～23)]。また，単に総座位時間だけでなく“breaks in sedentary”も注目されている。break の数や座位の持続時間そのものが，肥満や生活習慣病のリスクファクターであるという報告が増えてきているためである。break の数や持続時間などは活動量計を用いないと得ることができない指標であり，今後のさらなる発展が期待されている。ただし，これらも活動量計によって得られる数値が大きく異なるため，注意が必要である。

6　基礎代謝量や食事誘発性体熱産生を考慮するために

現在の活動量計のほとんどは，褐色脂肪組織の活性に伴う熱産生の亢進や糖尿病患者等における BMR の亢進については対応できない。しかし，心拍数の他，体温や血流などの情報を利用した活動量計も考案されている[15)]。これらの情報をうまく利用できれば，身体活動量以外の生体情報を BMR や DIT 等の熱産生の評価に利用できるかもしれない。

7　おわりに

現状では，TEE の絶対量を正確に知るのは難しく，利用可能な機種間の差も大きい。この状況を改善するには，

①NEAT を中心とした身体活動量の正確な評価
②疾病や食生活などの影響に伴う個人間差を考慮できる BMR や DIT の推定法
が望まれる。

参　　考

1)　W. L. Llubbell *et al.*, *J. Am. Chem. Soc.*, **93**, 314 (1971)

文　　献

1)　厚生労働省，日本人の食事摂取基準（2015 年版）（日本人の食事摂取基準策定検討会報告書）(2014)

2)　田中茂穂，人の基礎代謝量．実験医学．（増刊 肥満・糖尿病の病態を解明するエネルギー代謝の最前線），**27**, 1058–1062 (2009)

3)　R. Miyake *et al.*, Validity of predictive equations for basal metabolic rate in Japanese adults, *J. Nutr. Sci. Vitaminol.* (Tokyo), **57**: 224–232 (2011)

4)　A. A. Ganpule *et al.*, Interindividual variability in sleeping metabolic rate in Japanese subjects, *Eur. J. Clin. Nutr.*, **61**, 1256–1261 (2007)

5)　R. Miyake *et al.*, Obese Japanese adults with type 2 diabetes have higher basal metabolic rates than non-diabetic adults, *J. Nutr. Sci. Vitaminol.* (Tokyo), **57**, 348–354 (2011)

6)　K. R. Westerterp, Diet induced thermogenesis, *Nutr. Metab.* (Lond), **1**, 5 (2004)

7)　M. Saito *et al.*, Activation and recruitment of brown adipose tissue by cold exposure and food ingredients in humans, *Best Pract. Res. Clin. Endocrinol. Metab.*, **30**, 537–547 (2016)

8)　T. Yoneshiro *et al.*, Brown adipose tissue is involved in the seasonal variation of cold-induced thermogenesis in humans, *Am. J. Physiol. Regul. Integr. Comp. Physiol.*, ajpregu. 00057. 2015 (2016)

9)　M. Hibi *et al.*, Brown adipose tissue is involved in diet-induced thermogenesis and whole-body fat utilization in healthy humans, *Int. J. Obes.* (Lond), **40**, 1655–1661 (2016)

10)　C. J. Caspersen *et al.*, Physical activity, exercise, and physical fitness: definitions and distinctions for health-related research, *Public Health Rep.*, **100**, 126–131 (1985)

11)　J.A. Levine, Nonexercise activity thermogenesis--liberating the life-force, *J. Intern. Med.*, **262**, 273–287 (2007)

12)　K. R. Westerterp, Assessment of physical activity: a critical appraisal, *Eur. J. Appl. Physiol.*, **105**, 823–828 (2009)

13)　K. R. Westerterp, Physical activity and physical activity induced energy expenditure in humans: measurement, determinants, and effects, *Front. Physiol.*, **4**, 90, (2013)

14) A. G. Bonomi *et al.*, Advances in physical activity monitoring and lifestyle interventions in obesity: a review, *Int. J. Obes.* (Lond), **36**, 167–177 (2012)
15) K. Y. Chen *et al.*, Redefining the roles of sensors in objective physical activity monitoring, *Med. Sci. Sports Exerc.*, **44**, S13–S23 (2012)
16) K. Y. Chen *et al.*, The technology of accelerometry-based activity monitors: current and future, *Med. Sci. Sports Exerc.*, **37**, S490–S500 (2005)
17) P. S. Freedson *et al.*, Comment on "estimating activity and sedentary behavior from an accelerometer on the hip and wrist", *Med. Sci. Sports Exerc.*, **45**, 962–963 (2013)
18) H. Murakami *et al.*, Accuracy of wearable devices for estimating total energy expenditure: comparison with metabolic chamber and doubly labeled water method, *JAMA Intern. Med.*, **176**, 702–703 (2016)
19) Y. Hikihara *et al.*, Validation and comparison of three accelerometers for measuring physical activity intensity during nonlocomotive activities and locomotive movements, *J. Phys. Act. Health*, **9**, 935–943 (2012)
20) K. Ohkawara *et al.*, How much locomotive activity is needed for an active physical activity level: analysis of total step counts, *BMC Res. Notes*, **4**, 512 (2011)
21) D. W. Dunstan *et al.*, Too much sitting--a health hazard, *Diabetes Res. Clin. Pract.*, **97**, 368–376 (2012)
22) B. B. Gibbs *et al.*, Definition, measurement, and health risks associated with sedentary behavior, *Med. Sci. Sports Exerc.*, **47**, 1295–1300 (2015)
23) M. S. Tremblay *et al.* ; SBRN Terminology Consensus Project Participants. Sedentary Behavior Research Network (SBRN)-Terminology Consensus Project process and outcome, *Int. J. Behav. Nutr. Phys. Act.*, **14**, 75 (2017)

第Ⅲ編

代謝機能を利用したバイオ計測・疾病診断・薬物代謝評価・脳イメージング研究

第 17 章　腸内細菌叢由来代謝物質とエネルギー代謝

五十嵐美樹[*1]，須藤明日香[*2]，木村郁夫[*3]

1　はじめに

私たちの腸管には，100 種以上，100 兆個以上もの細菌で構成される腸内細菌叢と呼ばれる細菌の集団が棲息している。そして腸内細菌は私たち宿主にとってさまざまな利益をもたらす共生関係にある。古くから知られている腸内細菌の役割としては，難消化性の食物繊維の分解・発酵や腸管免疫への関与がある。それに加えて，近年に著しく進展した腸内細菌の研究によって，腸内細菌叢が宿主の代謝制御や脳機能のような全身性機能とも深く関係していることが証明されてきた。健康な成人の場合には腸内細菌叢は比較的安定しているが，食生活や加齢，疾患や投薬によって腸内細菌叢の構成が大きく変化することで，宿主である我々の生理機能に影響を与え結果として肥満や糖尿病の発症につながることがわかってきている。このように腸内細菌が宿主の免疫から代謝制御にまで影響を与える仕組みの一つとしては，腸内細菌が生成する代謝産物によるところが大きい。主な腸内細菌の代謝物としては，胆汁中の一次胆汁酸を代謝してできる二次胆汁酸，難消化性多糖を発酵することでできる短鎖脂肪酸（酢酸，プロピオン酸，酪酸），長鎖脂肪酸から生合成される共役脂肪酸や水酸化脂肪酸などがある。近年我が国でも問題となっている肥満を基盤とする生活習慣病の予防や治療または予測といった観点から，腸内細菌叢とその代謝産物への関心は非常に高い。本稿では，腸内細菌の代謝産物に焦点をあてて，宿主のエネルギー代謝恒常性維持および抗肥満との関連性を述べる。

2　短鎖脂肪酸

食物繊維に代表される難消化性多糖は，腸管上部で消化酵素による消化を受けずに大腸へ到達すると，腸内細菌に発酵される。その主要な代謝産物が，酢酸（C2），プロピオン酸（C3），酪酸（C4）などの短鎖脂肪酸であり，これらの短鎖脂肪酸は吸収されて宿主の重要なエネルギー源となる。さらに，これらの短鎖脂肪酸が生体の生理機能を調節するシグナル分子として宿主のエネルギー恒常性維持に重要な役割を担っていることが明らかとなってきた。事実として，難消

＊1　Miki Igarashi　東京農工大学大学院　農学研究院　応用生命化学専攻　特任講師
＊2　Asuka Suto　東京農工大学大学院　農学研究院　応用生命化学専攻
＊3　Ikuo Kimura　東京農工大学大学院　農学研究院　応用生命化学専攻
テニュアトラック准教授

化性多糖の摂取によって短鎖脂肪酸の産生が増加すると，体重増加抑制，糖代謝改善，インスリン感受性の亢進などが起こることが報告されている（図1）。

腸内細菌由来の短鎖脂肪酸は，宿主側の受容体を介して宿主に影響を与える。リガンドフィッシング法により，Gタンパク質共役型受容体（G-protein coupled receptor; GPCR）であるGPR41およびGPR43が炭素数2から6の短鎖脂肪酸によって活性化されることが報告された[1)]。これらの受容体の短鎖脂肪酸に対するEC50は数十μMであることから，生理的条件下においても十分に活性化されることがわかる。これらの受容体は様々な組織に発現しており，短鎖脂肪酸が生成される腸管だけでなく，体内に吸収された後に全身の様々な組織においても作用していると考えられる。

GPR41はGi/o共役型のGPCRであり，主に腸管，脂肪組織および交感神経節に発現しており，プロピオン酸や酪酸と強い親和性を示す。腸管では，特に内分泌細胞に高発現しており，活性化されると食欲抑制ホルモンPYYの分泌を促進する[2)]。したがって，有菌マウスの血中PYYの濃度は無菌マウスに比べて有意に高く，またGPR41欠損マウスの血中PYY濃度は低い[2)]。膵臓β細胞膜上に発現しているGPR41は，インスリンの分泌を調節する[3, 4)]。脂肪組織に発現するGPR41では，食欲と代謝に関係するアディポカインであるレプチンの分泌を促進する[5, 6)]。また，交感神経節に高発現しているGPR41は，ノルアドレナリン分泌を介した交感神経系制御とそれに関連したエネルギー調節に関与している[7, 8)]。また，迷走神経系を介して腸管の糖代謝制御を介した代謝改善効果を誘導することも報告されている[9)]。

GPR43はGi/oおよびGq共役型のGPCRであり，腸管，脂肪組織および免疫系組織に高く発現している。GPR43は，GPR41と同様に腸管の内分泌細胞に特に発現が高く，酢酸やプロピオン酸と強い親和性を示す。GPR43が短鎖脂肪酸によって活性化されると，インクレチンである

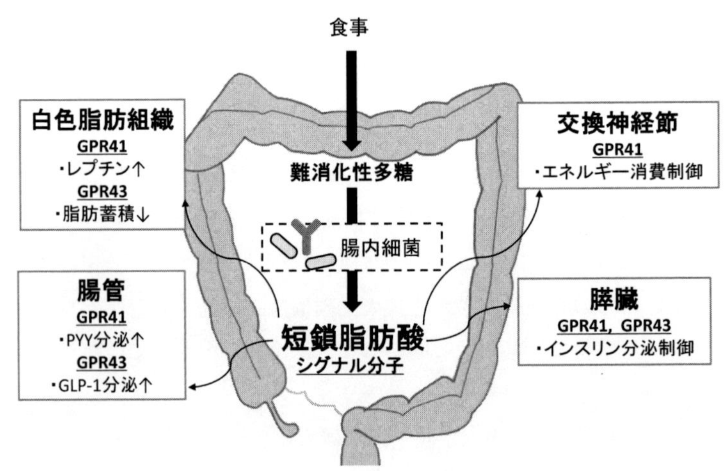

図1　短鎖脂肪酸と宿主エネルギー代謝制御
腸内細菌叢によって生合成された短鎖脂肪酸は，様々な組織に発現するGPR41とGPR43を介して宿主のエネルギー代謝を制御する。

グルカゴン様ペプチド-1（GLP-1）が分泌される[10]。GPR43 欠損マウスでは，短鎖脂肪酸刺激による GLP-1 分泌促進は見られず，インスリン分泌の低下とインスリン抵抗性を示す[10]。脂肪細胞の GPR43 は，脂肪細胞内のインスリンシグナルを制御している。短鎖脂肪酸が GPR43 に作用すると，糖や脂肪酸などの過剰なエネルギーの取り込みが抑制され脂肪細胞の肥大化が抑えられることで，結果として肥満が抑制される[11]。さらに，短鎖脂肪酸が免疫系組織の GPR43 を活性化するとの報告もあり，これは短鎖脂肪酸が免疫系を介して代謝恒常性維持に寄与することを示唆する[12, 13]。

GPR41 と GPR43 の他にも短鎖脂肪酸で活性化される GPCRs として Olfr78 や GPR109A が報告されている。嗅覚受容体である Olfr78 は，鼻腔だけでなく，腸管，腎臓，血管内皮細胞に発現しており短鎖脂肪酸で活性化されることが知られている。腎臓の Olfr78 が活性化されると，レニン分泌を促進することで血圧調節に関与する[14]。大腸に発現する Olfr78 は，PYY 分泌に関与する可能性が示唆されている[15]。ナイアシンやケトン体だけでなく短鎖脂肪酸をリガンドとすると報告された GPR109A は，大腸炎・大腸癌あるいは乳癌の抑制に関与する[16, 17]。これらの受容体を介した短鎖脂肪酸の機能性については情報が乏しく，さらなる研究の進展が望まれる。

ヒトにおいても，エネルギー代謝における短鎖脂肪酸とその受容体の重要性がすでに報告されている。肥満患者に短鎖脂肪酸の一つであるプロピオン酸を投与すると PYY と GLP-1 の分泌促進と体重や脂肪重量の抑制が観察された[18]。したがって，腸内細菌叢の産生する短鎖脂肪酸は，宿主の持つ受容体を介して生体のエネルギー恒常性維持に関与しており，肥満や糖尿病などのエネルギー代謝疾患の創薬ターゲットとなる可能性がある。

3　胆汁酸

肝臓においてコレステロールから合成される一次胆汁酸（ヒトでは主にコール酸とケノデオキシコール酸から成る）は，タウリンまたはグリシンがアミド結合した抱合型胆汁酸として胆嚢に貯蔵されている。食事を摂取すると胆嚢から胆管を通じて十二指腸に胆汁酸を含む胆汁が分泌される。分泌された胆汁酸の大半は腸管下部のトランスポーターを介して吸収され，門脈を経て肝臓に戻る（腸管循環）。しかし，抱合型胆汁酸は界面活性作用が大きく，また腸管上部では胆汁酸のトランスポーターの発現が低いため一部が拡散吸収される程度である。腸管下部に到達した抱合型胆汁酸は，ある種の腸内細菌が持つ bile salt hydrolase（BSH）によって脱抱合され，さらに脱水酸化などの代謝を受けて二次胆汁酸と呼ばれるデオキシコール酸とリトコール酸となる（図 2）。回腸下部に至るまでに胆汁酸の約 95％は再吸収される。このとき，腸内細菌が生成した二次胆汁酸も生体内に取り込まれ，また肝臓で抱合化されるため，抱合化された二次胆汁酸も胆汁中に含まれることとなる。したがって，腸内細菌の構成が変化することで，胆汁酸プール，一次・二次胆汁酸の割合，さらには遊離・抱合型の割合などに影響する。一方で胆汁酸の構成が変化すると，その界面活性作用から腸内細菌の構成に影響を及ぼす。つまり，腸内細菌と胆汁酸

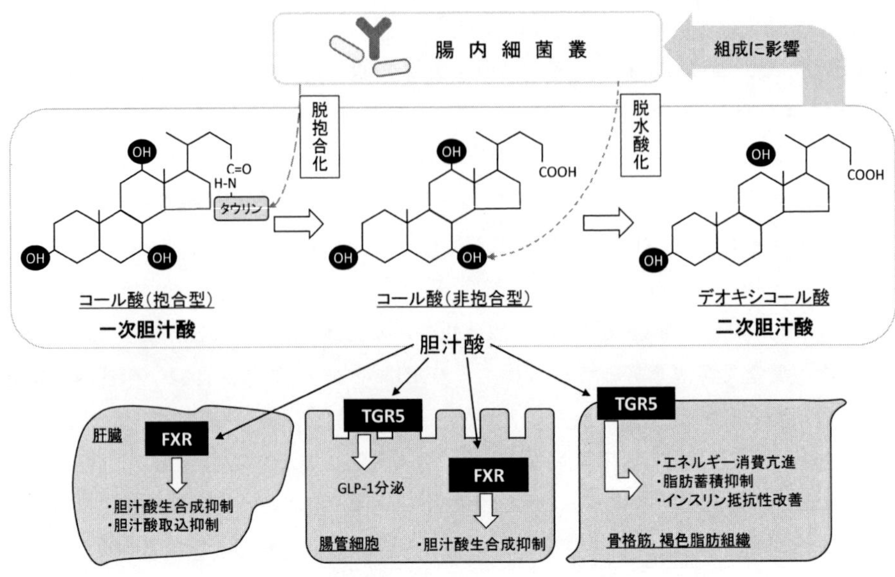

図２　胆汁酸の生合成と宿主エネルギー代謝制御
肝臓で合成された一次胆汁酸は，抱合型として食事に伴い十二指腸に分泌される。抱合型一次胆汁酸は，腸管下部で腸内細菌によって脱抱合・代謝を受けて二次胆汁酸となる。胆汁酸は生体内で farnesoid X receptor（FXR）や G 蛋白共役型受容体 TGR5 のリガンドとなることで，糖代謝や脂質代謝を制御する。

は相互作用しながら宿主の生理機能に寄与しているということである。

胆汁酸の構成の変化は，様々な生理機能に影響し，疾病の原因となることが知られている。これは，胆汁酸が核内受容体である farnesoid X receptor（FXR）や GPCRs の一つである TGR5 のリガンドとなり活性化することで，糖代謝や脂質代謝などの制御に関与するためである。それぞれの受容体は，胆汁酸の構成によって活性化あるいは不活性化が複雑に制御されている。

TGR5 は，Gs 共役型の GPCR の一つである。多くの組織で発現が認められるが，特に腸管での発現が高い。腸管下部に存在する消化管内分泌 L 細胞に発現する TGR5 が胆汁酸によって活性化されることで，インクレチンである GLP-1 が分泌されて宿主の糖代謝制御に関与することが報告されている[19]。また，腸内細菌によって生成された二次胆汁酸であるデオキシコール酸やリトコール酸が TGR5 を強く活性化することが知られている。食事中タンパクの質の変化が高脂肪食による体重や血漿中性脂肪の増加を抑制するが，それには細菌叢の構成が変化することによる二次胆汁酸の増加を伴っており，この抗肥満効果には TGR5 の活性化を介して血漿 GLP-1 の増加が関与していることが予想される[20]。

FXR は当初 farnesol やその代謝物によって活性化されることが報告された，リガンド依存性の転写因子である。その後，生理的濃度の胆汁酸によって活性化あるいは非活性化することが報告され，現在では胆汁酸の受容体としての役割は確固たるものとされている[21]。肝臓や腸管に高く発現しており，組織によってその機能が異なるもののエネルギー代謝の重要な調節因子である。食事成分の影響で腸内細菌 *Lactobacillus* 属と BSH 活性の減少が誘導されると，FXR のアゴニストとなる胆汁酸（抱合体）の腸管内量が増加することで抗肥満効果を誘導することが報告されている[22)]。

以上のように胆汁酸は，宿主の様々な代謝調節に寄与している。今後は腸内細菌叢と胆汁酸代謝の関連に着目した新たな肥満やメタボリックシンドロームの予防･治療の確立が期待される。

4　共役脂肪酸とその代謝物

リノール酸は，主要なエネルギー源であると同時に，我々が生体内で生合成できないため食事から摂取しなくてはいけない必須脂肪酸の一つである。リノール酸が生体内で鎖長・不飽和化を受けるとアラキドン酸となり，アラキドン酸から生合成されるプロスタグランジンやトロンボキサンは脂質メディエーターとして重要な役割を担っている。したがって，リノール酸が欠乏した場合には皮膚疾患などが，一方過剰な摂取では炎症などが誘導される。食事から摂取されたリノール酸は多くが腸管上部で吸収されるが，腸管下部に到達したリノール酸は腸内細菌によって代謝されることが知られている。近年の研究で，それらの代謝産物が宿主にとって有益であることが明らかとなってきた。ある種の腸内細菌は，リノール酸から生理活性をもつ共役リノール酸（10-*trans*-12-*cis*-octadecadienoic acid）を生成する（図 3）。共役リノール酸は食品中にも存在しているため（主に 9-*cis*-11-*trans*-octadecadienoic acid）食事からも摂取されるわけであるが，摂取された共役リノール酸自体も腸内細菌によって代謝される。これらリノール酸や共役リノール酸が代謝される過程で生成される水酸化脂肪酸やオキソ脂肪酸についても，宿主に対して有用な効果をもつことが徐々に明らかとなってきている[23)]。

共役リノール酸は，当初焦がした肉中に存在する抗がん作用物質として同定された。その後の研究で，抗肥満作用，抗動脈硬化作用などさまざまな生理活性が報告された脂肪酸である[24~26)]。当初は，反芻動物の腸内細菌（*Butyrivibriofibrisolvens*）によってリノール酸から生合成されると報告され，乳・乳製品あるいは牛肉中に含まれることが確認されたが，後にヒトの腸内細菌の中にも共役リノール酸を生合成する菌が存在することが明らかとなった[23)]。食事由来の共役リノール酸と同様に，腸内細菌で生合成される共役リノール酸も宿主の生理作用に影響を与えると考えられる。

さらに，リノール酸や共役リノール酸を代謝する過程で生合成される，いわば中間体である水酸化脂肪酸の生理活性も示唆されており，特に 10-hydroxy-*cis*-12-octadecenoic acid（HYA）の研究が進んでいる。HYA は，腸管上皮バリア機能の一つであるタイトジャンクションを制御することが知られており，そのメカニズムとしては長鎖脂肪酸の受容体である GPR40 を介した MAPK 経路の活性化や TNF 受容体発現の制御が報告されている[27)]。また，アトピー性皮膚炎の改善効果や腸管免疫への影響などが動物実験で確認されている[28)]。さらに，腸内細菌は HYA を

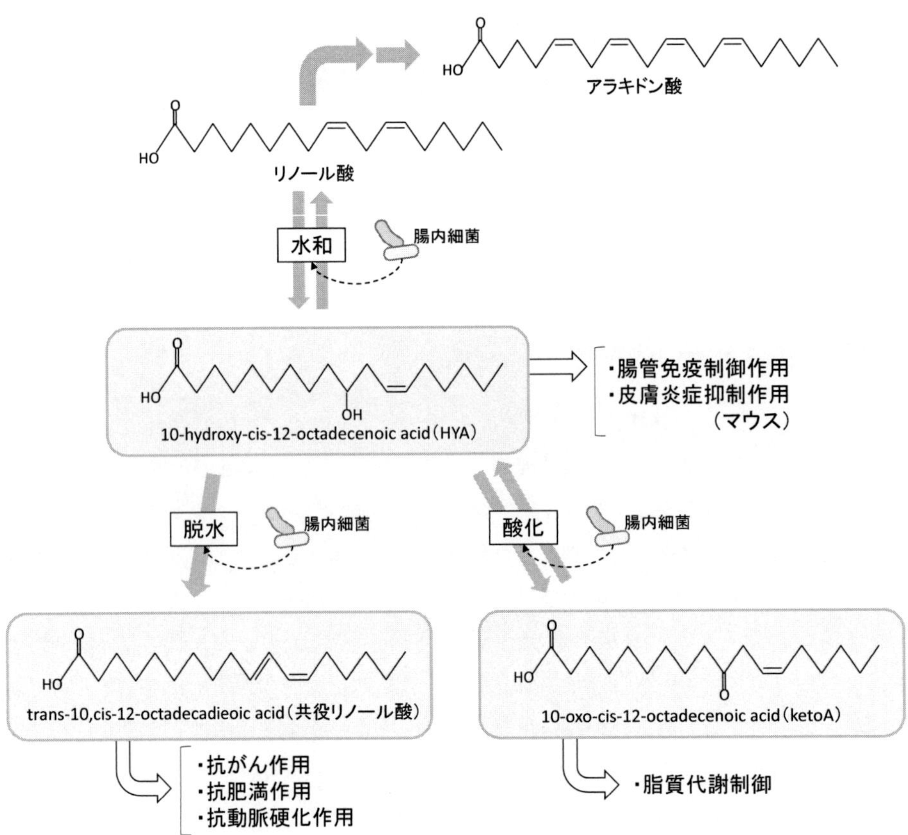

図３　腸内細菌によるリノール酸の代謝産物とそれらの宿主への影響
腸内細菌は，リノール酸を代謝することで共役リノール酸，水酸化脂肪酸，オキソ脂肪酸を生成し，それらの代謝産物は宿主に対して有用な効果をもつ。

共役リノール酸にする一方でオキソ脂肪酸である 10-oxo-*cis*-12-octadecenoic acid（KetoA）へ代謝する。KetoA は核内受容体であるペルオキシソーム増殖因子活性化受容体 γ（PPAR γ）を介して宿主のエネルギー代謝に関与する可能性や，カプサイシン受容体である TRPV1 を介して白色脂肪組織のベージュ化による抗肥満作用を誘導することが報告されている[29, 30]。また，共役リノール酸（9-*cis*-11-*trans*-octadecadienoic acid）や KetoA から腸内細菌で代謝されて生成する 10-oxo-*trans*-11-ocatadecenoic acid（KetoC）には Nrf2 活性を介した抗酸化作用なども見出されている[31]。以上のように，共役脂肪酸のみならず，その中間体である水酸化脂肪酸やオキソ脂肪酸においても有効な機能が確認されている。腸内細菌による不飽和脂肪酸の飽和化反応は，はリノール酸に限らず，オレイン酸，α-リノレン酸，γ-リノレン酸，アラキドン酸やエイコサペンタエン酸などでも起こる可能性のあることが分かってきた。これら不飽和脂肪酸から腸内細菌によって生合成される代謝物の生体調節作用については未だ研究の余地があるが，リノール酸の代謝物と同様に宿主の恒常性維持への重要な役割が期待されている。

食事由来の長鎖の脂肪酸やその腸内細菌代謝物が宿主において生体調節作用を発揮するうえで重要なのは，それらをリガンドとする核内や細胞膜上に存在する受容体である。先述したいくつかのレセプターに加えて，他の GPCRs との関連性についても研究が進んでいる。長鎖脂肪酸をリガンドとする GPCRs は，GPR40 と GPR120 である[3]。いずれの受容体も飽和と不飽和脂肪酸の両方で活性化され，その親和性は類似している。しかし，アミノ酸相同性はわずか 10％程度であることと，主な発現組織が異なることから GPR120 と GPR40 とは異なる生体調節作用に寄与していると考えられている。GPR40 は，膵 β 細胞に高く発現していることが知られ，グルコース誘導性インスリン分泌に関与することが知られている。また，腸管の L 細胞や K 細胞にも発現が確認されており，GLP-1 や GIP などのインクレチン分泌を介してインスリン分泌を制御していると考えられる。GPR120 は，腸管下部や脂肪組織に高く発現している。腸管の L 細胞に発現する GPR120 が活性化されると GLP-1 分泌を誘導する。マウスおよびヒトでも，白色脂肪組織の GPR120 の機能不全が脂肪細胞の分化と脂肪酸合成の減少を引き起こし，肝臓での脂質合成と吸収の亢進が誘導され，結果として耐糖能低下や脂肪肝を引き起こすことも示されている[32]。また，GPR120 は DHA や EPA などの n-3 系の多価不飽和脂肪酸の受容体として報告されており，それらの脂肪酸の抗炎症作用やインスリン感受性亢進作用に寄与している[33]。これら長鎖脂肪酸の受容体について詳細な生理機能の解明を行うことで，免疫系疾患や代謝異常疾患などの創薬標的になりうる可能性がある。

5　おわりに

ヒトと腸内細菌は，密接な共生関係を築いている。腸内細菌のいわば古典的な機能に加え，腸内細菌代謝産物が各種受容体を介して宿主の代謝恒常性維持に貢献していることは大変興味深い。肥満や生活習慣病の予防や治療のために，我々宿主がエネルギーバランスの取れた食事を摂取するのは必須であるが，それに加えて腸内細菌に影響を与え，その代謝産物を有効に利用するための適切な食事バランスも大切である。腸内細菌の質と量をよりよく調節する食事や薬物療法を確立することは，現代の健康問題を解決する重要な切り札になると期待される。

文　献

1)　A. J. Brown *et al.*, *J. Biol. Chem.*, **278**, 11312 (2003)
2)　B. S. Samuel *et al.*, *Proc. Natl. Acad. Sci. U S A*, **105**, 16767 (2008)
3)　J. Miyamoto *et al.*, *Int J Mol Sci*, **17**, 450 (2016)
4)　A.Veprik *et al.*, *FASEB J.*, **30**, 3860 (2016)

5） M. S. Zaibi *et al., FEBS Lett.*, **584**, 2381 (2010)
6） Y. Xiong *et al., Proc. Natl. Acad. Sci. U S A*, **101**, 1045 (2004)
7） I. Kimura *et al., Proc. Natl. Acad. Sci. U S A*, **108**, 8030 (2011)
8） D. Inoue *et al., FEBS Lett.*, **586**, 1547 (2012)
9） F. De Vadder *et al., Cell*, **156**, 84 (2014)
10） G. Tolhurst *et al., Diabetes*, **61**, 364 (2012)
11） I. Kimura *et al., Nat. Commun.*, **4**, 1829 (2013)
12） K. M. Maslowski *et al., Nature*, **461**, 1282 (2009)
13） C. Sina *et al., J. Immunol.*, **183**, 7514 (2009)
14） J. L. Pluznick *et al., Proc. Natl. Acad. Sci. U S A*, **110**, 4410 (2013)
15） J. Fleischer *et al., Cell Tissue Res.*, **361**, 697 (2015)
16） S. Elangovan *et al., Cancer Res.*, **74**, 1166 (2014)
17） N. Singh *et al., Immunity*, **40**, 128 (2014)
18） E. S. Chambers *et al., Gut*, **64**, 1744 (2015)
19） C. Thomas *et al., Cell Metab.*, **10**, 167 (2009)
20） A. Nakatani *et al., Biochem. Biophys. Res. Commun.*, **501**, 955 (2018)
21） M. Makishima *et al., Science*, **284**, 1362 (1999)
22） F. Li *et al., Nat. Commun.*, **4**, 2384 (2013)
23） S. Kishino *et al., Proc. Natl. Acad. Sci. U S A*, **110**, 17808 (2013)
24） M. W. Pariza *et al., Toxicol. Sci.*, **52**, 107 (1999)
25） L. D. Whigham *et al., Pharmacol. Res.*, **42**, 503 (2000)
26） K. N. Lee *et al., Atherosclerosis*, **108**, 19 (1994)
27） J. Miyamoto *et al., J. Biol. Chem.*, **290**, 2902 (2015)
28） H. Kaikiri *et al., Int. J. Food Sci. Nutr.*, **68**, 941 (2017)
29） M. Kim *et al., FASEB J.*, **31**, 5036 (2017)
30） T. Goto *et al., Biochem. Biophys. Res. Commun.*, **459**, 597 (2015)
31） H. Furumoto *et al., Toxicol. Appl. Pharmacol.*, **296**, 1 (2016)
32） A. Ichimura *et al., Nature*, **483**, 350 (2012)
33） D. Y. Oh *et al., Cell*, **142**, 687 (2010)

第18章　ミトコンドリア機能評価

竹森　洋*1，熊谷彩子*2，
牧村有紀美*3，森田(平田)洋子*4

1　はじめに

ミトコンドリアは殆どの細胞でATP産生の主要器官として機能しており，その調節破綻は細胞死に至る様々な異常を介して臓器不全に繋がると考えられている。一方，ミトコンドリアでのATP産生は，クエン酸回路（TCAサイクル）での有機酸代謝に連動した酸化還元反応と，それに伴う電子伝達を介した酸素消費で成立している。この反応を酸化的リン酸化（OXPHOS）と呼ぶ。細胞は酸素が十分に利用できない状態ではミトコンドリア機能の低下に伴い，ATP産生を解糖系へシフトさせる。例えば，発生の初期段階は血管形成が不十分なため，多くの細胞のATP産生は解糖系を主な起源とする。また，癌細胞も解糖系への異存度が高い細胞は血管が存在しない場所にも転移できることから，解糖系依存度と高転移能が相関する。一方，高分化細胞はミトコンドリアへの依存度が高くなるとされている。このように，細胞種やその分化段階ごとにミトコンドリアと解糖系の利用度は異なるが，細胞ごとの生理機能に即したミトコンドリア機能の定量評価は必ずしも容易ではない。

多量のATPを必要とする細胞活動の例として，物質輸送に関わるポンプ機能が挙げられる。特に神経細胞ではシナプス間の情報伝達が脱分極・過分極と呼ばれる細胞膜内外のNa^+とK^+イオンの移動により行われるが，静止膜電位と呼ばれる元のイオンの状態に戻す際に，Na^+/K^+-ATPase（ポンプ）がATPの加水分解に依存するエネルギーを利用している[1)]。このNa^+/K^+-ATPaseは様々な細胞で機能しているが，神経細胞においては細胞内のATP消費の7割近くに寄与するとも提唱されており，本ポンプ機能の不全は神経細胞死に直結する。このことは，神経活動が盛んであればあるほどATP産生のミトコンドリアへの依存度が増すことを意味し，神経活動とミトコンドリア機能量との相関が示唆される。その他，免疫細胞では炎症促進と坑炎症に関与する免疫細胞間で，ミトコンドリア依存度が異なることも報告されている[2)]。

本項では，細胞外フラックスアナライザーと呼ばれるミトコンドリアで消費される酸素を測定する機器の従来の利用方法及び新たな活用法を，電子伝達系を修飾する化合物の特徴，脂質代謝

＊1　Hiroshi Takemori　岐阜大学　工学部　化学・生命工学科　教授
＊2　Ayako Kumagai　関西大学　化学生命工学部　特任助教
＊3　Yukimi Makimura　岐阜大学　工学部　化学・生命工学科
＊4　Yoko Morita　岐阜大学　工学部　化学・生命工学科　教授

調節因子とその制御におけるミトコンドリ機能評価の活用，虚血・再灌流障害におけるミトコンドリア酸素消費量変化，神経活動に伴うミトコンドリア機能変化と神経細胞毒性の評価について紹介する。

2 細胞外フラックスアナライザーを利用した細胞内エネルギー代謝調節測定

細胞外フラックスアナライザーは細胞の生理機能を維持した状態で，解糖系とミトコンドリアによる酸素消費量をそれぞれ細胞外酸性化速度（ECAR）と酸素消費速度（OCR）でリアルタイムに評価するシステムである。ミトコンドリアの電子伝達系において ATP を産生する時に消費する酸素（O_2）と，解糖系によって乳酸を産生する時に放出されるプロトン（H^+）を，蛍光物質が固定化されたセンサーで測定する。センサーが下降することで細胞膜の直ぐ上面を閉鎖微小空間状態にし，その単位容積中の酸素量の減少を数分間測定することで，細胞内の酸素消費量として計測する。その後，センサーを上昇させ細胞膜上面の空間を解放し攪拌させることで，再度酸素を元の量へと平衡化させ次のステップへと繰り返す（図 1）。この繰り返しによって，リアルタイムにミトコンドリア活性を評価できる。OCR は O_2 消費 pmol/min で表されるが，閉鎖微小空間形成直後の酸素量から数分後の残存酸素量を引き算して単位時間で補正した単位である。しかし，酸素濃度測定に蛍光物質が利用されるが故，OCR として計算される値が培地組成に影響を受ける。そのため，OCR は相対的な単位と考える必要がある。また，ECRA も同様である。OCR は励起：532 nm/ 検出：650 nm で，ECAR は励起：470 nm/ 検出：530 nm であるため，吸光もしくは蛍光の強い化合物等を評価する際は特に注意が必要となる。ECRA に関しては，化合物等の H^+ イオン濃度への影響も考慮する必要がある。後述するが，OCR/ECAR は測定機器

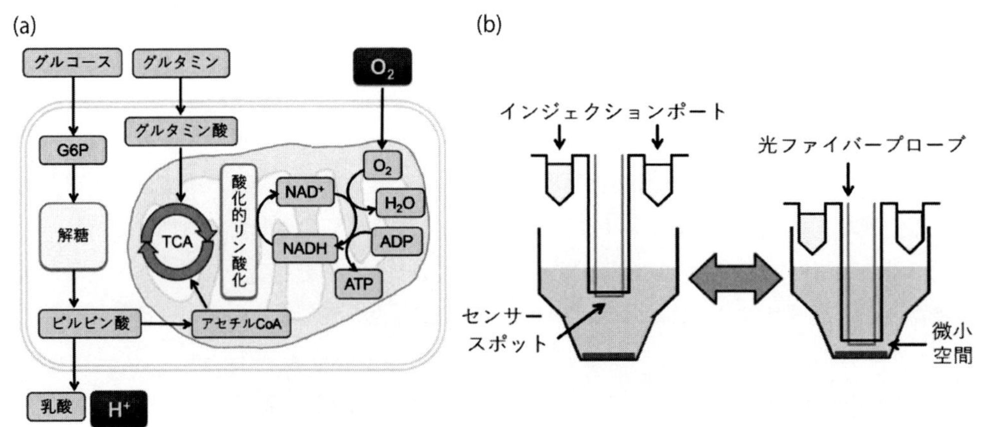

図 1　細胞外フラックスアナライザーの測定原理
(a) ミトコンドリア代謝の概略図。細胞外フラックスアナライザーは赤色で囲われた酸素とプロトンを測定している。(b) センサーカートリッジの断面図。（Agilent 社の図を改変）

が自動で算出するが，OCRは酸素分圧が20～80mmHg辺りの場合は蛍光強度が相関しない可能性があり，細胞密度が高く多量の酸素を消費する条件では正確な値が求められない。

ミトコンドリアの潜在的最大酸素消費量を予測する方法としてはミトストレステストが定着している。これは，電子伝達系に関与する因子の阻害剤を利用して測定する試験で，原理を図2に示す。ミトコンドリアでのATP合成には，クエン酸回路で還元体として合成されるNADHや$FADH_2$が酸化させる際に，ミトコンドリアの外膜-内膜間に蓄積されるH^+が必要となる。その蓄積したH^+は，複合体Vを介して内部スペースに戻るが，その際のエネルギーがADPからATPの合成に利用される。内部スペースへ戻ったH^+は酸素消費を介してH_2Oへと変換される。すなわち，複合体Vを阻害すれば，H^+が外膜-内膜間に貯留されたままになり酸素消費に利用されない。一般的に複合体V阻害剤にはオリゴマイシンが利用される。一方，脱共役剤として分類される化合物は，複合体Vに依存せずH^+を外膜-内膜間から内部スペースへ移動させる活性を有しており，オリゴマイシン存在下でATP合成とは非共役状態でH^+を酸素消費へと連動させる。すなわち，脱共役剤はクエン酸回路の活性を介したH^+の外膜-内膜間貯留能力を評価していることになり，この時のOCRを最大酸素消費量と定義するとされている。この脱共役剤としては，カルボニルシアニド-p-トリフルオロメトキシフェニルヒドラゾン（FCCP）が一般的である。脱共役剤処理時の酸素消費促進が電子伝達経路に由来するか否かは，NADHからH^+の外膜-内膜間への移動に関与する複合体I及びチトクロムCの還元因子として機能する複合体IIIの阻害剤で完全に電子伝達系を止めた状態で検証する。その際に利用される阻害剤はロテノンとアンチマイシンAが一般的である。本方法は，ミトコンドリア機能評価法として広く浸透しているものの，クエン酸回路への基質流入量に大きく影響を受けるため，最大酸素消費量をミトコンドリア機能の量的評価と解釈するには注意が必要である。ピルビン酸優位な培地組成とグルタミン優位な培地組成では最大酸素消費量は大きく異なる。

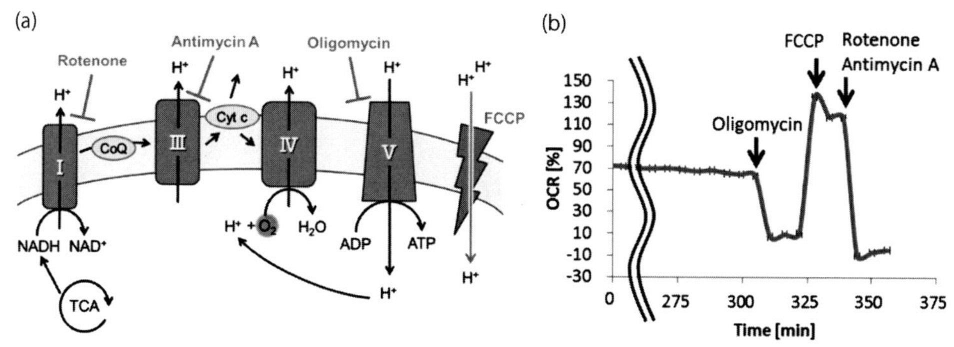

図2　ミトコンドリアの電子伝達系と酸化的リン酸化

(a)ミトコンドリア電子伝達系と酸化的リン酸化の概略図（CoQ：コエンザイムQ，Cyt c：シトクロムC)。(b)ミトコンドリアストレステストの代表的な測定結果。酸素消費量（OCR）を測定開始から一定時間で安定化した値を100%として表したもの。FCCP処理後の値が最大酸素消費量に相当する。

3　コエンザイムQ（CoQ）の酸化還元サイクルと酸素消費量

上述ミトストレステストは，脱共役剤を利用することで間接的にクエン酸回路の活性を評価している。また，電子伝達系に関与する個々の因子もしくはそれらに作用する化合物の評価などは，ミトストレステストを組み合わせて評価することでおおよその作用機序が推測できる。我々は，ワラビ成分のプテロシンBという化合物にCoQを還元状態を維持することで，ミトコンドリアの酸素消費を低下させる作用を見出した[3,4]。先の図2を参考にすると，プテロシンBはCoQが介在する複合体I（及び$FADH_2$依存的な複合体II）から複合体IIIへの電子伝達能を評価するプローブとして利用できることを示唆する。興味深いことに，培地中にピルビン酸を加えない状態では，プテロシンBによる酸素消費量の低下は脱共役剤による最大酸素消費量には影響を与えない（図3）。プテロシンB処理時でも脱共役状態では酸素消費量が無処理の状態に回復することは，CoQの酸化・還元状態とピルビン酸利用度との間に何らかの関係が存在することを示唆する。今後，脱共役状態におけるピルビン酸のクエン酸回路への流入速度の研究にプテロシンBを活用する予定である。

最近の健康ブームでCoQ_{10}のサプリメントが市販されている（なお，CoQ_{10}の10は炭素鎖を意味し生物種で異なる。ヒトや酵母は10でマウスは9である）。プテロシンB はCoQ_{10}のミトコンドリアへの影響を研究する際に役立つと期待される。興味深いことに，プテロシンBを給餌に混入させ摂取させたマウスは血糖値が低下した。一方，プテロシンBには塩誘導性キナーゼ3（SIK3）のシグナル伝達を阻害する活性も有している[3]。SIK3は軟骨細胞の細胞死を促進するため，SIK3阻害活性は軟骨細胞保護に作用することが期待される。事実，膝半月損傷モデル動物の軟骨を保護した。また，ヒトiPS細胞由来の軟骨増殖を促進させる活性も有している[5]。他方，軟骨組織には血管が無いため酸素濃度が低く元々ミトコンドリア利用率が低い。反対に，

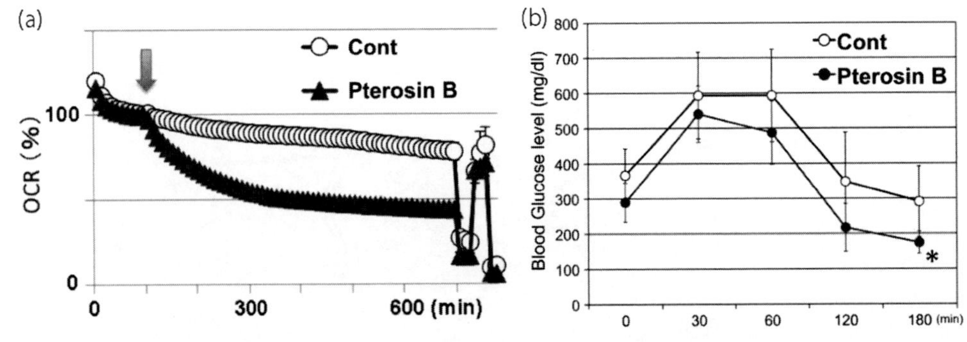

図3　プテロシンBによるミトコンドリア酸素消費の抑制
(a)細胞はマウス肝臓癌細胞AML-12を利用し，培地にはピルビン酸無添加を利用した。最後にミトストレステスト実施した。プテロシンBはミトコンドリア機能を損なうことなく酸素消費を抑制できた。(b)グルコース耐性試験。プテロシンBを摂取したマウス（糖尿病モデルマウスdb/db）の血糖値は低く推移する。

軟骨細胞でミトコンドリア機能が亢進することが細胞死に繋がるとも提案されている。プテロシンBによる軟骨細胞保護がミトコンドリア機能の抑制に由来するかSIK3シグナル伝達阻害によるものか，もしくはその両方が必要かは今後の研究が必要ではある。一方，プテロシンBの軟骨保護作用を利用したサプリメントの開発なども期待される。ちなみに，スギナ茶にはプテロシンZが含まれ，プテロシンZも同様な活性プロファイルを有していることを確認している。

4　ミトコンドリア酸素消費量を指標とした癌細胞のVLDL依存的脂質取り込み評価

癌細胞の一部は中性脂質をエネルギー源として利用して増殖するものが存在する。その際，中性脂質源としては遊離脂肪酸やVLDLコレステロール由来のものが利用される。そして，VLDLコレステロール由来のエネルギー代謝調節は細胞内へのVLDLコレステロールの取り込みが律速の1つとなる。一般的に，VLDLコレステロールの取り込み評価には，蛍光ラベルしたVLDLが利用されるが，実際に取り込まれたものか細胞表面に非特異的に吸着したものかは共焦点顕微鏡を利用した評価でも困難なことが多い。一方，細胞内に取り込まれた中性脂肪はミトコンドアでβ酸化を受けアセチルCoAへと代謝される。生成されたアセチルCoAはNADHの合成を介して優先的に電子伝達系とその後の酸素消費へ繋がる。解糖系から供給されるピルビン酸を介したアセチルCoA生産は，過剰な場合はフィードバック調節により産生が抑制される。しかし，β酸化に依存するアセチルCoA生産はフィードバック調節を有しないことから，VLDLコレステロールの取り込み量はその後のβ酸化を介した酸素消費量の増加に直接的に相関する。その特徴を利用すればVLDLコレステロールの取り込み量を酸素消費量変化で定量評価可能である。

我々は，ヒト乳がん細胞の表面抗原の1種のlipolysis-stimulated lipoprotein receptor（LSR）の研究グループからLSRと脂質代謝に関しての評価系構築を依頼された。そこで，VLDLコレステロールの取り込みと細胞増殖能の相関を試験する系を細胞外フラックスアナライザーにて構築した（図4）。乳がん細胞の培養系にVLDLコレステロールを添加するとミトコンドリアの酸素消費量が増加した。続いて，坑LSR抗体のうち細胞増殖抑制活性を有する抗体をVLDLコレステロールと共に処理すると，VLDLコレステロール依存的酸素消費量の増加が抑制された[6)]。このことは，LSRがVLDLコレステロールの取り込みに関与することと，VLDLコレステロールに由来する中性脂肪のβ酸化が癌細胞の増殖を促進させることを示唆する。

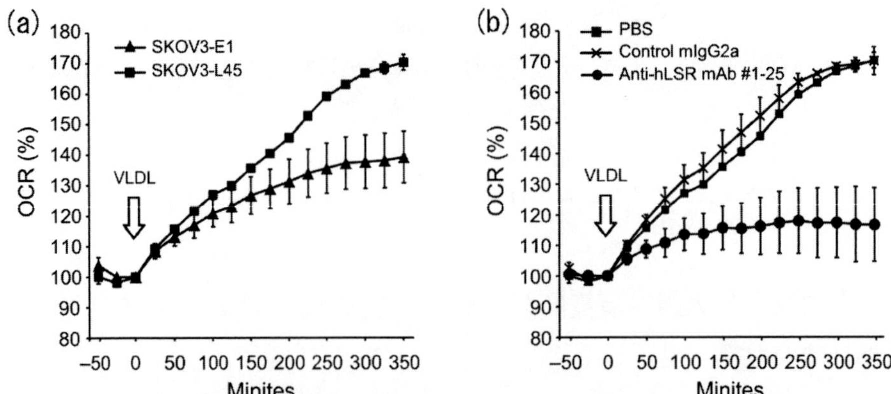

図4　ミトコンドリア酸素消費を活用した，VLDL コレステロールの取り込み評価
(a)LSR 発現乳がん細胞（L45）は LSR 非発現細胞（E1）よりも VLDL コレステロール添加後の酸素消費量（OCR）上昇率が高い。(b)LSR 機能阻害抗体による，VLDL コレステロール依存的酸素消費量増加抑制。

5　虚血（低酸素）・再灌流（再酸素化）時のミトコンドリア酸素消費量変化

虚血のような酸素が少ない状態ではミトコンドリアの酸素消費は低下し，再灌流時には反動による過剰な酸素消費が予想される。虚血（低酸素）・再灌流（再酸素化）のミトコドリア機能の経時的評価系の構築を目指して，細胞外フラックスアナライザーをアクリルボックス内に設置し，100% N_2 ガスのフラッシュで低酸素状態を作成した（図 5）。細胞外フラックスアナライザーは，低酸素状態では正確な OCR の換算ができないため，酸素分圧で評価することにした[7]。奇妙なことに，酸素濃度低下処理時は酸素分圧が 80～20 mmHg 辺りでは，正確に酸素濃度を測定できないという結果になった。一方，酸素分圧が 20 mmHg まで下がると酸素濃度測定が安定し，細胞呼吸に伴う酸素分圧の低下の波（測定原理の項を参考，図 1）が再度出現した。その振幅は酸素分圧が正常な状態にまで戻った。その後に通常の大気と入れ換えた場合は，酸素分圧変化の振幅が 2 倍以上になり，酸素濃度が戻るにつれ振幅は小さくなった。現状で，再酸素化処理後に酸素消費量が増加することは確認できたが，その値がどの程度正確かは今後の課題である。特に低酸素処理中の酸素分圧測定（振幅測定）では細胞呼吸に伴って酸素分圧が上昇する結果となっている。このことは，酸素濃度測定に利用されている蛍光プローブの特性が関与するものと予想される。なお，この虚血（低酸素）・再灌流（再酸素化）の酸素消費測定は，癌細胞では可能であるが初代培養細胞では計測中に細胞死を起こしているようであった。おそらく，酸素分圧を限りなく 0 に近い状態まで落とした結果ではと予想される。

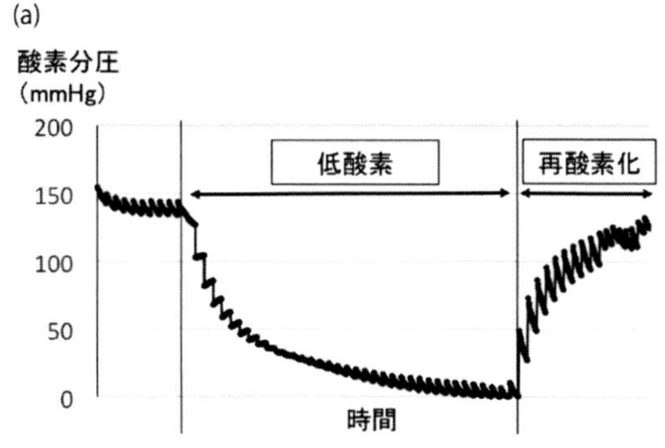

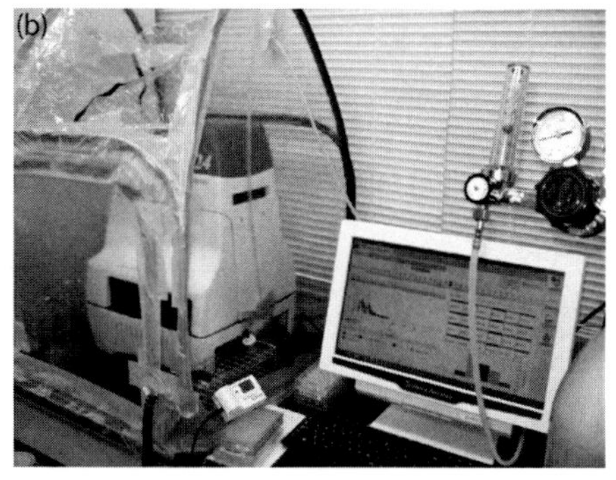

図5　フラックスアナライザーごと低酸素状態にしての酸素消費量測定
(a)酸素分圧そのものを出力した結果。(b)フラックスアナライザーごと低酸素状態にするために，初期のころは簡易のビニールハウスを目張りして利用した。

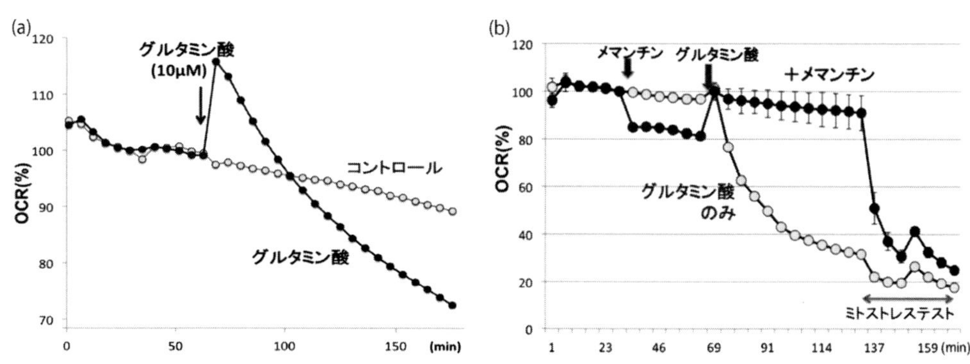

図6　マウス初代神経培養細胞におけるグルタミン酸興奮毒性時の酸素消費量の変化
(a)グルタミン酸処理初期は酸素消費量が亢進するが，その後興奮毒性による徐序に低下する。(b)NMDA受容体阻害作用を有するメマンチによる酸素消費量の低下とグルタミン酸依存的興奮毒性の抑制。

6　初代神経培養細胞の神経伝達とミトコンドリア酸素消費量変化

神経伝達は細胞膜の脱分極と過分極と呼ばれるチャンネルを介したイオンの流入とポンプ機能による静止膜電位へ戻す働きで成り立っている。チャンネル依存的にイオンが流入する際はエネルギー消費を伴わないが，Na^+/K^+-ATPaseによるポンプ機能はATPを消費する。そのため，神経活動が活発な場合は，ATP産生の主要な供給源となるミトコンドリアでの酸素消費が亢進する。今回は，神経伝達物質のグルタミン酸を処理することで，神経細胞のATP要求量に伴った酸素消費量の変化と，興奮毒性によるミトコンドリアのダメージを同時に評価した（図6）。

初代神経細胞にグルタミン酸を添加すると，その直後に酸素消費量の増大が観察された。その後，興奮毒性に伴い酸素消費量は徐々に低下し，無処理（コントロール）よりも低い値となる。この反応は，グルタミン酸受容体として機能するNMDA受容体の阻害剤で最も抑制され，次いでAMPA受容体阻害剤で抑制される。これら阻害剤単独処理では，酸素消費量の低下と細胞内ATP含量を増加させるという一見相反する現象が観察される。しかし，グルタミン酸受容体阻害状態がNa^+/K^+-ATPaseの必要性を低下させATPの消費量が減少したことを考慮すると，それに伴う細胞内ATP濃度の蓄積上昇がミトコンドリアでのATPの新規産生を抑制したと考察できる。一方，これら阻害剤は神経活動を抑制することでグルタミン酸による興奮毒性から神経細胞を保護するものであるが，初代神経培養細胞の集団にはアストロサイトが混入する。そのアストロサイトの混入率が上昇した場合も神経保護に作用した。このアスロサイト依存的神経保護作用は，グルタミン酸トランスポーターであるExcitatory amino acid transporter 2（EAAT2）の阻害で抑制される。アストロサイトがシナプス間の余分なグルタミン酸を除去し，正常な神経伝達を維持していることが酸素消費量変化からも議論することができる。興味深いことに，EAAT2阻害時はグルタミン酸添加に伴う酸素消費量の増加も抑制される。このことは，グルタミン酸依存的な酸素消費量増加は神経細胞側とアストロサイト側の両方のミトコンドリアに由来すると示唆される。今後，神経細胞側とアストロサイト側の酸素消費を分けて評価するための試薬などの開発が必要となる。

このように，ミトコンドリア酸素消費量は細胞の活動に合わせて密接に変化する。そのため，これまで定量評価が難しいかった細胞機能もミトコンドリア酸素消費量変化で定量化が可能となる。一方，それぞれの細胞機能評価には個々で特異な培地組成を開発する必要がある。例えば，β酸化であればミトコンドリアへの脂質輸送を促進させるためにカルニチンを添加する必要があると共に，β酸化の産物のアセチルCoAの受け皿となるオキサロ酢酸が必要となる。β酸化が盛んな時はオキサロ酢酸の供給には，直接のピルビン酸添加ではアセチルCoAの受け皿として機能しないことが現実であり，グルコースからの解糖系を機能させておく必要がある。また，神経の興奮毒性の評価には，ピルビン酸を制限することでミトコンドリア機能に上限を設定しておく必要もある。今後，それそれの細胞機能評価に必要な様々な培地の組成が提案されることを期待する。

文　　献

1） G. R.de Lores Arnaiz *et al., Int. J. Biomed. Sci.*, **10**, 85-102 (2014)
2） C. La Rocca *et al., Metabolism*, **77**, 39-46 (2017)
3） Y. Itoh *et al., J. Biol. Chem.*, **290**, 17879-17893 (2015)
4） Y. Itoh *et al., Biochem. Biophys. Res. Commun.*, **473**, 415-420 (2016)
5） Y. Yahara *et al., Nat. Commun.*, **7**, 10959 (2016)
6） K. Hiramatsu *et al., Cancer Res.*, **78**, 516-527 (2018)
7） T. Momozane *et al., Biochem. Cell Biol.*, in press (2018)

第19章　パーキンソン病におけるカフェイン代謝変化と診断への意義

藤巻基紀[*1]，斉木臣二[*2]，服部信孝[*3]

1　パーキンソン病とその診断

パーキンソン病は2番目に頻度の高い神経変性疾患であり有病率は150人／10万人，60歳以上では100人に1人の割合で発症し，さらなる高齢人口増加が進む本邦では今後患者数の増加が予測されている[1)]。運動症状として手足の震え（振戦），動きの遅さ（無動），体の固まり（固縮），姿勢の保持の障害（姿勢反射障害）を主症状とする。また便秘や嗅覚障害，抑うつ気分，レム睡眠行動異常，起立性低血圧，認知機能障害など多彩な非運動症状が頻繁に見られ，一部の症状は運動症状に先行して出現し（前駆症状とされる）日常生活を障害する。パーキンソン病のほとんどが孤発性であるが，10％程度が遺伝性と言われている。主な原因は中脳黒質のドパミン神経細胞の脱落による，ドパミン産生量低下である。病理所見としてαシヌクレインと呼ばれるタンパク質から構成されるLewy小体が中脳黒質や青班核，迷走神経背側核，内臓自律神経系など全身性に高頻度に出現する特徴を持つ。パーキンソン病対症治療の根幹は，不足したドパミン作用の補充である。ドパミン神経細胞が残存する早期の段階でパーキンソン病を診断することで治療の選択肢が拡大し，また治療抵抗性となりやすい重症化したのちの治療介入を回避することができる。運動症状出現前の時期を前駆症状期と呼び，早期の治療介入の可能性を期待し注目されている。しかしパーキンソン病の診断は運動症状が出現したのちに脳神経内科を受診し，神経診察とドパミン補充療法への効果の確認によってなされる。近年，核医学検査（MIBG心筋シンチグラフィー，脳ドパミントランスポーターシンチグラフィーなど）が進歩し補助診断として有効であるが，機器の特殊性から一定以上の規模をもつ病院のみでしか行うことができず，また患者さんの費用負担も小さくない。これらを解決しうる早期パーキンソン病診断及び治療介入が重要視されており，この点において血液検査は比較的簡便かつ患者さん負担も少ない汎用性の高い検査であると言えるが，現時点ではパーキンソン病を健常者や他疾患との鑑別できる特異的な物質（バイオマーカー）は臨床応用されていない。

＊1　Motoki Fujimaki　順天堂大学　大学院医学研究科　神経学

＊2　Shinji Saiki　順天堂大学　大学院医学研究科　神経学　准教授

＊3　Nobutaka Hattori　順天堂大学　大学院医学研究科　神経学　教授

2 パーキンソン病代謝産物バイオマーカー

我々の体は非常に多くの物質から成り立っており，その主役は10万種以上もあるタンパク質である。タンパク質は核内DNAにコードされた遺伝子からメッセンジャーRNAとトランスファーRNAを介してリボソームで産生される（セントラルドグマ）ほかに，食事や薬剤としても摂取される。タンパク質が酵素として機能し生体内で多くの化学反応を生みだすが，その過程あるいは最終生成物として様々な代謝産物が作られ，その一部は細胞外に放出される。生活環境や運動量，食生活，有する疾患や内服薬はセントラルドグマを含む細胞機能のいずれかのフェーズに影響すると考えられるため，代謝産物のプロファイルは多様に変化することが予想される。本変化に着目し，他のグループ及び我々はパーキンソン病患者における疾患病態を反映するとともに診断指標となるバイオマーカーの探索を進めている。実際，パーキンソン病患者35人と健常な方15人の血液を採取し，質量分析計を用いて血清の代謝産物を網羅的に解析するといくつかの物質群ではっきりとした差を検出することができた[2)]。その多くの候補の中からパーキンソン病の病態を考慮し抽出したものが，筋肉内に多く存在する長鎖アシルカルニチン群である。パーキンソン病はドパミン量の低下から振戦や動作緩慢，歩行障害を呈する疾患であるが，筋肉にも障害が及ぶことが過去に報告されている[3)]。そこで研究対象規模を拡大してパーキンソン病における血清アシルカルニチン群を測定すると，多くの長鎖アシルカルニチンが発症早期から顕著に低下していることを見出すことができた[4)]（表1）。さらにアシルカルニチン（16：0）／脂肪酸（16：0）比が有意に低下していることを発見した[4)]。細胞は通常グルコースをエネルギー源として用いている。しかし特に筋肉ではグルコース以外にも脂肪酸をアシルカルニチンの形でミトコンドリアに取り込み，β酸化という過程を経てエネルギー源として用いる。アシルカルニチ

表1 パーキンソン病患者で多くのアシルカルニチンが有意に低下する

アシルカルニチン	比（パーキンソン病／健常者）	P値
AC(12：0)	0.505	＜0.0001
AC(12：1)	0.546	＜0.0001
AC(12：1)－1	－	－
AC(12：1)－2	－	－
AC(14：0)	0.532	＜0.0001
AC(14：1)	0.662	0.0043
AC(14：2)	0.628	＜0.0001
AC(16：0), Palmitoylcarnitine	0.543	＜0.0001
AC(16：1)	0.582	＜0.0001

AC：アシルカルニチン
(a：b) a：脂肪酸炭素数　b：二重結合数
P値：Wilcoxon test　　文献4より許可を得て改変

ン／脂肪酸比が上昇する傾向を示すことはミトコンドリア内に正常に脂肪酸を取り込むことができないことを示している。パーキンソン病患者さんでは運動症状は軽症である段階でも筋肉にも障害が及んでおり，筋肉でエネルギーを産生する主要な栄養源であるアシルカルニチンを有効利用できない結果であると推測される。ここに適切なドパミン補充治療による運動症状の改善と，運動の励行により筋肉の量や質を改善することができれば，パーキンソン病の病態自身も改善できると期待できる。このようにある疾患により変化する代謝産物を詳細に解析し，その違いを診断バイオマーカーとして利用すること，さらに変化を補うように治療方法を考えることは非常に有効な戦略であることが示された。ここで次に我々が注目した物質がカフェインである。

3　パーキンソン病患者におけるカフェイン代謝産物変化

カフェインはコーヒー，紅茶，緑茶，コーラ，チョコレートなど様々な飲食物から摂取することができる，我々の生活にとても身近な物質である。また偏頭痛の治療薬としても用いられることもある。薬理作用としてアデノシン受容体に拮抗的に作用し中枢神経の刺激効果を生じる[5)]。世界で最も使用されている精神刺激物質と言われている。またカフェイン代謝産物のメチルキサンチン誘導体に共通してホスホジエステラーゼの非選択的な阻害作用を有し，細胞内 cAMP を上昇させる。これにより心筋収縮力の増大，気管平滑筋の弛緩，腎血管拡張による腎血流量増加と尿細管での水分再吸収抑制による利尿効果など多彩な薬理効果を引き起こす。カフェインは摂取後 30 分から 1 時間以内に上部小腸から能動的にほぼ全て吸収され，肝臓のシトクロム P450 の一つ，CYP1A2 によって速やかに代謝される。その半減期は 4 時間から 6 時間とされ，キサンチン誘導体と言われるパラキサンチン，テオフィリン，テオブロミンに代謝される。連続的にメチル化などの修飾を受けて最終的には主に尿酸として尿から排泄される。このようにカフェインは人体に対して多く影響を与える物質であるが，興味深いことにパーキンソン病とカフェインにも深い関連がある。カフェインを多く摂取する人とそうでない人でパーキンソン病の発症に影響があるかどうかを調べた大規模な研究がある。この中で，男性では 150mg/日以上摂取すると有意にパーキンソン病発症のリスクが減少するという結果が示された[6)]。しかし女性ではこの傾向は見られなかった。この男女差が生じた理由については，エストロゲンのカフェイン代謝に対する影響などが議論されているが，はっきりした結論には至っていない。その後カフェインのパーキンソン病発症予防効果は量依存的に増加するが，1 日に 3 カップのコーヒー以上飲んでも効果は上昇しなかったと報告されている[7)]。これらはカフェインのパーキンソン病に対する発症予防効果を示した結果と考えられるが，一方ですでにパーキンソン病を発症している患者さんが，カフェイン 200mg を 1 日 2 回，3 週間継続して内服したところ運動症状が改善したという報告がなされた[8)]。カフェインはパーキンソン病に対して予防効果も症状改善効果も持つということになる。しかしどのようにしてカフェインはパーキンソン病に対して影響を与えるのだろうか。先に述べたようにカフェインはアデノシン受容体の阻害作用を持っている。パーキンソン病ではドパミンが不足した結果，脳内のアデノシン A2A 受容体を介した刺激が過剰な状態となりアンバランスな神経伝達を形成する。実際アデノシン A2A 受容体阻害薬（イストラディフェリン）は進行期パーキンソン病の薬効短縮時間の改善薬として日常診療で用いられている。以上からカフェインは脳内アデノシン受容体を介してパーキンソン病への作用していることが示唆される。またアデノシン A2A 受容体の発現を無くしたノックアウトマウスと野生型のマウスにカフェインを投与したのち，パーキンソン病様の病態を形成する 1-methyl-4-phenyl-1,2,3,6 tetra-hydropyridine（MPTP）を投与すると，アデノシン A2A 受容体ノックアウトマウスでは有意に MPTP の毒性が強く現れた[9]。これらの報告を総合するとカフェインがパーキンソン病に対する保護的な効果を持つことは疑いがないだろう。そこで我々は先に示したように小規模グループのパーキンソン病患者で実際に血清のカフェイン濃度が低下していたデータから，さらに測定対象の規模を拡大して解析することで多くの情報を得ることができるのではないかと考えた。

パーキンソン病 108 人と健常対象者 31 人から血液を採取し，血清のカフェインとその代謝産物の全ての濃度を質量分析計で正確に測定した。事前にアンケートにより取得したカフェインの摂取状況では，どちらのグループもカフェインの摂取量には違いは見られなかった。測定結果はカフェインを含めて，12 の代謝産物のうち 10 もの物質がパーキンソン病患者で顕著に低下していた（表 2）。低下を示さなかった物質についてはいくつも代謝を受けたのちの物質であり，質量分析計を用いても数値を測定できない方が半数以上を占めていたことが原因であると考えられる。さらに興味深いことにパーキンソン病の患者を運動症状の重症度別に分類して解析すると，そこには有意な差は見られず非常に早期のパーキンソン病患者ですでに血清カフェイン濃度は低

表 2　カフェインとその代謝産物の多くがパーキンソン病患者で有意に低下

化合物	健常対照 Mean ± SD	パーキンソン病 Mean ± SD	P 値
Caffeine	79.10 ± 91.5	23.53 ± 22.4	0.0000000481
Theophylline	14.40 ± 12.1	6.01 ± 4.01	0.0000000283
Theobromine	48.65 ± 46.9	24.50 ± 32.1	0.00121
Paraxanthine	73.71 ± 59.5	30.70 ± 23.9	0.0000000136
1,7-dimethyluric acid	1.59 ± 1.0	0.47 ± 0.6	0.000000000211
1,3,7-trimethyluric acid	0.25 ± 0.4	0.69 ± 1.3	0.0662
1-methylxathine	1.47 ± 0.9	0.70 ± 0.7	0.00000239
3-methylxanthine	2.94 ± 3.3	1.44 ± 1.8	0.00117
1-methyluric acid	2.44 ± 2.0	1.97 ± 2.1	0.272
7-methylxanthine	3.11 ± 2.9	1.63 ± 1.5	0.000170
AFMU	2.17 ± 1.5	0.61 ± 0.5	0.000000000002
AAMU	1.00 ± 0.8	0.55 ± 0.5	0.00027

AFMU：5-acethylamino-6-formylamino-3-methyluracil
AAMU：5-acethylamino-6-amino-3-methyluracil
SD：標準偏差
P 値：Wilcoxon test

下していることが示された（表3）。これはカフェインとその代謝産物の測定がパーキンソン病の早期診断に活用できる可能性を示している。パーキンソン病患者はほとんどがドパミン製剤などの内服を行なっているが，この薬剤の内服量とカフェインの濃度にも相関は見られなかった。ここで疑問となるのが，なぜパーキンソン病の患者でカフェイン濃度が低下しているのかということである。カフェインの摂取量とカフェインの濃度の間には両グループともに有意な相関を認めていた。しかし，パーキンソン病の患者では健常なグループと比較して相関が有意に低下していた（図1）。これは同じ量のカフェインを摂取してもパーキンソン病の患者では血清の濃度が上昇しにくいことを示している。つまり，カフェインの上部消化管からの吸収が障害されていることを示唆する。パーキンソン病では運動症状出現以前にも消化管機能障害が見られることが多い。特に食道下部のAuerbach神経叢にパーキンソン病の特徴的蓄積物であるLewy小体が効率

表3　血清カフェイン濃度は軽症のパーキンソン病でも既に低下している

軽症　　パーキンソン病　　重症 →

化合物	正常対照 Mean ±SD	H&Y I Mean ±SD	H&Y II Mean ±SD	H&Y III Mean ±SD	H&Y IV Mean ±SD	H&Y V Mean	P値
Caffeine	79.10 ±91.5	29.3 ±27.2	23.6 ±22.8	19.2 ±16.6	16.5 ±13.7	15.6	0.7516

H&Y：Hoehn&Yahr分類
SD：標準偏差
P値：正常対照に対するSteel test

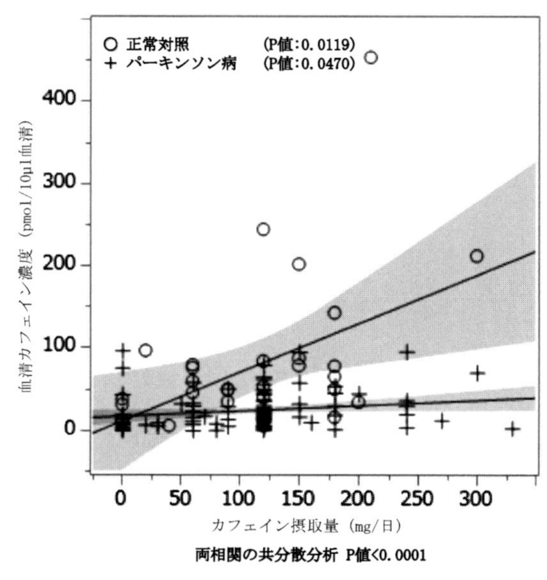

図1　パーキンソン病でカフェインの吸収が有意に低下している

に認められる[10)]。これらにより上部消化管の運動機能異常が引き起こされ，胃の排泄能低下やドパミン製剤の吸収低下に繋がる。カフェインも上部消化管から吸収されることを考えると，早期から認められるパーキンソン病患者におけるカフェイン血中濃度低下はこれらの上部消化管機能低下の結果であると推測される。さらに我々は2つのグループのカフェインの濃度の違いが，カフェイン代謝に起因しないことを示すため主要代謝酵素である*CYP1A2*，*CYP2E1*，アデノシンの受容体である*ADORA2A*の遺伝子に違いがないかどうかを検討したところ，両グループで遺伝子の変異の頻度に差はなく遺伝的背景が原因でカフェインの濃度変化が生じているのではないことが示された。

パーキンソン病に対する保護効果を得るためにはカフェインをどれくらい摂取すればよいのか，何杯のコーヒーが患者さんと健常の方のカフェイン濃度の差をうめることができるか，この研究からは答えることができない。カフェインの吸収の程度は個人それぞれで異なるからである。逆に考えれば，吸収できない人がパーキンソン病のリスクが上昇するということになる。多くのカフェインを摂取すれば吸収量が増加し発症リスクを低下させることはできると考えられるが，カフェインは上記のように多彩な薬理作用を有する。さらに過剰な摂取は特に妊婦を中心に危険性が提唱されている。先にも示した既報の疫学調査を参考にすれば1日3杯までのコーヒーはパーキンソン病予防に有効であるため現時点ではこれが適切な摂取量ということになるだろう。上部消化管でのカフェインの吸収が障害されていることを考慮すれば，消化管を経由しない方法で不足分のみカフェインを補うことができれば，パーキンソン病予防／病態進行抑制効果に繋がりうると期待される。

4　今後の展望

上記のように代謝産物の網羅的解析から我々は非常に多くの情報を知ることができる。それを医療に応用することで診断，治療への新たなアプローチ法となる可能性を見出している。現在は主にパーキンソン病を研究対象としているが，今後は他疾患病態の診断・治療へつながることが期待される。

文　　献

1) ER. Dorsey *et al., JAMA Neurol.*, **75**, 9-10 (2018)
2) T. Hatano *et al., J. Neurol. Neurosurg. Psychiatry*, **0**, 1-7 (2015)
3) H. Gustafsson *et al., Neurology*, **84**, 1862-1869 (2015)
4) S. Saiki *et al., Sci. Rep.*, **7**, 7328 (2017)

5） A. Nehlig *et al., Brain Res. Brain Res. Rev.*, **17**, 139–170 (1992)
6） A. Ascherio *et al., Ann. Neurol*, **50**, 56–63 (2001)
7） Qi Hui *et al., Geriatr. Gerontol. Int.*, **14**, 430–439 (2014)
8） Ronald B. Pustuma *et al., Neurology*, **79**, 651–658 (2012)
9） K. Xu *et al., Neuroscience*, **322**, 129–37 (2016)
10） K. Wakabayashi *et al., Eur. Neurol.*, **38**, 2–7 (1997)

第20章　核酸代謝学

—機器分析を用いたプリン代謝研究—

金子希代子[*1]，福内友子[*2]，山岡法子[*3]

1　はじめに

プリン環（図1）を持つ化合物を総称してプリン体と呼ぶ。プリン体は，遺伝子の本体であるデオキシリボ核酸（DNA）やエネルギー代謝で重要なアデノシン5'-三リン酸（ATP）をはじめとする，核酸，ヌクレオシド，ヌクレオチド，塩基の総称である。プリン体は，生きている細胞では主に核酸やATP等として，食品中では核酸や旨味成分（鰹節に含まれるイノシン酸（IMP），しいたけに含まれるグアニル酸（GMP），酵母RNA分解物から発見されたキサンチル酸（XMP））として含まれている。また，ヒトにおけるプリン体の最終代謝産物は尿酸である（図1）。

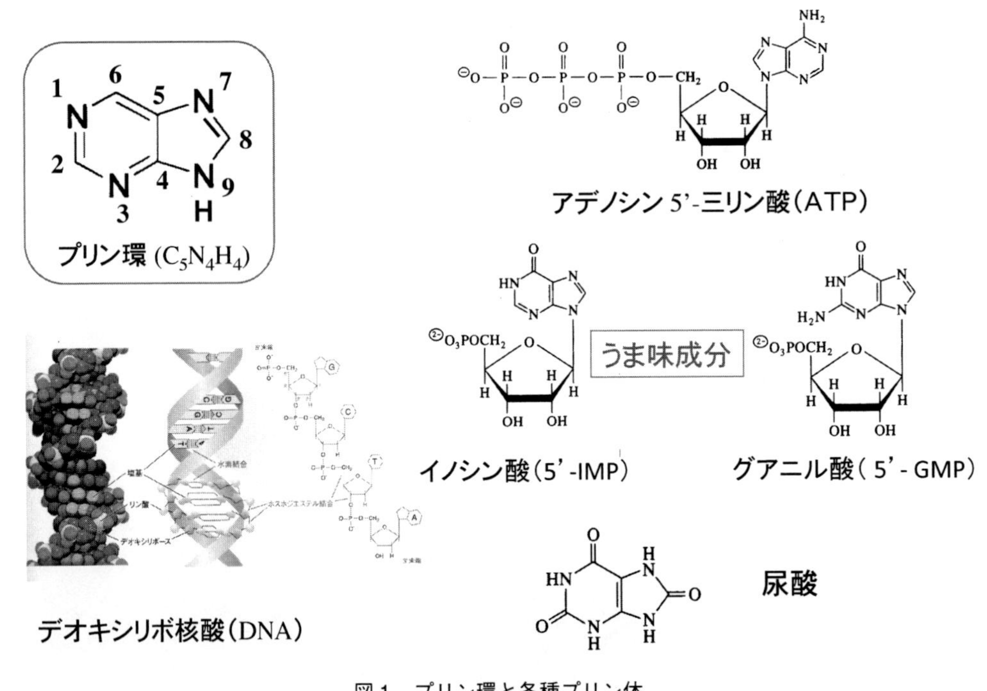

図1　プリン環と各種プリン体

＊1　Kiyoko Kaneko　帝京大学　薬学部　医薬化学講座　臨床分析学研究室　教授
＊2　Tomoko Fukuuchi　帝京大学　薬学部　医薬化学講座　臨床分析学研究室　助教
＊3　Noriko Yamaoka　帝京大学　薬学部　医薬化学講座　臨床分析学研究室　准教授

筆者らは，機器分析（主に高速液体クロマトグラフィー）を用いて，食品や飲料中，また細胞や血清中のプリン体の測定を行っている。これらプリン体の分析方法を紹介することで，核酸代謝やプリン代謝を理解していただければ幸いである。

2　プリン代謝経路

図 2 にプリン代謝経路を示した。プリン代謝経路は，10 段階の酵素反応を経て完全なプリン構造をもつイノシン酸（IMP）が合成される *de novo* 合成経路と，プリン塩基を再利用してヌクレオチドを合成するサルベージ経路から成り立っている。これらのプリン化合物は代謝回転の結果，ヒト等の高等な霊長類において，最終的に尿酸に代謝される[1)]。その他の哺乳類におけるプリン体の最終代謝産物は，尿酸が酸化されたアラントインである。

3　食事からのプリン体（核酸）と尿酸の生成

食事やアルコール飲料には，食材に由来する細胞中の核酸などが含まれるため，これらを摂取することでプリン体を摂取することになる。食事やアルコール飲料に含まれるプリン体は，消化管内において分解・吸収されて体内を循環し，プリン代謝経路を介して変換・利用され，残りは

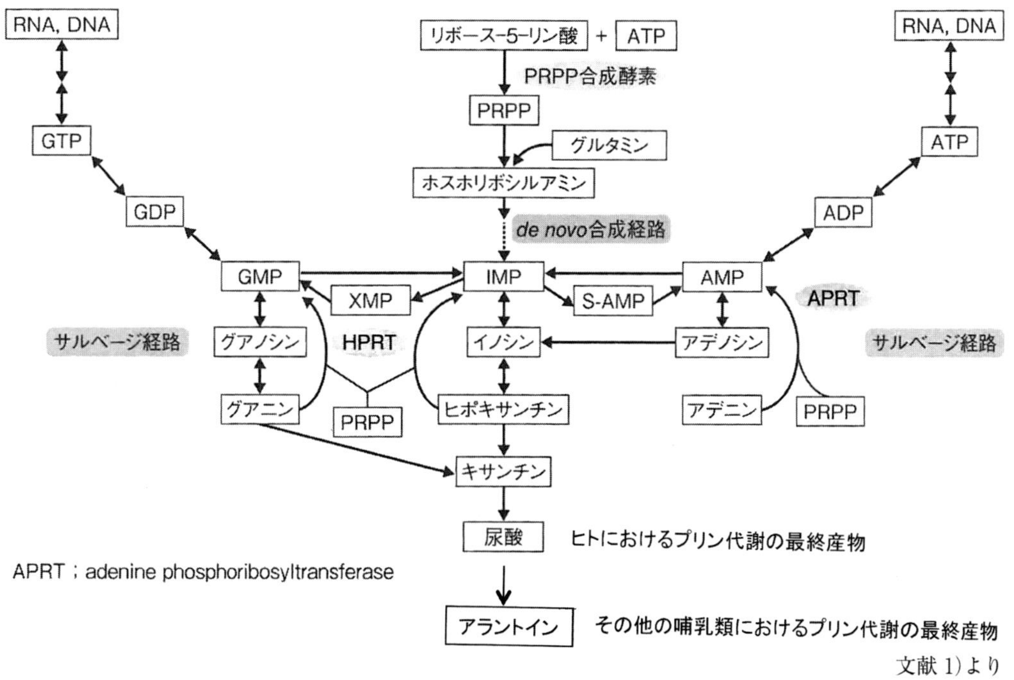

文献 1)より

図 2　プリン代謝経路

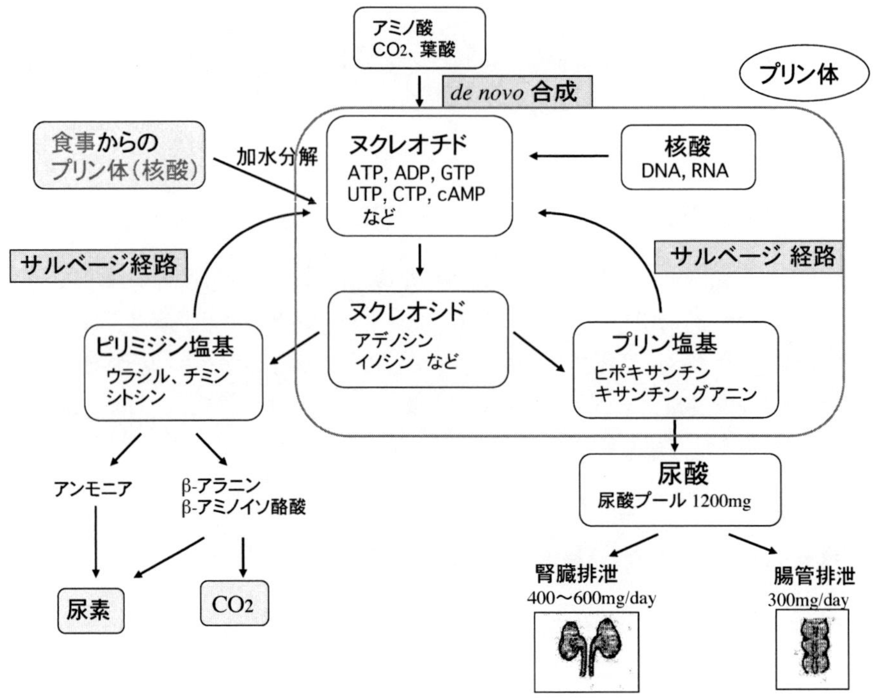

図３　食事からのプリン体（核酸）と尿酸の生成

プリン分解を受けることで最終産物である尿酸へと代謝される（図３)。

プリン分解経路では，細胞の新生崩壊や細胞質内でのエネルギー代謝によって産生されたヒポキサンチンが，キサンチン酸化還元酵素（正確にはキサンチンオキシドレダクターゼだが，キサンチンオキシダーゼと呼ばれることが多い）により，ヒポキサンチンからキサンチン，キサンチンから尿酸への反応で進行する。主に肝臓で尿酸が生成される。尿酸は血中を循環し，約３分の２が腎臓から尿中に，また残りは消化管分泌液や汗から排泄される。

4　血清尿酸値

血清尿酸値は体内における尿酸の産生と排泄のバランスで決まる。尿酸の産生と排泄はほぼ定常状態を保っているが，そのバランスが崩れ，尿酸が過剰に産生されることや，尿中・便中への排泄が低下することにより，体内の尿酸量（尿酸プール）が増加して，血清尿酸値が上昇する[1)]。

血清尿酸値が高い状態が高尿酸血症であり，そのナトリウム塩が針状結晶となって関節内に析出し激しい炎症を引き起こす病態が痛風である。尿酸は，高尿酸血症・痛風を引き起こす原因物質であり，その患者数は年々増加傾向にある[2)]。

高尿酸血症・痛風は生活習慣病のひとつである。そのため，「高尿酸血症・痛風の治療ガイドライン第 2 版」では，生活指導として，食事療法，アルコールの摂取制限，適度な運動，が示されている[3]。また食事療法の項目にはプリン体の摂取制限（1 日 400mg 程度）があげられている。

筆者らが以前から報告している食品中のプリン体含量は，高尿酸血症・痛風の治療ガイドラインの附表や総説[4,5]として約 270 品目が掲載されている。

5　プリン体の測定方法

プリン体は，図 4 に示した高速液体クロマトグラフィー（HPLC）を用いた方法で定量する[6]。

各種食品を食材ごとに処理し，可食部を 5～15g ずつに小分けして，試料とする。凍結乾燥後，70％過塩素酸で 100℃，60 分間加水分解し，核酸やヌクレオチド，ヌクレオシドを，それぞれ対応する塩基に分解する。その後，強酸の加水分解液を KOH を用いて中和し，遠心分離して塩を取り除いて HPLC の試料とする。HPLC 条件および標準品のクロマトグラムは図 4 に示すとおりである。この分析条件で良好な検量線が得られる（図 5）。

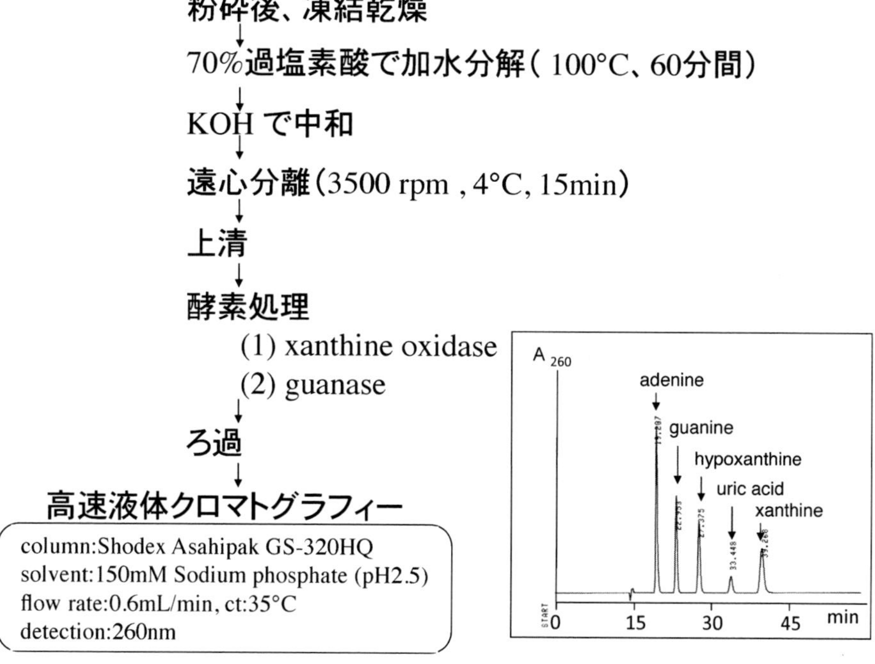

図 4　プリン体の測定方法

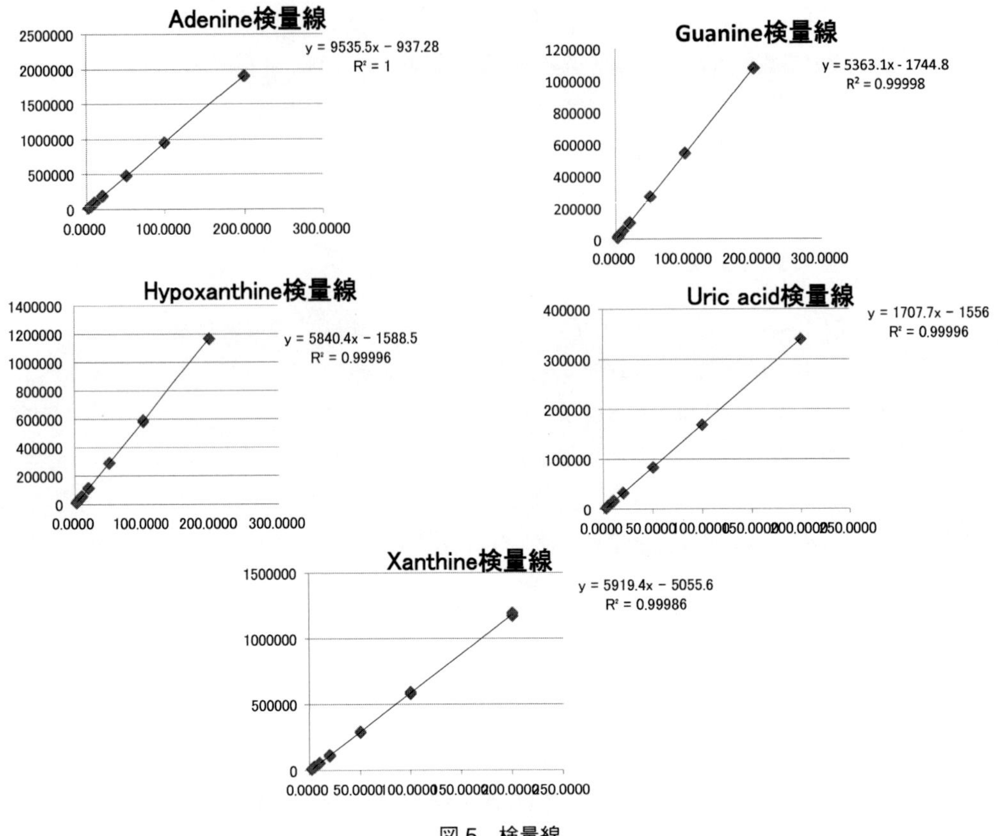

図５　検量線

6　ピークシフト法を利用したピークの同定

食品中には様々な夾雑物質が存在する。プリン塩基の同定は，HPLC における保持時間の一致で行うが，含まれる夾雑物質は食品によって異なる。そのため，筆者らは，各試料中のプリン体をプリン代謝酵素により分解し，そのピークが消失して別のピークが出現することを利用するピークシフト法で，ピークの同定を行っている6)。ピークシフト法に利用する酵素として，キサンチンオキシダーゼとグアナーゼを用いた（図６)。

実際に，豆腐中のプリン体を分析したクロマトグラムを図７，図８に示した。図７では，矢印でアデニン（A)，グアニン（G)，ヒポキサンチン（HX)，キサンチン（X）を示した。また右のキサンチンオキシダーゼ処理後のクロマトブラムでは，それぞれのピークが消失（A'，G'，HX'，X'）し，同じ保持時間には夾雑物質のピークが残っている。また，21.9 分，46.2 分にそれぞれアデニンとグアニンの酸化体のピークが，33.6 分に尿酸のピークが出現している。

また同様に，図８にグアナーゼによるピークシフト法を示した。グアナーゼはグアニンを基質としてキサンチンを生成する酵素であるため，グアニンのピークが消失してキサンチンのピークが増加することで，グアニンであることを確認して定量した。

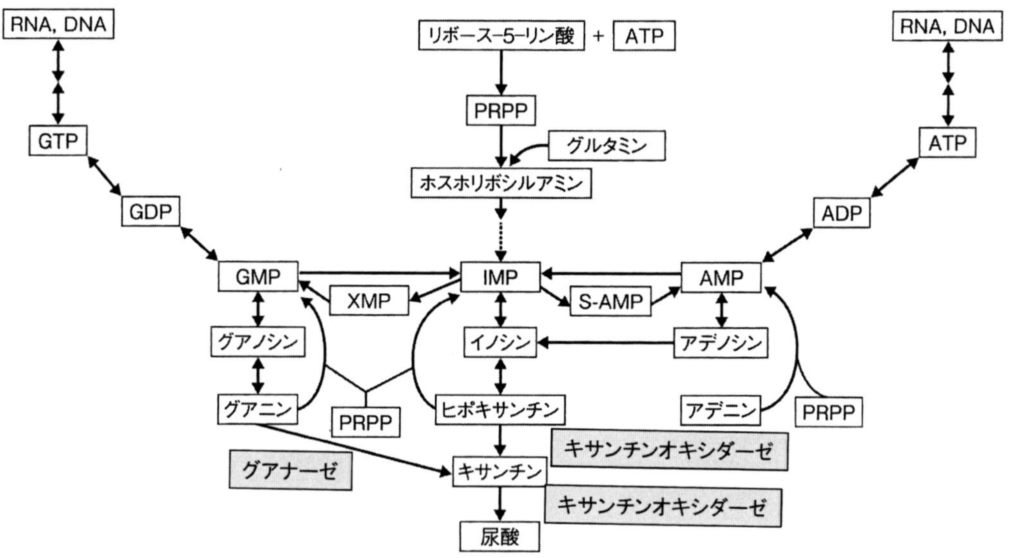

図６　ピークシフト法に使用するプリン代謝酵素

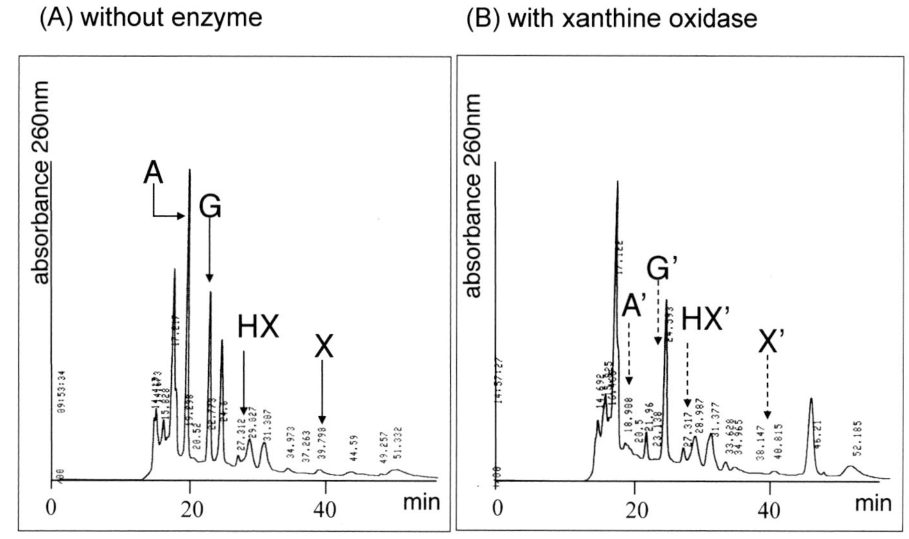

図７　豆腐のクロマトグラム
(A)酵素処理前，(B)キサンチンオキシダーゼ処理後

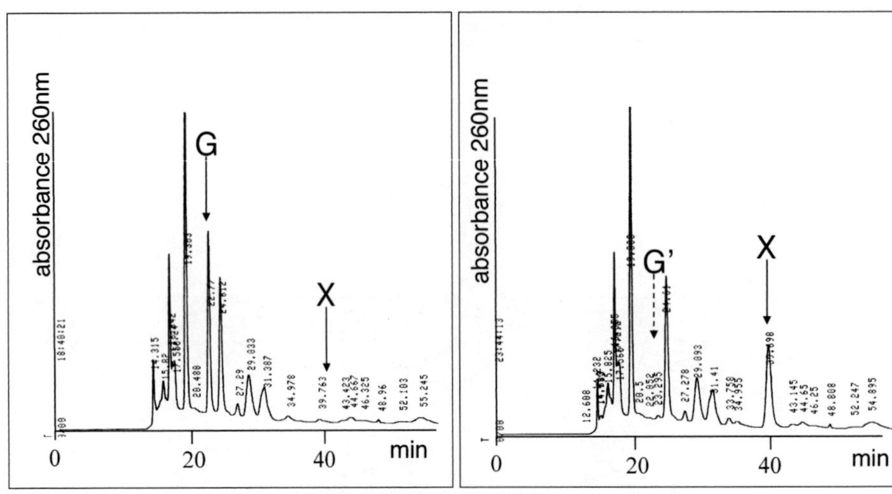

図８　豆腐のクロマトグラム
(A)酵素処理前，(B)グアナーゼ処理後

食品100 g あたりに含まれるプリン体の量

極めて多い (300mg〜)	鶏レバー、干物(マイワシ)、白子(イサキ、ふぐ、たら)、あんこう(肝酒蒸し)、太刀魚、健康食品(DNA/RNA、ビール酵母、クロレラ、スピルリナ、ローヤルゼリー)など
多い (200mg〜300mg)	豚レバー、牛レバー、カツオ、マイワシ、大正エビ、オキアミ、干物(マアジ、サンマ)など
中程度 (100mg〜200mg)	肉(豚・牛・鶏)類の多くの部位や魚類など ほうれんそう(芽)、ブロッコリースプラウト
少ない (50mg〜100mg)	肉類の一部(豚・牛・羊)、魚類の一部、加工肉類など ほうれんそう(葉)、カリフラワー、ピーマン、なす
極めて少ない (〜50mg)	野菜類全般、米などの穀類、卵(鶏・うずら)、乳製品、豆類、きのこ類、豆腐、加工食品など

図９　食品中のプリン体量

7　食品中のプリン体量

食品中のプリン体量は，キサンチンオキシダーゼとグアナーゼによるピークシフト法を用いたHPLC測定で求めた，アデニン，グアニン，ヒポキサンチン，キサンチンを合計して総プリン体含量（4種のプリン塩基の合計）とし，mg/100gの単位で表している。また各々の塩基量をモル換算し，実際にはこれらのプリン体が体内ですべて尿酸に変化する訳ではないが，これらが完全に尿酸に代謝されると仮定した時に生成する尿酸量を，尿酸換算値として計算し，報告している[4,5]。図9には，極めて多い（300mg/100g以上），多い（200〜300mg/100g），中程度（100〜

200mg/100g)，少ない（50～100mg/100g)，極めて少ない（50mg/100g 未満）の5段階に分けて，食品を分類して示した。

プリン体の大部分は細胞に含まれるDNAやRNA等の核酸に由来しているため，プリン体は，細胞分裂しているものや100gあたりの細胞数が多いものにたくさん含まれることになる（レバーなど)。白子は遺伝子（DNA）の塊りであるためプリン体が多く，干物は水分が蒸発してプリン体が濃縮されているため高くなる。また一部の健康食品にプリン体の多いものがある。肉類，魚類は「中程度」に属するものがほとんどであり，野菜類は「極めて少ない」に属するものが大多数だが，ほうれんそうやブロッコリースプラウトなど一部の野菜でプリン体を「少ない」または「中程度」含むものがあり「プリンリッチ野菜」と呼ばれている。高尿酸血症・痛風の治療ガイドラインでは，プリン体摂取を1日400mg程度にするのが勧められているが[3]，これは1日約400mgであれば血清尿酸値があまり上がらないと考えられるからである。食事療法では，プリン体の「極めて多い」「多い」食品に注意して，これらは少なめに摂取するのが良い。

8　高感度な分析を目指して

濃度の低い飲料の測定には，これらの方法を改良した測定方法を用いた（図10)[7]。特にアルコール飲料の測定は，CO_2を溶かし，$HClO_4$の量を減らすことにより，中和用のKOHが減少して，より高感度に測定できるようになった。またピークシフト法や移動相も最適化することによ

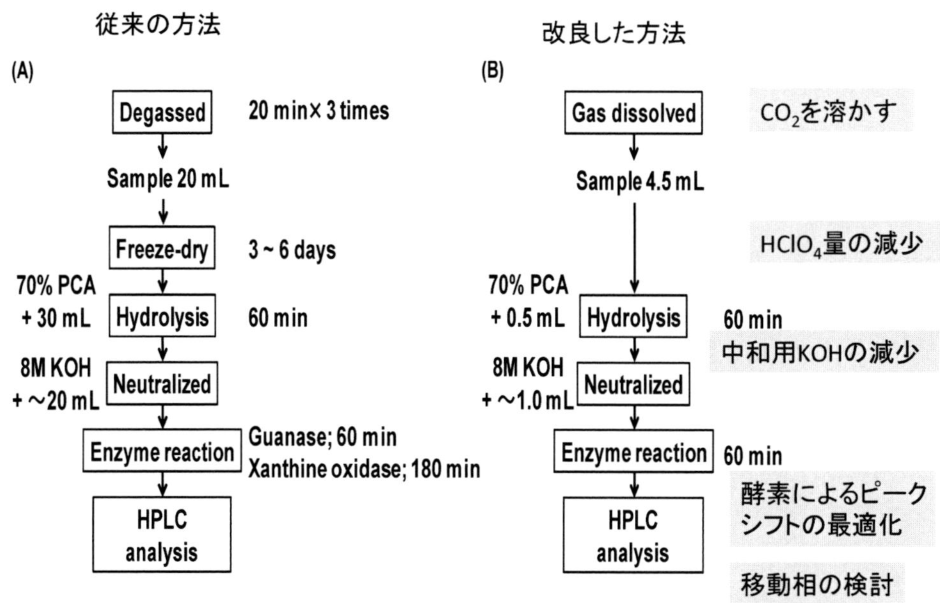

図10　ビール中のプリン体の定量

り，高感度化につながった[8]。ピークシフト法によるビールのクロマトグラムとこれらを用いて測定したビールおよびビール関連飲料中のプリン体量を図11と図12に示した。

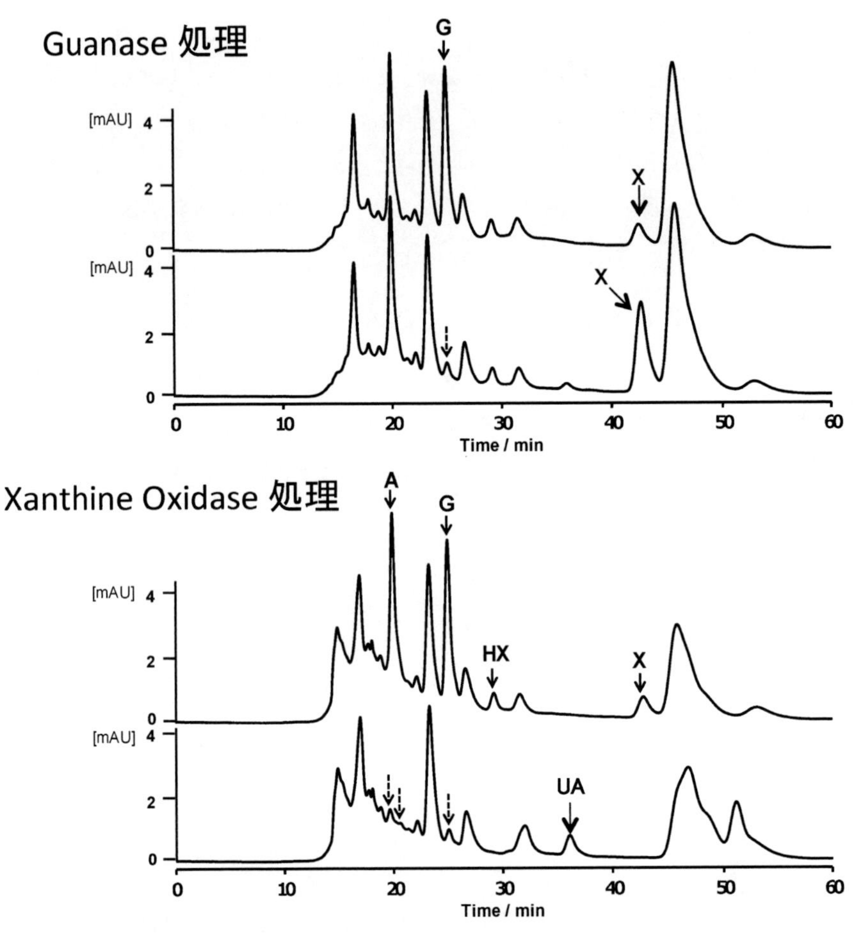

図11　ピークシフト法によるビールのクロマトグラム

Enzyme		Xanthine oxidase				Guanase	Average	Total contents	
Analyte		A	HX	X	G	G	of G	(mg/100 mL)	
Sample entry									
Beer	*a*	1.59	0.05	0.26	3.30	3.33	3.32	5.21	
	b	0.79	0.32	1.37	3.24	3.13	3.18	5.66	
	c	1.62	0.13	0.33	4.02	4.20	4.11	6.20	
	d	1.66	0.26	0.89	4.47	4.58	4.53	7.34	ビール
	e	2.40	0.10	0.36	4.53	4.48	4.51	7.37	
	f	2.26	0.51	1.21	5.75	5.80	5.78	9.76	
Beer-like	*g*	0.05	0.00	0.00	0.08	0.08	0.08	0.13	
	h	0.13	0.00	0.11	0.11	0.11	0.11	0.34	ビールテイスト
	i	0.77	0.00	0.10	0.65	0.65	0.65	1.52	飲料
	j	0.28	0.15	0.62	0.98	0.98	0.98	2.04	
	k	0.98	0.21	0.26	1.08	1.13	1.11	2.55	
	l	0.95	0.18	0.55	1.93	1.90	1.91	3.60	
Stout beer	*m*	5.16	0.13	1.13	5.55	5.65	5.60	12.02	

図 12　ビール，ビール関連飲料中のプリン体含量

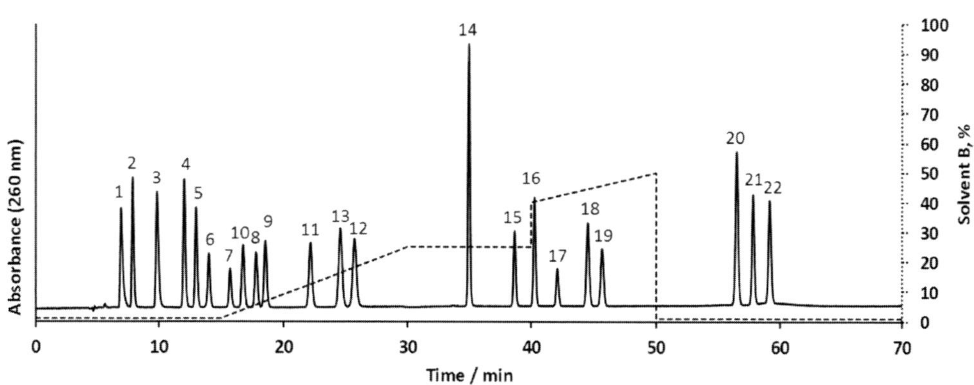

図 13　プリン体 22 種の HPLC による分離

1. GTP, 2. GDP, 3. ATP, 4. ADP, 5. GMP, 6. IMP, 7. uric acid, 8. guanine, 9. hypoxanthine, 10. XMP, 11. xanthine, 12. adenine, 13. AMP, 14. NAD+, 15. inosine, 16. guanosine, 17. deoxyinosine, 18. deoxyguanosine, 19. xanthosine, 20. adenosine, 21. deoxyadenosine, 22. cAMP

9 プリン体の一斉分析

食品中のプリン体分析では，核酸，ヌクレオチド，ヌクレオシドを塩基に加水分解して測定したが，生きた細胞内のプリン代謝を調べるためには分解せずに測定する必要がある。

そこで，プリンヌクレオチド，プリンヌクレオシド，およびプリン塩基を一斉分析する方法を確立し，培養細胞内および培養上清，またマウス血漿サンプル中のプリン体測定を行った[9,10]。HPLC 条件は，装置：島津 LC-20A システム，カラム：YMC-Triart C18（25×4.6mm i.d., 3 μm），検出：260nm（PDA），移動相：A：80mM H_3PO_4/NH_4H_2PO4 100：9（v/v），B：30% MeOH in A，流速：0.6mL/min（グラジェント溶出）とすることにより，22 種のプリン体を一斉分析することが可能となった（図 13）。

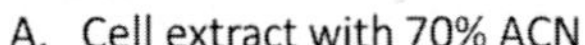

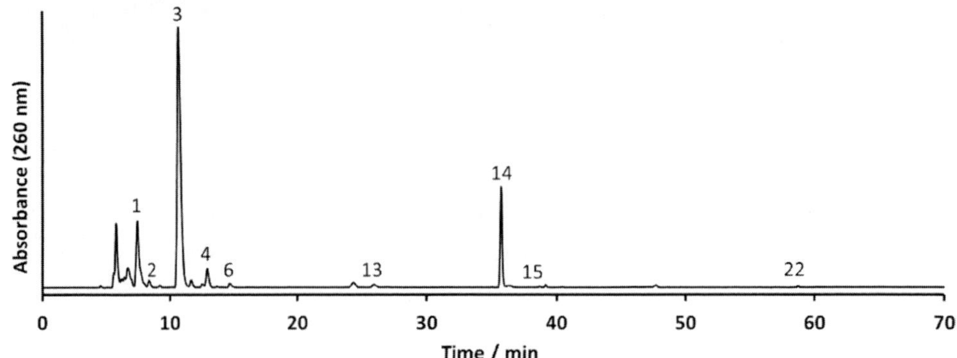

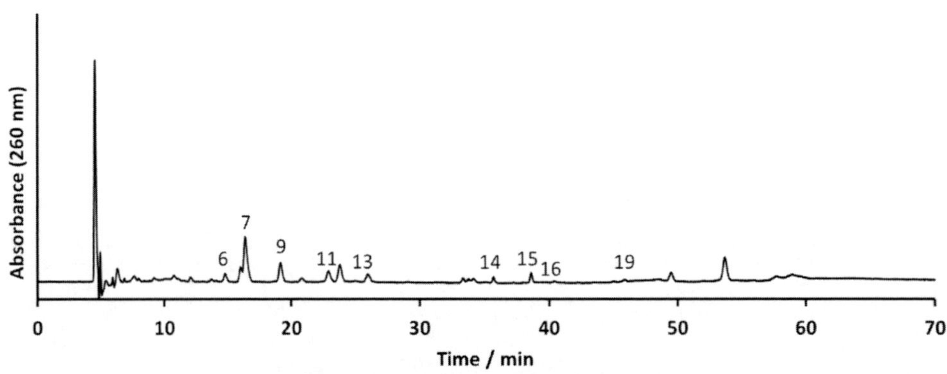

図 14　HepG2 細胞と上清中のプリン体

プリン化合物を含まない緩衝液で 2 時間培養した後，いずれも 70%アセトニトリルによる抽出を行い，HPLC で各内容物を測定した。

1. GTP，2. GDP，3. ATP，4. ADP，6. IMP，7. uric acid，9. hypoxanthine，11. xanthine，13. AMP，14. NAD+，15. inosine，16. guanosine，19. xanthosine，22. cAMP

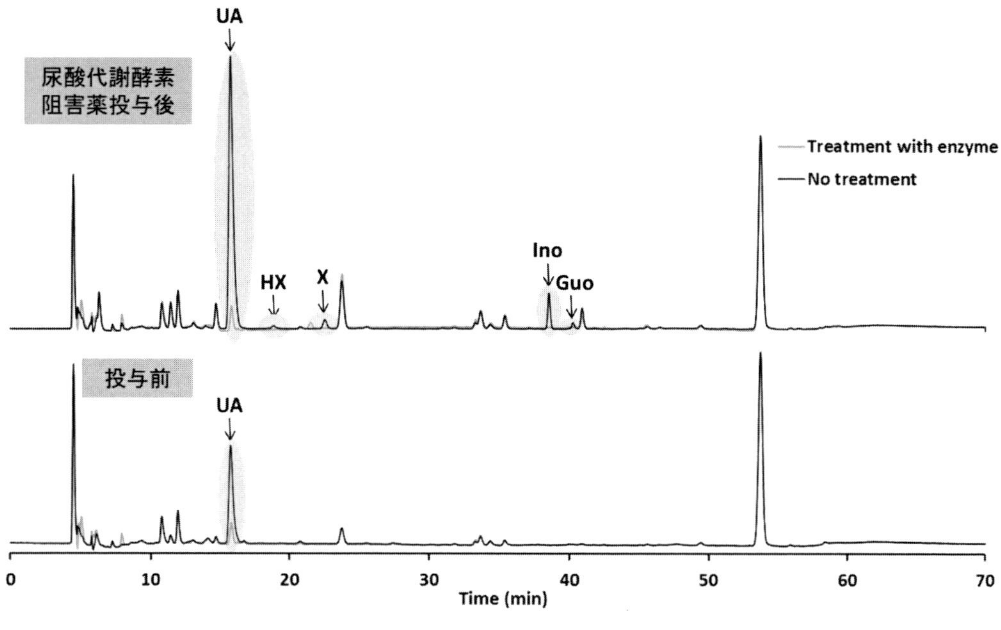

図 15　マウス血漿サンプル中のプリン体

応用例として，HepG2 細胞とその上清中のプリン体を測定し，細胞内から GTP，GDP，ATP，ADP，IMP，AMP，NAD+，inosine，cAMP を，上清から IMP，uric acid，hypoxanthine，xanthine，AMP，NAD^+，inosine，guanosine，xanthosine を，検出した（図 14）。また，尿酸への代謝酵素（尿酸オキシダーゼ）を阻害する薬物を投与したマウス血漿から，ヒポキサンチン，キサンチン，イノシン，グアノシン，および尿酸を定量することも可能となっている（図 15）。

10　おわりに

筆者らの研究室で行っている HPLC を用いたプリン体分析について紹介した。プリン体は，DNA・RNA などの核酸や，エネルギー代謝を担う ATP など，生体にとって必須の化合物である。また，それらのヒトにおける最終産物である尿酸は，本稿では触れなかったが，近年，慢性腎臓病，高血圧，尿路結石症，糖尿病，メタボリックシンドロームなどさまざまな病態と関連することが報告されている。これらプリン体をより簡便に定量できる方法が開発されれば，リアルタイムにプリン代謝動態を調べることができ，さらなるプリン代謝研究の発展が期待される。

文　献

1) 金子希代子，尿酸の代謝を理解する，日本医師会雑誌，**140**, 275-278 (2011)
2) 高尿酸血症・痛風の最近の動向，高尿酸血症・痛風の治療ガイドライン第2版，日本痛風核酸代謝学会，ガイドライン改訂委員会編，メディカルレビュー，32-36 (2010)
3) 高尿酸血症・痛風の生活指導，高尿酸血症・痛風の治療ガイドライン第2版。日本痛風核酸代謝学会，ガイドライン改訂委員会編，メディカルレビュー，110-112 (2010)
4) 金子希代子，福内友子，稲沢克紀，山岡法子，藤森　新，食品中プリン体含量および塩基別含有率の比較，痛風と核酸代謝，**39** (1), 7-21 (2015)
5) K. Kaneko, Y. Aoyagi, K. Inazawa *et al.*, Total Purine and Purine Base Content of Common Foodstuffs for Facilitating Nutritional Therapy for Gout and Hyperiricemia, *Biol. Pharm. Bull*, **37**, 709-721 (2014)
6) K. Kaneko, T. Yamanobe, S. Fujimori, Determination of purine contents of alcoholic beverages using High Performance Liquid Chromatography, *Biomed. Chromatogr.*, **23**, 858-864 (2009)
7) T. Fukuuchi,M. Yasuda, K. Inazawa *et al.*, A simple HPLC method for determining the purine content of beer and beer-like alcoholic beverages, *Anal. Sci.*, **29**, 511-517 (2013)
8) T. Fukuuchi, A. Morimura, M. Kawatani *et al.*, Characterizing substrate properties of purine-related compounds with purine metabolism enzymes for enzymatic peak-shift HPLC method, *Nucleos. Nucleot. Nucl. Acids*, **33**, 445-453 (2014)
9) T. Fukuuchi, N. Yamaoka, K. Kaneko, Analysis of Intra- and Extracellular Levels of Purine Bases, Nucleosides, and Nucleotides in HepG2 cells by High-performance Liquid Chromatography, *Anal. Sci.*, **31** (9), 895-901 (2015)
10) T. Fukuuchi, M. Kobayashi, N. Yamaoka, K. Kaneko, Evaluation of cellular purine transport and metabolism in the Caco-2 cell using comprehensive high-performance liquid chromatography method for analysis of purines, *Nucleos. Nucleot. and Nucl. Acids*, **35** (10-12), 663-669 (2016)

第21章　脳循環代謝

田所　功[*1]，山下　徹[*2]，阿部康二[*3]

1　はじめに

脳は重量にして体重の約2%を占めるに過ぎないにも関わらず，心拍出量の約20%に相当する血流が脳に供給され，酸素の約20%，ブドウ糖の約25%が脳で消費される。脳の機能においてその循環・代謝の維持は非常に重要であり，いくつもの代謝機構により絶え間なく調整されている。その一方で脳循環代謝が障害されると脳血管障害をはじめとする様々な疾患が引き起こされる。本稿では，脳循環代謝について概説するとともに，脳循環代謝と関わりの深い疾患について述べる。

2　脳循環代謝の生理

脳はブドウ糖の約25%という大量のエネルギーを消費する臓器であるが，脳エネルギー消費の約40%が細胞膜の維持などのbasal metabolismに，約60%が電気的・科学的シグナル産生であるactivation metabolismに使用される。脳の活動状況によりエネルギー消費は刻々と変化し，循環・代謝状態は調節を受ける[1)]。

脳循環を担う血管系において，脳主幹動脈はウィリス動脈輪を形成し，心収縮の拍動を緩和している。末梢では，細動脈，毛細血管，細静脈が微小循環を構成し，内皮細胞のタイトジャンクションがblood-brain barrier（BBB）を形成することで血液から脳組織への不要な物質の輸送を制限し，脳内の恒常性を維持している。また微小循環系では神経細胞のほか，内皮細胞やアストロサイト，ペリサイト，細胞外マトリックスがNeurovascular Unit（NUV）とよばれる構造的・機能的に重要な構造単位を形成しており，今日その役割が重要視されるようになってきている（図1）。NVUを構成するアストロサイトは，内皮細胞とエンドフットを介して連絡し，シナプスにも突起を伸ばしており，脳血流と神経機能との密接な関係（neurovascular coupling）を形成するのに重要な役割を果たしていると考えられている。このような構造的特徴の下で，脳循環は，自律神経による神経性調節，脳組織代謝の結果産生されるCO_2などによる化学的調節，NOやエンドセリンなどの内皮由来物質による内皮性調節，神経細胞による能動的調節などによ

＊1　Koh Tadokoro　岡山大学　大学院医歯薬学総合研究科　脳神経内科学　医員
＊2　Toru Yamashita　岡山大学　大学院医歯薬学総合研究科　脳神経内科学　講師
＊3　Koji Abe　岡山大学　大学院医歯薬学総合研究科　脳神経内科学　教授

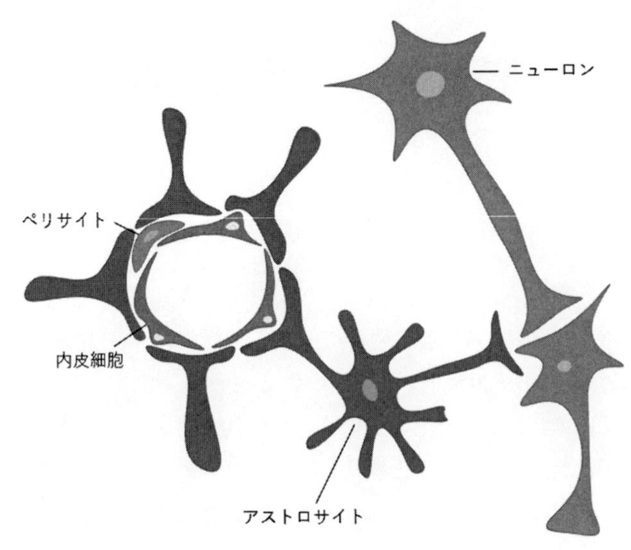

図 1 Neurovascular unit

り，多重的に調節される。

また，排泄系に目を向けると，脳には多臓器にみられるリンパ管が存在せず，その役割は血管周囲リンパ排泄路（perivascular lymphatic drainage pathway）が担っている。この経路は，脳内の毛細血管や動脈壁の基底膜により構成され，動脈拍動が駆動力となっている。したがって，加齢や動脈硬化による動脈拍動の低下は，この血管周囲リンパ排泄路の機能低下をきたしうると考えられている[2,11)]。

上述のように，脳にはBBBが存在し，不要物質の脳への侵入を防いでいるが，必須物質は内皮細胞に存在する各種トランスポーターによって細胞内へと取り込まれる。脳の栄養供給の大部分を担うグルコースは，内皮細胞上の glucose transporter 1（GLUT1）により脳細胞内へ取り込まれる。最近の知見では，アストロサイトはグルコースを主な基質として利用する一方，ニューロンはアストロサイトでグルコースが代謝されて生じた乳酸を基質とし，ピルビン酸に変換し tricarboxylic acid（TCA）サイクルで利用するというグルコース-乳酸回路を形成していると考えられており，代謝面においてもニューロンとアストロサイトは密接に関連している（図2）[3)]。脂質は生理的環境下ではエネルギー基質として利用されることはないが，飢餓状態においては，脂肪酸の β 酸化により代替的なエネルギー源となるとされている。また，リン脂質は細胞膜の主要な構成成分であることから細胞の形態維持に重要であり，さらには神経系におけるシグナル伝達も担っている[4)]。

このように，脳では多くのグルコース・酸素を消費することでエネルギーを産生しているが，この過程で脳はミトコンドリアで産生される活性酸素種（ROS）にさらされることになる。このような酸化物質にさらされると，生体内の抗酸化システムである Keap1/Nrf2 システムが発動し，抗酸化因子の発現を促進するなどの防御システムが働くが，加齢や各種の疾患などにより酸

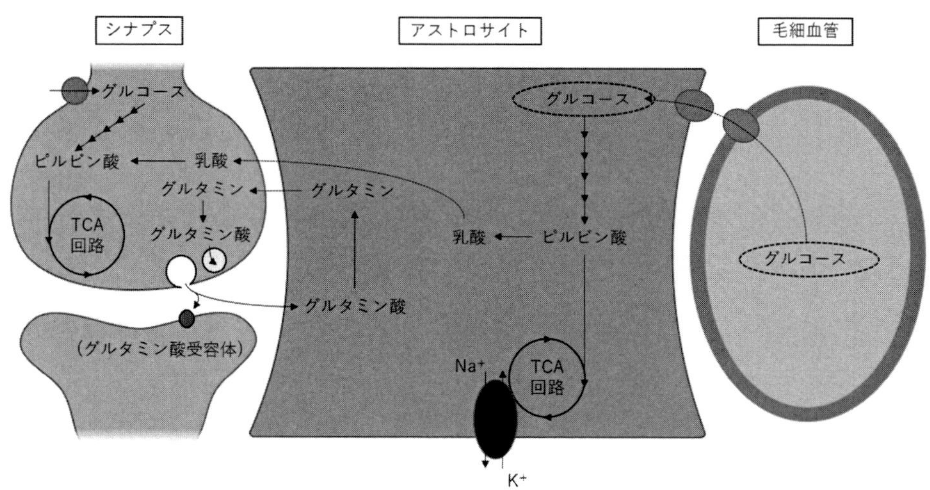

図2　NVU における BBB の役割と cellular metabolic coupling
(Bélanger *et al*., 2011 より改変引用)

表1　臨床応用されている脳循環代謝イメージング

	核種など	検査項目
PET	^{18}F-fluorodeoxyglucose(FDG)	糖代謝
	^{15}O	脳血流 脳酸素消費量
	^{11}C-Pittsburgh compound B(PiB) ^{18}F-AV45(Florbetapir)	アミロイド沈着
SPECT	N-isopropyl-p-[^{123}I]iodoamphetamine(^{123}I-IMP)	脳血流量
	^{99m}Tc-hexamethylpropyleneamine oxime(HMPAO)	
	^{99m}Tc-ECD(ethyl cysteinate dimer)	
MRI	灌流画像	脳血流
	fMRI	

化反応と抗酸化システムのバランスが崩れた状態下で，過剰な酸化ストレスにさらされることで，組織障害をきたすと思われる。

3　脳循環代謝の評価

検査技術の発展により，様々な画像検査が脳循環・代謝の評価に使用されるようになっている。表1に，現在臨床応用されている主な脳循環代謝の画像検査を示す。臨床的な応用として，PET もしくは SPECT による脳血流の評価が症候性内頚動脈および中大脳動脈閉塞，狭窄症に対する extracranial-intracranial（EC-IC）bypass 術の適応判断の基準に用いられている[5)]。また認知症診療においては，アルツハイマー病，レビー小体型認知症，前頭側頭型認知症といった変性疾患で，特徴的な血流低下をきたすことが知られており，鑑別診断にこれらの検査が利用される。また今日では，アルツハイマー病の原因物質となるアミロイドのpositron emission tomography（PET）イメージングも可能となり，さらにはタウイメージング，低酸素イメージング等も研究目的に利用されており，今後ますますの臨床応用が期待される。

4 脳血管障害と脳循環代謝

脳血管障害は，脳循環代謝そのものが急速に障害された病態である。脳血管障害による死亡率は減少傾向（315.5/10万人：2014年）であるが，介護が必要となる原因としては最多であり（17.2%），進展する少子高齢化社会において脳血管障害への対策は極めて重要である。また脳血管障害の約6割が虚血性障害（脳梗塞）であるとされる。脳血流の低下・途絶によりadenosine triphosphate（ATP）が枯渇した細胞では，細胞膜の脱分極をきたし，グルタミン酸過剰放出を生じる。その結果，細胞内カルシウム濃度上昇の活性化を介して活性酸素種の産生による酸化ストレスやミトコンドリア機能障害，各種酵素の活性化を生じ，細胞死に至る。また，虚血に伴いBBBの破綻により脳浮腫が引き起こされる他，血管内皮細胞およびアストロサイト上のインテグリンの減少，細胞外マトリックスの分解によるNVUの構造破壊が生じ，さらには周囲の炎症反応も誘導されることにより病態の悪化が進行すると考えられている[6]。

このような観点から，脳梗塞急性期においては，早期の血流改善を目指す血行再建療法と，脳保護療法の二本柱での治療戦略が重要である。血行再建療法では，遺伝子組み換え組織プラスミンアクチベーター（rt-PA）による血栓溶解療法が，発症4.5時間以内の適応を満たす症例に対して施行され，また主幹動脈閉塞症例に対しては各種デバイスを用いた血栓回収療法が適応となりうる。脳保護療法としては，フリーラジカルスカベンジャーであるエダラボンで日常生活障の改善効果が示されており，脳卒中ガイドライン2015においてグレードBで推奨され臨床現場で広く使用されている。当科で行ったマウスを用いた研究では，rt-PA療法にエダラボンを併用することで24時間後の生存率を改善し，かつ血栓溶解療法の主たる合併症と考えられる出血性梗塞の合併が抑制された。同研究では，rt-PA単独投与群では血管周囲の脂質過酸化物やmatrix metalloproteinase（MMP)-9が増加し，基底膜の菲薄化とアストロサイトのエンドフットが基底膜から解離しており，エダラボン併用群ではこれらの変化が抑制されていた。この結果から，エダラボンがNVUの保護効果を発揮することで，生存率や運動機能の改善に寄与している可能性が考えられた（図3）[7]。

5 認知症と脳循環代謝

全世界における認知症患者数は増加傾向で，2015年時点で4,680万人と推定されており，2050年には1億3,150万人に達すると推計されている[8]。我が国においては，2012年時点で65歳以上

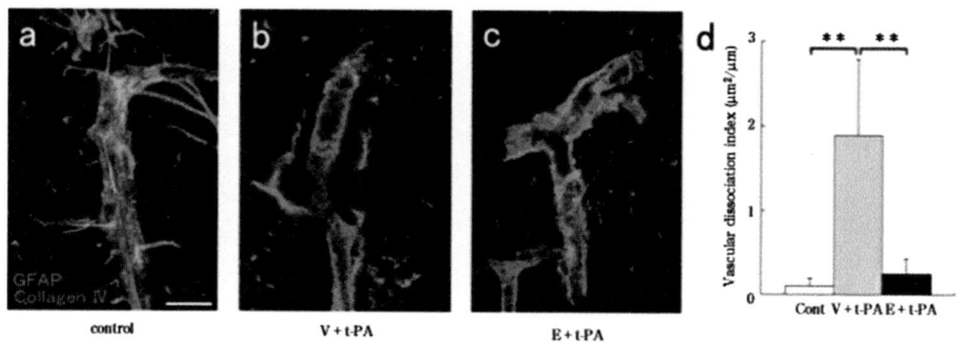

図 3　tPA 投与による NVU の破綻とエダラボンによる保護効果
（Yamashita *et al.*, 2009 より引用）

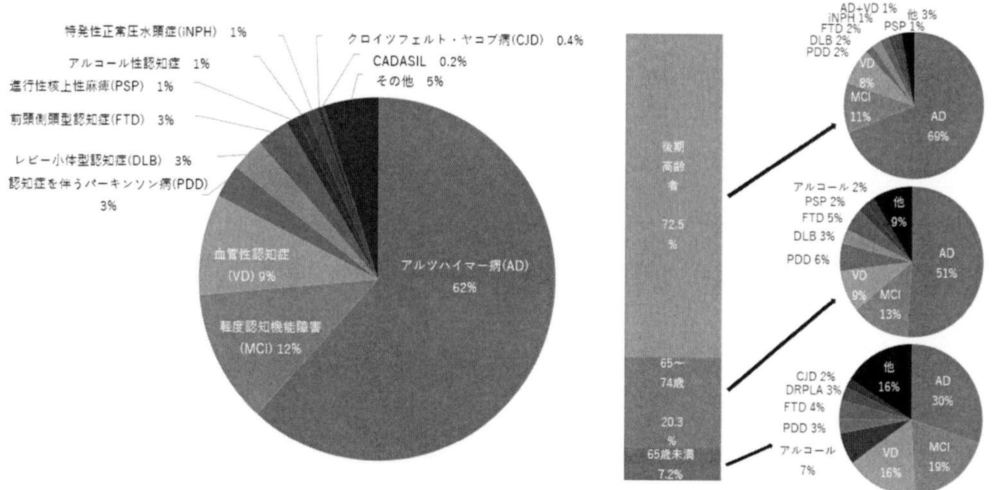

図 4　岡山大学神経内科認知症専門外来における認知症患者の内訳（全 1,554 患者）
（Hishikawa *et al.*, 2016 より改変引用）

の高齢者の有病率は約 15％と推定され，また介護が必要となった原因の第 2 位を占める（16.4％）。脳循環の障害と認知症の関係については，多発性脳梗塞や戦略的部位の脳梗塞，小血管性病性認知症が血管性認知症（vascular dementia）という疾患概念でとらえられてきたが，脳循環代謝が認知機能により広範な影響を及ぼすことが明らかとなってきている。

アルツハイマー病は認知症の原因で最も多い疾患であり，当科外来では認知症患者の 62％を占め，高齢層になるほどアルツハイマー病の患者割合が増加し 75 歳以上の後期高齢者では 69％に達する（図 4）[9]。アミロイド β の蓄積が病態の中心と考えられているが，脳循環障害が病態の形成に大きく関与していることが明らかとなってきた。血管危険因子とされる糖尿病，中年期の高コレステロール血症，高血圧は同時にアルツハイマー病の危険因子でもある。また，アルツハ

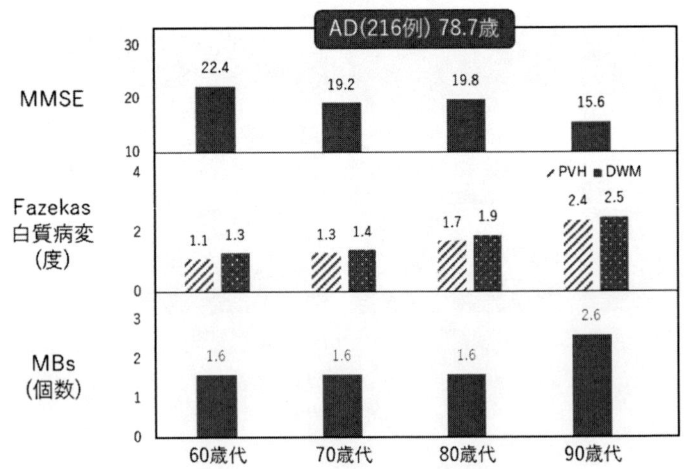

図５　アルツハイマー病と脳微小血管病変の関係
（Tokuchi *et al.*, 2016 より改変引用）

イマー患者の多い高齢層ほど頭部 MRI 検査で脳微小血管病変を示唆すると考えられる白質病変および微小出血（microbleeds）が増加する（図５）[10)]。動物モデルでは，アルツハイマーモデルマウスの両側頸動脈にリングをかけ作成した慢性低還流モデルにおいて，アミロイドβ蓄積の増加がみられた[11)]。さらに同様のモデルを使用した研究で，慢性虚血を加えたマウスでは神経細胞脱落に加え，NVU の障害およびリモデリング，neurotrophic coupling の破綻などがみられた[2)]。細胞レベルでは，低酸素誘導因子（HIF-1α）やエネルギー不全状態がβセクレターゼ１（BACE1）の誘導を介して，アミロイドβ産生を増加させることが分かっている。また前述したように，脳動脈の動脈硬化は血管周囲リンパ排泄を低下させ，アミロイドβ蓄積の原因となると考えられている。

6　血管老化と生活習慣病

このように，脳血管障害や認知症といった高度の ADL 障害を引き起こす疾患に脳循環代謝が重大な影響を及ぼしていることを考えると，血管の老化を防ぐことが，超高齢化社会にあって健康寿命を延伸するために重要である。糖尿病，高血圧，脂質異常症といった生活習慣病では，酸化ストレスの増加による NO の産生低下などの機序により，血管内皮機能の低下をきたし脳循環を悪化させると考えられており，脳血管障害や認知症の予防的観点からも積極的な治療介入が望まれる。当科で行った AD モデルマウスに脂質異常症治療薬であるアトルバスタチンおよびピタバスタチンを投与した実験では，LDL-コレステロール値の変化を伴わずに，アルツハイマー病の病理変化である老人斑の減少と，認知機能改善効果がみられ，酸化ストレス軽減，炎症抑制，神経保護効果などの多面的な効果による影響が推定された（図６）[12)]。また，高血圧モデルラッ

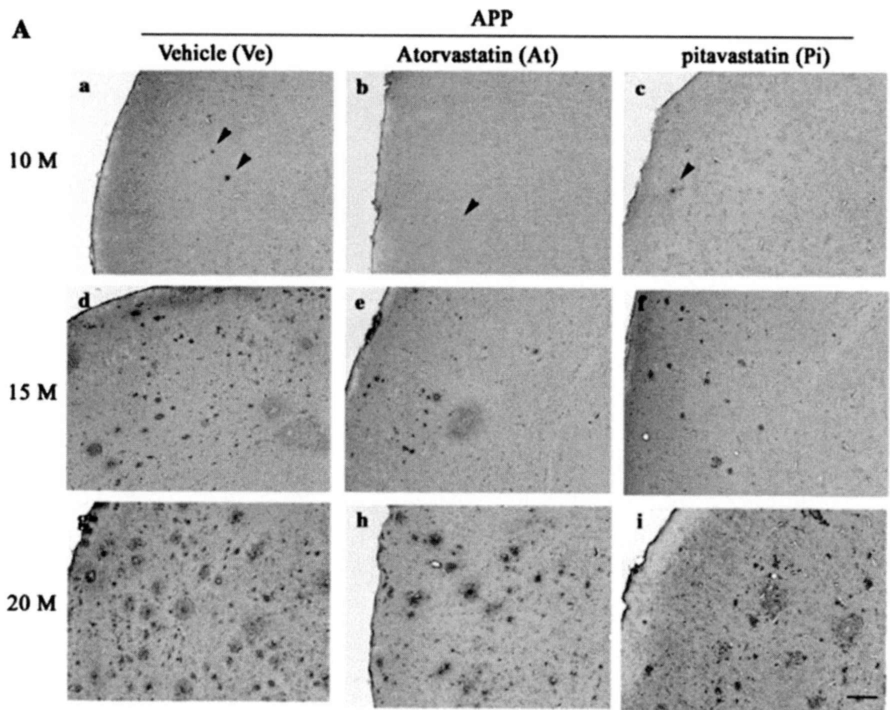

図 6　スタチンによる老人斑の減少効果
（Kurata *et al.*, 2014 より改変引用）

トに対して高血圧治療薬の一種であるアンギオテンシンⅡ受容体拮抗薬のテルミサルタンを投与した実験では，アルツハイマー病の原因物質であるアミロイドβおよびリン酸化タウの沈着の減少と，炎症反応の抑制効果が示された[13)]。

多価不飽和脂肪酸（PUFA）は二重結合の部位によりω-6 脂肪酸（アラキドン酸，リノール酸など）とω-3 脂肪酸（EPA，DHA など）に大別され，ω-3 脂肪酸の脳血管疾患，認知症予防効果も注目されている。ω-6 脂肪酸が植物油に多く含まれるのに対し，ω-3 脂肪酸はイワシ，サンマ，サバなどの青魚に多く含まれている。脂肪酸は細胞膜をなすリン脂質を構成しており，ω 3-脂肪酸が細胞膜に取り込まれることにより，細胞膜の流動性，透過性，膜機能が高まり，神経機能が改善する可能性が考えられている。また，ω-3 脂肪酸は NO 放出を増加させ，血管内皮機能を改善させる。さらには，アラキドン酸をω-3 脂肪酸が置換することにより，抗血小板作用，抗炎症作用をもたらす。実際に，スタチン剤への EPA 併用療法の脳卒中再発予防効果をみた JELIS 試験では，スタチン単独療法群（10.5%）に対してスタチン＋EPA 併用群（6.8%）で有意な再発予防効果が認められた[14)]。また，フランスのボルドー市における community-based observation study では，ω-6/ω-3 比高値が，認知症発症リスクを増加させ，EPA，DHA 投与が認知症発症リスクを低下させたという結果であり，認知症予防効果が期待された[15)]。

7　おわりに

脳循環代謝研究の進歩に伴い，これらの障害が脳血管障害や認知症をはじめとした多様な疾患と関連することが明らかとなってきた。進展する高齢化社会において，脳血管障害や認知症への対策は健康寿命の延伸に重要であり，脳循環代謝研究およびこれらの疾患に対する治療法開発のさらなる発展が期待される。

文　　献

1) J. Astrup, Energy-requiring cell functions in the ischemic brain. Their critical supply and possible inhibition in protective therapy, *J. Neurosurg.*, **56**, 482-497 (1982)
2) J. Shang, T. Yamashita, Y. Zhai *et al.*, Strong Impact of Chronic Cerebral Hypoperfusion on Neurovascular Unit, Cerebrovascular Remodeling, and Neurovascular Trophic Coupling in Alzheimer's Disease Model Mouse, *J. Alzheimers Dis.*, **52**, 113-126 (2016)
3) M. Bélanger, I. Allaman and P. Magistretti, J. Brain Energy Metabolism:Focus on Astrocyte-Neuron Metabolic Cooperation, *Cell Metabolism*, **14**, 724-738 (2011)
4) TJ. Tracey, FJ. Steyn, EJ. Wolvetang et al., Neuronal Lipid Metabolism:Multiple Pathways Driving Functional Outcomes in Health and Disease, Frontiers in Molecular Neuroscience, **11**, 10 (2018)
5) 脳卒中合同ガイドライン委員会：脳卒中治療ガイドライン 2015，協和企画（2015）
6) 中村 晋，吾郷 哲，北園 孝，【脳卒中 Update】脳血管障害の基礎病態　脳保護戦略の新展開，医学のあゆみ，**254**, 15-21 (2015)
7) T. Yamashita, T. Kamiya, K. Deguchi *et al.*, Dissociation and protection of the neurovascular unit after thrombolysis and reperfusion in ischemic rat brain, *J. Cereb. Blood Flow Metab.*, **29**, 715-725 (2009)
8) Alzheimer's Disease International. World Alzheimer Report 2015, The Global Impact of Dementia. Available from https://www.alz.co.uk/research/world-report-2015
9) N. Hishikawa, Y. Fukui, K. Sato *et al.*, Characteristic features of cognitive, affective and daily living functions of late-elderly dementia, *Geriatr. Gerontol Int.*, **16**, 458-465 (2016)
10) R. Tokuchi, N. Hishikawa, K. Sato *et al.*, Age-dependent cognitive and affective differences in Alzheimer's and Parkinson's diseases in relation to MRI findings, *J. Neurol. Sci.*, **365**, 3-8 (2016)
11) Y. Zhai, T. Yamashita, Y. Nakano *et al.*, Chronic Cerebral Hypoperfusion Accelerates Alzheimer's Disease Pathology with Cerebrovascular Remodeling in a Novel Mouse Model, *J. Alzheimers Dis.*, **53**, 893-905 (2016)
12) T. Kurata, K. Miyazaki, M. Kozuki *et al.*, Atorvastatin and pitavastatin improve cognitive function and reduce senile plaque and phosphorylated tau in aged APP mice, *Brain Res.*,

1371, 161-170 (2011)

13) T. Kurata, V. Lukic, M. Kozuki *et al.*, Telmisartan reduces progressive accumulation of cellular amyloid beta and phosphorylated tau with inflammatory responses in aged spontaneously hypertensive stroke resistant rat, *J. Stroke Cerebrovasc. Dis.*, **23**, 2580-2590 (2014)

14) K. Tanaka, Y. Ishikawa, M. Yokoyama *et al.*, Reduction in the recurrence of stroke by eicosapentaenoic acid for hypercholesterolemic patients, subanalysis of the JELIS trial, *Stroke*, **39**, 2052-2058 (2008)

15) C. Samieri, C. Feart, L. Letenneur *et al.*, Low plasma eicosapentaenoic acid and depressive symptomatology are independent predictors of dementia risk, *Am. J. Clin. Nutr.*, **88**, 714-721 (2008)

第22章　MRIによる脳イメージング

松田哲也*

1　はじめに

近年，MRIの技術が向上し，より詳細にかつ高速に撮像することが可能になった。また，新たなシークエンスの開発も進み，拡散強調画像（diffusion weighted image: DWI）による脳構造やMRスペクトルスコピー（MRS）による脳神経代謝物質計測もより高度化されている。また，検査の簡便さから安静時の脳活動（resting-state fMRI）による成果も多く報告されている。このようにMRIを用いた研究の幅も広がってきているが，fMRIやMRSは脳活動や脳神経代謝物質量を直接計測しているのではなく，モデルを用いた統計解析の結果となるため，計測法，解析法をきちんと理解していないと目的としている結果が得られないばかりか，不適切な実験，解析に基づいた結果を報告してしまうことになるため，注意が必要である。そこで本稿では，fMRIやMRSを用いた研究の特徴と注意すべきポイントについて概説する。

2　fMRI

fMRIは，神経活動に伴う血液中のヘモグロビンの変化を捉えている。血液は，動脈から毛細血管を通り静脈に達すが，神経細胞が活動すると毛細血管で反磁性体である酸化型ヘモグロビン（Oxy-Hb）から常磁性体である還元型ヘモグロビン（Deoxy-Hb）へと変化する。常磁性体である還元型ヘモグロビン（Deoxy-Hb）を多く含む血管の周りは磁場の歪みが生じ，MR信号が弱くなる。この局所磁場の歪みをMRI測定上のT2*緩和の変化として捉えている。さらに，神経細胞が活動した周辺のアストロサイトが活性化することで周辺の血管が拡張され，血流量の増加が起こる。その結果，局所脳血流量（rCBF＋50%）は局所脳代謝（酸素消費）（rCSF＋5%）と比較し増加比率が高い[1)]ことから，神経活動が起こると還元型ヘモグロビン（Deoxy-Hb）の濃度は，神経活動前と比較し相対的に減少するというblood oxygenation level dependency（BOLD効果）現象[2)]をMRIで観察したものである（図1）。このBOLD現象によるT2*の変化の原理的モデルは，1ボクセル中の還元型ヘモグロビン総量の変化がMR信号に直接関与するということになる。

fMRIは，課題遂行時の脳活動を測定する課題遂行fMRIと，安静にしている時の脳活動の変化を測定する安静時fMRI（resting state fMRI）の2種類に大きく分けられる。全脳を数秒で撮

＊　Tetsuya Matsuda　玉川大学　脳科学研究所　教授

像する必要があるため，EPI法（echo planar imaging）などの高速撮像法が用いられている。さらに最近では，多断面同時励起，多断面同時収集技術によるマルチバンドEPI[3]を用いることで，より高速に撮像を行うことが可能になった。

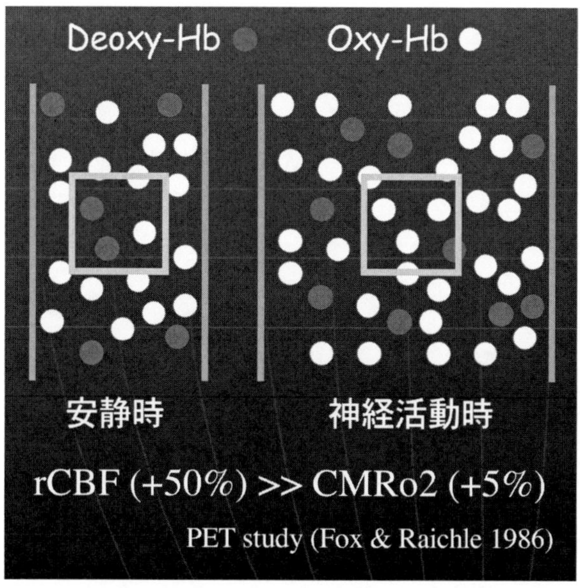

図1　神経活動時のオキシヘモグロビン（Oxy-Hb）と
デオキシヘモグロビン（Deoxy-Hb）の相対的な変化
rCBF（局所脳血流量），CMRo2（局所脳代謝量）

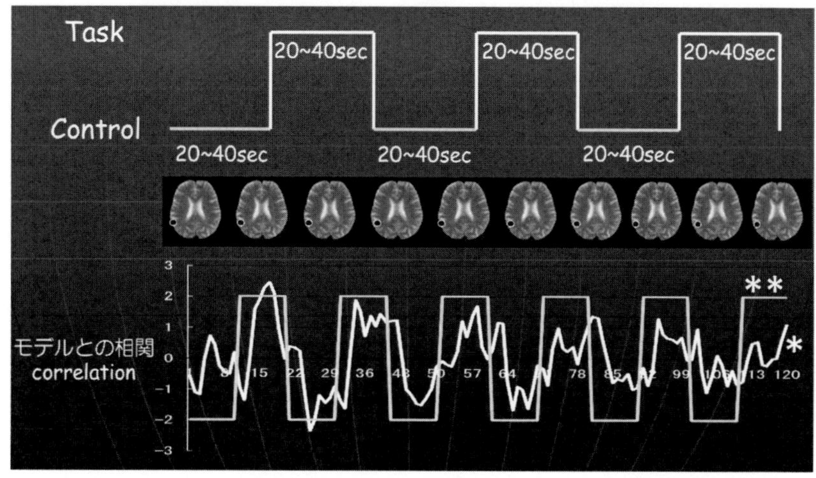

図2　ブロックデザインによるfMRI課題の例（上段）と信号変化モデルと
1ボクセルの経時的信号変化の例（下段）
下段　＊：MR信号変化，＊＊：課題構成から作成されたモデル。

2.1 課題遂行 fMRI

古くから用いられている fMRI の実験法であり，ある特定の脳機能に関連する脳活動を捉えるために，課題を繰り返し行い MRI の撮像を連続的に行う。課題に伴う BOLD 現象による T2*の変化率はかなり小さいため，脳活動を反映した MRI の信号値を直接検討するのではなく，統計的に処理した統計値を評価している。通常，fMRI の課題は，ブロックデザイン，もしくは事象関連デザインで作成されることが多い。ブロックデザインは，連続して 20 秒から 30 秒間 1 つの課題を続ける対照区間（block）と課題を求めない無課題区間の組み合わせで構成される。

例えば，眼球運動（サッケード）に関連する脳領域を同定する課題を行う場合は，対照区間で視覚呈示される刺激を視線で追いかけることを 20 秒から 30 秒間，その後無課題区間で中心固視を 20 秒から 30 秒，を 1 セットとして 5 セット程度繰り返し行う。また，事象関連デザインは，基本的にブロックデザインでは抽出できない，一過性の脳活動の変化を捉える際に用いられる。例えば眼球運動（サッケード）の始動に関連する脳領域を同定したい場合，またオドボール課題のような連続的に刺激が呈示されている中で，時々ターゲット刺激が呈示される場合などがあげられる。モデルは眼球運動の始動時，オドボール課題のターゲット刺激呈示時をオンセットとしてモデルを作成する。事象関連デザインの場合には，加算回数が 15 回から 30 回程度必要になる。

解析ソフトは，UCL の The Wellcome Trust Centre for Neuroimaging で開発されている SPM（https://www.fil.ion.ucl.ac.uk/spm/），Oxford で開発されている FSL（https://fsl.fmrib.ox.ac.uk/fsl/fslwiki/FSL），MGH で開発されている FreeSurfer（https://surfer.nmr.mgh.harvard.edu）などがある。解析は，それぞれのソフトで若干アルゴリズムの違いがみられるものの，解析の流れに違いはなく，統計解析の前処理として，ボリューム（全脳のスライスをまとめたもの）内の時間ずれの補正，MRI のボリューム間の位置のずれの補正，個人脳から標準脳への位置合わせ，MRI ボクセル間の平滑化を行う。その後，一般線形モデルを用いた統計解析を行う。課題の時間の流れに応じてモデルを作成し，課題開始後何秒後から何秒間課題を行ったという boxcar function に hemodynamic response function（HRF 関数）を掛け合わせたものを作成し，それをリグレッサーとして統計解析を行う。このリグレッサーに対しどの程度フィットしているかを全脳すべてのボクセルに対して統計値として算出する（図 2）。この統計値が高いほど，課題に応じた反応（神経活動）を示しているボクセルと判断する。通常，結果はこの統計値を脳の画像上にヒートマップにして表示するため，脳活動の電気的強さのように見えるが，あくまでもモデルとのフィッティングの程度を表した統計値であることを注意する必要がある。また，一般線形モデルを使用しているので，対照とするリグレッサー以外のリグレッサーは covariate of no interest として扱われるので，使用するリグレッサーの種類，数によっても，対照とする統計値が変わってしまうので，結果を解釈する際には，どのようなモデルを使用して求めた結果であるかを考慮する必要がある。

2. 2　resting-state fMRI

課題時と比較し安静時に神経活動が上昇する領域があり，fMRIで安静時脳活動を計測したものをresting-state fMRI[4,5]と呼んでいる。安静時脳活動は，課題を行わず，閉眼もしくは固視点注視し安静にしている時の活動を計測する。脳の神経細胞は，安静時も自発活動を続けており，BOLDには0.01～0.1 Hzの遅い信号として現れてくる。領域間の自発活動の相関を調べることで，相関が高い場合には領域間結合が強く，つまり機能的繋がりが強いと評価できる。このように領域間結合は，1ボクセル単位で計算はできるものの，その結果の解釈と統計的問題から，もう少しまとめて絞り込んだ領域単位で領域間相関を求めることが現実的である[6]。

resting-state fMRIの解析には，いくつかの解析法が提案されている。

独立成分分析（Independent Component Analysis: ICA）は，仮説を設定せずに，空間的に独立した成分を同定する方法である。成分は，デフォルトモードネットワーク，エクゼクティブコントロールネットワーク，セイリエンスネットワーク，視覚ネットワーク，感覚運動ネットワーク，聴覚ネットワーク，注意ネットワークなどに分類されるが，解析された結果がどのネットワークに属するのか，意味あるネットワーク成分かノイズ成分なのか，の分類については，恣意的な判断となってしまうことは注意が必要である。解析としては，抽出されたネットワーク間の相関を求め，条件や群間の比較を行う。

シードベース解析（Seed-based analysis）は，関心領域（ROI）を設定して，その領域のBOLD信号の変化と全脳のすべてのボクセルの信号変化との相関を求めて，同期するネットワークを同定する方法である。特定の脳領域と同期するネットワークを抽出できるメリットがあるが，始めに設定する関心領域の設定の仕方により結果が変わってしまう可能性があるので，注意が必要である。

グラフ理論は，ネットワークの機能的な結合の特徴を定量化する方法である。ノード（node）とエッジ（edge）からネットワークが構成されていると捕らえ，ROIやボクセルをノードとし，ノード間の結合をエッジとして解析する。ノード数が細かすぎると計算が膨大になり，結果の解釈も難しくなるため，脳を半球180領域に分類されたHCP（Human Connectome Project）パーセレーションを用いたROI[7]や116領域に分類されたAAL（Automated Anatomical Labeling）[8]などのROIを使用することが多い。解析結果としてのネットワーク指標は，次数（degree），クラスタリング係数（clustering coefficient），局所効率（local efficiency），モジュラリティ（modularity），特徴的経路長（characteristic path length），媒介中心性（betweenness centrality）など多数あるが，各指標の解説は小野田の論文[9]に詳しく解説されているので参考にされると良い。

Resting-state fMRIは，撮像時間も最低5分程度で行うことができ，特別な装置も必要ないことから，多くの研究に用いられるようになっているが，Resting-state fMRIの信号源は前述の通り低周波のBOLD信号であるため，頭部の動きの影響を受けやすいため，前処理で体動補正をしっかり行う必要がある。また，統計解析上，30分程度の撮像，または撮像時間が短時間の場合はmulti-band EPIなどのシークエンスを使用して高速撮像を行うことで，データポイントをできるだけ多くするように工夫することで安定した結果が得られると言われている。

3　MRスペクトルスコピー（MR Spectroscopy: MRS）

脳におけるMRSは，非侵襲的に脳神経代謝物が測定できる手法である。ここでは，通常脳神経代謝物計測に用いられる水に含まれる水素原子核の信号を計測する^{1}H-MRSについて解説する。NMR現象として，均一な静磁場内では原子核はある一定の周波数で回転する。例えば水素原子は，42.58MHz/T（テスラ）し，回転速度（Hz）は外部磁場の強さ（T）に比例し速くなるため，3TのMRIでは127.74MHzの速度で回転する。この回転速度が水素原子の共鳴周波数になる。ただし，水素原子を含む分子の共鳴周波数は，結合している分子構造によりわずかにズレを生じ，このズレをケミカルシフト（chemical shift）と呼ぶ。ここでは，物理的な詳細な解説は省略するが，ケミカルシフトは，外部磁場に逆らう電子が影響することで実際の水素原子にかる磁場の強さ（内部磁場）は小さくなり，分子構造により電子の数が変化するため分子の種類により内部磁場と外部磁場の強さの差がでることで発生する。ケミカルシフトによる共鳴周波数の差は，ppm（parts per million）で示される。

^{1}H-MRSで測定できる代謝物は数多くあるが，代表的な神経代謝物質としては，N-acetylaspartate（NAA），グルタミン酸（Glu），グルタミン（Gln），γ-アミノ酪酸（GABA）などがあげられる。NAAは，ニューロンの中に多く存在し，神経細胞の脱落や機能障害を反映する指標となる。Gluは興奮性神経伝達物質，Glnは過剰に放出されたGluが変換されたものである。ただし，両者のケミカルシフトが近いため，Gln，Gluの総和としてGlxと表記することもある。特定の脳領域Gluの濃度と記憶や学習などの認知機能との相関を示す結果も報告されている[10)]。Gln，Gluは，興奮性神経伝達物質の活動性を示す指標となる。GABAは，抑制性伝達物質として知られており，抑制性神経伝達物質の活動性を示す指標となる。MRSの解析は，近年比較的簡便に定量的に評価する手法としてlinear model curve-fitting法が用いられることが多い。linear model curve-fitting法は，代謝物毎に*in vitoro*でのスペクトを計測し，基本セットを作成することで，対象とする代謝物の信号のフィッティングを行う方法である。

MRSで計測される信号として，生体内の脳白質における水の濃度は35M，それに対し対象とする代謝物の濃度は15mM程度であり，代謝物は水と比較し1000分の1程度の濃度しかないため[11)]，かなり小さい信号変化を捉える必要がある。さらにGABAはGluと比べ10分の1程度であり，より小さい信号を検出する必要がある。またMRSは，空間解像度がS/Nの問題から低いため，隣接した脳領域での比較は難しい。高磁場技術の向上，MRSのシーケンスの開発など，今後の技術開発を期待したい。

4　おわりに

MRIによる脳イメージングの技術の発展は脳の機能解明に大きく貢献している。ただし，fMRIは，神経活動を直接計測したものではなく，神経活動の代謝をBOLDとして捉えたものである。そのため，基本的には統計解析の統計値を結果として表示し，脳活動として解釈したものである。またMRSは代謝物質の濃度を微小な信号変化から検出したものである。MRIによる脳イメージング研究を行う際は，それぞれの技術の限界と原理を理解した上で行うことが重要である。

文　　献

1) P. T. Fox, M. E. Raichle, Focal physiological uncoupling of cerebral blood flow and oxidative metabolism during somatosensory stimulation in human subjects, *Proc. Natl. Acad. Sci. USA*, **83** (4),1140–1144 (1986)
2) S. Ogawa, T. M. Lee, A. R. Kay, Brain magnetic resonance imaging with contrast dependent on blood oxygenation, *Proc. Natl. Acad. Sci. USA*, **87** (24), 9868–9872 (1990)
3) S. Moeller, E. Yacoub, C. A. Olman, E. Auerbach , J. Strupp, N. Harel, K. Uğurbil, Multiband multislice GE–EPI at 7 tesla, with 16–fold acceleration using partial parallel imaging with application to high spatial and temporal whole–brain fMRI, *Magn. Meson. Med.*, **63** (5), 1144–1153 (2010)
4) M. E. Raichle, A. M. MacLeod, A. Z. Snyder, W. J. Powers, D. A. Gusnard, G. L. Shulman, A default mode of brain function, *Proc. Natl. Acad. Sci. USA*, **98** (2), 676–682 (2001)
5) M. E. Raichle, M. A. Mintun, Brain Work and Brain Imaging, *Annu. Rev. Neurosci.*, **29** (1), 449–476 (2006)
6) W. R. Shirer, S. Ryali, E. Rykhlevskaia, V. Menon, M. D. Greicius, Decoding subject–driven cognitive states with whole–brain connectivity patterns, *Cereb Cortex*, **22** (1), 158–165 (2012)
7) M. F. Glasser, T. S. Coalson, E. C. Robinson, C. D. Hacker, J. Harwell, E. Yacoub, K. Ugurbil, J. Andersson, C. F. Beckmann, M. Jenkinson, S. M. Smith, D. C. Van Essen, A multi–modal parcellation of human cerebral cortex, *Nature*, **536** (7615), 171–178 (2016)
8) N. Tzourio–Mazoyer, B. Landeau, D. Papathanassiou, F. Crivello, O. Etard, N. Delcroix, B. Mazoyer, M. Joliot, Automated anatomical labeling of activations in SPM using a macroscopic anatomical parcellation of the MNI MRI single–subject brain, *Neuroimage*, **15** (2), 454–461 (2002)
9) 小野田慶一，脳画像研究におけるグラフ理論の基礎，生理心理学と精神心理学，**33** (3), 231–238 (2015)

10) K. Shibata, Y. Sasaki, J. W. Bang, E. G. Walsh, M. G. Machizawa, M. Tamaki, L. H. Chang, T. Watanabe, Overlearning hyperstabilizes a skill by rapidly making neurochemical processing inhibitory-dominant, *Nature Neurosci.*, **20** (3), 470-475 (2017)
11) R. Kreis, T. Ernst, B. D. Ross, Development of the human brain: in vivo quantification of metabolite and water content with proton magnetic resonance spectroscopy, *Magn. Reson. Med.*, **30** (4), 424-37 (1993)

第23章　骨粗鬆症と代謝センシング

野田政樹[*1]，江面陽一[*2]

1　高齢化社会と骨粗鬆症

社会の高齢化と共に骨粗鬆症は益々増加しており1280万人が罹患していると推定されている。その発症のメカニズムとしての骨の代謝には骨吸収と骨形成による骨のリモデリングが基盤にある。通常の骨は常に骨の吸収量と形成量が平衡しており骨は同じ量として成人では保たれる。ところが疾病等によりこのバランスが負に傾くことにより骨が減少する。たとえば，閉経後の早期には骨吸収の増加とこれに骨形成の増加が伴うが吸収の増加が大きいことから骨量は低下する。一方，廃用性の骨量の低下すなわち不動性による骨粗鬆症では，骨吸収の増加に加えて骨形成の低下が起こり，骨量の低下がより急速に進行する[1~3)]。

この骨代謝において，骨吸収と骨形成をモニターして骨のリモデリングの情報を得る骨代謝マーカーによるセンシングは，現在重要な事項であり代謝マーカーとして骨代謝診療の必須の項目となっている[4~6)]。これらの代謝マーカーのレベルにより[1)]，疾患病態の把握による各時点での代謝として静的な，骨密度だけではモニターできない動的状況を把握することができる[2)]。さらに時系列的にこのセンシングを行うことにより，これまでの経過の重症度のみならず将来的な疾患の動向の予測が可能となる。またこれに基づく[3)]治療方針として，骨吸収阻害薬，骨形成促進薬ならびにこれに加えた骨代謝修飾の関連薬をいつどのようにどれだけどの組み合わせるのか，あるいはどの順で使用することが妥当なのかなどの治療法の選択の判断の指標となる。加えて[4)]治療開始後の代謝動態の変化に基づく薬物治療の有効性の判定や継続するのか変更するのか終了とするのかの判定は代謝のセンシングにより継続的に評価が可能となる[5)]。レントゲン撮影やDEXAによる骨密度測定は放射線による配慮が必要で，使用できない患者のケースがあるが，骨代謝マーカーによるセンシングでは当然ながらこのような放射線による侵襲は無く採血や採尿によりデータが得られる。さらに骨生検も情報は多く一定の疾患には必要となるが，その侵襲は大きくかつ頻回には行なうことはできないため，骨代謝マーカーによるセンシングはこの点でも有用性が高い。

＊1　Masaki Noda　横浜市立みなと赤十字病院　院長
＊2　Yoichi Ezura　東京医科歯科大学　難治疾患研究所　准教授

2　骨代謝と骨粗鬆症

上述のように骨粗鬆症は骨の形成量と骨の吸収量のバランスが負に傾くことにより骨量が減少し，骨強度が低下し骨折を起こしやすくなった状態である[7~9]。女性の場合には閉経後に急速な骨吸収の増加とこれに伴う骨形成の増加があるが，吸収のレベルが形成を上回るため，バランスが負の状況のままで骨量低下が進行する。男性の場合にも加齢により骨量の低下は進行する。おおむね骨粗鬆症の患者の4分の3は女性で，4分の1は男性である。高齢による全身疾患としての循環器疾患，神経疾患などにより運動量が低下し臥床状態（ねたきりなど）が長期化する場合には廃用性の骨粗鬆症を起こす。この場合には閉経後骨粗鬆症とは異なり，骨吸収の増加に加え，骨形成は増加でなく減少するために2重の骨量減少の要因が重なり，急速な骨量減少が進行する。宇宙飛行士のように健常な場合でも荷重の負荷のない無重力条件では骨吸収の亢進により骨量は速やかに減少するとともに地上に帰還後の荷重の負荷をしても骨量の回復には長期を要する。

この骨吸収と骨形成はそれぞれ破骨細胞と骨芽細胞が担い，両者は全身性のカルシウム調節に関わる液性因子の制御下にあるとともにこの両者の間には相互の働きへの複数の局所の調節シグナルが存在する。血中のカルシウムレベルは厳密に制御されており，この全身性の調節における副甲状腺ホルモンやビタミンD（活性型）を含めた液性因子が内分泌系としてフィードバックを含めて関与する[10,11]。例えばカルシウムレベルの低下は副甲状腺の細胞に蓄えられた細胞内の副甲状腺ホルモンをmSの単位の速さで放出するとともに，遺伝子発現を駆動してそのあとに続く持続的なホルモン分泌を進める。遺伝子発現においても転写因子を駆動する遺伝子発現は大量にかつ長期的にカルシウムの調節因子を発現するシステムもあるとともに，早期に調節の必要に応じてシャットオフが可能なmRNAの安定性を変化させる転写後性の変化としても調節するシステムがあり，これもセンシングによってモニターできるものがある。またカルシウムのレベルが過剰になる状態のみならずビタミンDによっても副甲状腺ホルモンのレベルは抑制される方向に動く。

3　骨形成の評価

骨の形成の活動レベルは骨芽細胞の数と個々の骨芽細胞の活動度の二つの要素により決まる。まず骨芽細胞の数についてその側面をみる。骨芽細胞は未分化な間葉系の細胞から分化する。従ってその数には分化と増殖のさらに二つの要素がある。分化については未分化の間葉系細胞の供給があるか，またこのような未分化細胞や前駆細胞の分化と増殖について言及する必要がある。すなわち小児と成人の違い，あるいは疾病によるこれらの細胞への影響や治療に使用される薬剤による影響がある。

骨芽細胞が分化する際に発現する遺伝子には時系列的な特徴がある。骨芽細胞を決定する遺伝子はRunx2であり，この遺伝子が発現しない動物では骨芽細胞はできず，したがって骨は形成できないので軟骨だけの動物ができる。そのあとc-fosが発現し，骨芽細胞による骨の石灰化に必要なアルカリフォスファターゼやⅠ型コラーゲン，さらにオステオカルシンが発現する[12,13]。

3.1　Ⅰ型コラーゲンーN-プロペプチド

骨の基質は50%がカルシウムなどの鉱質で50%がタンパク質である。このタンパク質の90%はⅠ型コラーゲンであり残りが非コラーゲン性タンパクである。このⅠ型コラーゲンが骨になるために一部が切り出される。このフラグメントであるP1NPは血中でモニターできるので，このⅠ型コラーゲンの産生量は骨の形成量と相関しており，評価の指標となる。骨形成の指標となるマーカーは骨形成が盛んな状態，たとえば成長期の小児や，骨のがんの患者ではレベルは高くなる。閉経による骨粗鬆症ではエストロゲンの消褪により破骨細胞の活動レベルが亢進するが，それと同時に骨形成のレベルが亢進している高回転型の骨代謝の状態が続くが，骨吸収が骨形成を上回ることにより骨の量が減少する。このため閉経後の骨粗鬆症の際にはP1NPのレベルは上昇する。即ち高回転の骨代謝のレベルはP1NPでも骨形成側からの反応としてみることが出来る[14,15]。

3.2　骨型アルカリフォスファターゼ

アルカリフォスファターゼは膜タンパクであり，細胞の二重膜の外膜のフォスファチジルイノシトールに共有結合するとともに，フォスファチジールイノシトール特異的フォスフォライペースCにより，この共有結合が切断され血中に放出される。この酵素は通常の血液検査でモニターできる。骨と肝臓と腎臓（LKB）のアルカリフォスファターゼは同じ遺伝子の産物であり，また小腸と胎盤のアルカリフォスファターゼはそれぞれ異なる遺伝子の産物である。LKBのアルカリフォスファターゼは糖鎖の修飾により区別でき，骨型のアルカリフォスファターゼ（BAP）を特異的な糖鎖に対する抗体を用いて測定して骨形成を評価する[16~18]。

4　骨吸収の評価

閉経後骨粗鬆症においては，骨量の低下の主たる要因は骨の吸収である。骨からは毎日500mgのカルシウムが骨から血中に移行し，これは破骨細胞が骨を吸収することによる。成体ではカルシウムは大人で約1kgであり，そのカルシウムが一定に骨に保たれるのは骨形成として血中のカルシウムが毎日500mg骨に移行することによる。この骨の形成と吸収の繰り返しが骨のリモデリングである。この毎日のカルシウムの入れ替えが継続するので成体ではほぼ6~7年ですべての1kgのカルシウムが置き換えられるほどのスピードである。それ故に骨の吸収と形成のバランスが保たれない状態が続く閉経後の骨粗鬆症の場合には速やかに骨の量が低下する。この骨量の低下は日本人の閉経の50歳前後に続き数年後には始まり，持続的に低下する。

この低下に従い骨の脆弱性が増し，転倒などの軽微なちからでも骨折を起こしやすくなる。骨粗鬆症では，細胞のある骨の表面積が多い海綿骨は皮質骨よりも影響を受けやすく，従って海綿骨の成分の多いかつ荷重や転倒により外力を受けやすい部分に骨折が多く，椎体の骨折，大腿骨の頸部骨折，前腕骨の骨折，上腕骨骨折が脆弱性の骨粗鬆症の骨折として多くなる。

特に大腿骨頸部骨折は年齢の特に高い層では1年以内の死亡率が1割におよぶ生命予後に関わる点で重要であり，骨折を予防できる薬剤を使用した患者群では，使用しなかった群に比べて生命予後が改善することが海外でもまた国内でも報告されている。大腿骨頸部骨折以外の脆弱性の骨折も一旦発生するとそのことは全身性の骨量の低下が背景にあるために，例えば椎体骨折などを一旦起こした際には大腿骨頸部骨折の発生頻度が椎体骨折をおこさなかった場合よりも一定の割合で高くなることが示されていることから，骨粗鬆症の評価とその後の治療の上で重要となる。

骨の吸収は破骨細胞により行われる。この細胞の数と個別の破骨細胞の骨吸収の活性の両方の因子で骨吸収のレベルが決まる。破骨細胞の数はこの細胞の分化のもととなる細胞のレベルとそこからの分化ならびにアポトーシス等のレベルによる。すなわち破骨細胞は血液系の幹細胞から分化することから骨髄における幹細胞のレベル，またそこから系統的に分化する細胞系のなかでマクロファージ・単球系のグループの中から分化する。従ってこの分化のレベルをモニターできる指標がセンシングに有用となる。この破骨細胞の分化の指標の細胞由来の分子としては酒石酸耐性酸性フォスファターゼ（TRAP5c）がある。破骨細胞の骨吸収の機能の面については，その機能の結果となる骨由来の分解産物が対象となる。破骨細胞が骨を吸収する過程は，まず破骨細胞が骨表面に来ること（細胞移動），骨表面に接着すること，細胞の下面の骨側に閉鎖した領域を個々の破骨細胞の下面に形成し，そこにまず酸を分泌して閉鎖した酸性の強い微小環境を作り，これによりまず骨のカルシウムが溶出する。この閉鎖微小環境から酸で溶けたカルシウムは一旦細胞にとりこまれ閉じた小胞により包含された形となり，この小胞が破骨細胞の上面すなわち骨と反対側に細胞内をアピカール側に運ばれて（トランスサイトーシス），その後に小胞から放出されて血中に入る。

4.1 I型コラーゲン架橋Nテロペプチド（NTX）による骨吸収の評価

カルシウムが溶出したあとの破骨細胞の下面の閉鎖腔には，I型コラーゲンを主体とするタンパクの繊維が露出して残ることになるが，これに対して破骨細胞はMMP9などのタンパク分解酵素を閉鎖微小環境に分泌して骨基質のタンパクを分解し，これも一旦破骨細胞に小胞でとりこまれてトランスサイトーシスで破骨細胞内をこの小胞で運び，骨とは反対側で最終的に血中に移行する。このタンパク質の分解産物の血中のレベルは骨の吸収のスピードのレベルを知る指標となる。I型コラーゲンは1本が約300アミノ酸の鎖で，これが3本のヘリックス構造でからみあい，その一本づつをお互いに繋ぎとめるために架橋が3本のコラーゲン同士を結合しているが，三本鎖のコラーゲンの分解において，この架橋のあるテロペプチド部分も骨から血中に放出されて，そのあと尿から排泄される。骨吸収の際にコラーゲンの分解により生ずる骨にもともとあったコラーゲンテロペプチド部分を血中レベルでモニターすると，この分子が骨吸収を主に反映するので，骨代謝の吸収の上での指標となる。I型コラーゲン架橋Nテロペプチド（NTX）ならびにI型コラーゲン架橋Cテロペプチド（CTX）の測定ができる[19~21]。

4.2　デオキシピリジノリンによる骨吸収の評価

コラーゲンの架橋のデオキシピリジノリンを測定することが可能で，これも骨吸収の際のコラーゲンの分解のレベルの指標となる。

4.3　酒石酸耐性酸性フォスファターゼ

酒石酸耐性酸性フォスファターゼは破骨細胞の細胞内の酵素であり，概ね破骨細胞のレベルを反映することから，骨吸収の代謝マーカーとして用いられTRACP-5bが測定される。

5　骨マトリックス関連マーカー

5.1　オステオカルシン

オステオカルシンは骨芽細胞がほぼ特異的に産生するタンパクであり，また分化の段階では骨芽細胞の成熟した細胞のマーカーである。幼若な個体においても骨芽細胞では発現は低い。I型コラーゲンが骨のタンパクの90%を占めるのに対して，オステオカルシンは10%の非コラーゲン性タンパクであり，しかもこの10%の非コラーゲン性タンパクのうち約1割で最も量的に多い非コラーゲン性タンパクである。オステオカルシンの働きの解析によりこの分子が骨芽細胞が発現したあと，血中に移行し膵島の細胞に働いてインスリンの分泌を促進するとされる。オステオカルシンにはカルボキシル化をされるアミノ酸が3か所あり，その修飾が少ない低カルボキシル化オステオカルシン（ucOC）のレベルを検査することができる[22,23]。

5.2　ペントシジンおよびホモシステイン

骨の基質の質との関連分子としてペントシジンおよびホモシステインが報告されている。骨のリモデリングにおいて比較的骨の形成後の新しい骨と古い骨では同じ骨量や骨密度でも強度のうえで違いがあり，その骨の質の指標としてペントシジンおよびホモシステインが報告されている。

6　おわりに

骨粗鬆症は現在の高齢化の進行する社会において益々大きな課題であり大腿骨頚部骨折は今後も増加が予測されている。生命予後にも影響するこの骨折の治療と予防は医療と介護の両面からの問題でもあり，その基盤となる骨のリモデリングをモニターして適切な治療を選択していく上で，骨代謝マーカーは骨粗鬆症のセンシングのうえで必須となっており，精度や治療開始，治療中のモニタリング上の問題が尚解決すべき点であることからこの領域の益々の発展が期待される。

文　献

1） L. Bandeira, JP. Bilezikian, Novel Therapies for Postmenopausal Osteoporosis. Endocrinol. *Metab. Clin. North Am.*, **46** (1), 207–219 (2017)

2） SR. Cummings, R. Eastell, Risk and Prevention of Fracture in Patients With Major Medical Illnesses, A Mini-Review. *J. Bone Miner Res.*, **31** (12), 2069–2072 (2016)

3） R. Eastell, TW. O'Neill, LC. Hofbauer, B. Langdahl, IR. Reid, DT. Gold, SR. Cummings, Postmenopausal osteoporosis. *Nat. Rev. Dis. Primers*, **29** (2), 16069 (2016)

4） M. Lorentzon, SR. Cummings, Osteoporosis, the evolution of a diagnosis. *J. Intern. Med.*, **277** (6), 650–61 (2015)

5） R. Eastell, P. Szulc, Use of bone turnover markers in postmenopausal osteoporosis. *Lancet. Diabetes. Endocrinol.*, **5** (11), 908–923 (2017)
DIAGNOSIS OF ENDOCRINE DISEASE, Bone turnover markers, are they clinically useful?

6） R. Eastell, T. Pigott, F. Gossiel, KE. Naylor, JS. Walsh, Peel NFA. *Eur. J. Endocrinol.*, **178** (1), R19–R31 (2018)

7） J. Starr, YKD. Tay, E. Shane, Current Understanding of Epidemiology, Pathophysiology, and Management of Atypical Femur Fractures. *Curr. Osteoporos Rep.*, **16** (4), 519–529 (2018)

8） R. Eastell, JS. Walsh, Anabolic treatment for osteoporosis, teriparatide. *Clin. Cases Miner Bone Metab.* **14** (2), 173–178 (2017)

9） KJ. Motyl, AR. Guntur, AL. Carvalho, CJ. Rosen, Energy Metabolism of Bone. *Toxicol. Pathol.*, **45** (7), 887–893 (2017)

10） I. Akkawi, H. Zmerly, Osteoporosis, *Current Concepts. Joints*, **6** (2), 122–127 (2018)

11） DC. Grossman, SJ. Curry, DK. Owens, MJ. Barry, AB. Caughey, KW. Davidson, CA. Doubeni, JW. Epling Jr., AR. Kemper, AH. Krist, M. Kubik, S. Landefeld, CM. Mangione, M. Silverstein, MA. Simon, CW. Tseng, Vitamin D, Calcium, or Combined Supplementation for the Primary Prevention of Fractures in Community-Dwelling Adults, US Preventive Services Task Force Recommendation Statement. US Preventive Services Task Force, *JAMA*, **319** (15), 1592–1599 (2018)

12） P. Aghajanian, S. Mohan, The art of building bone, emerging role of chondrocyte-to-osteoblast transdifferentiation in endochondral ossification. *Bone Res.*, **6** (2018)

13) A. Sanghani-Kerai, D. McCreary, H. Lancashire, L. Osagie, M. Coathup, G. Blunn., Stem Cell Interventions for Bone Healing, Fractures and Osteoporosis. *Curr. Stem Cell Res. Ther.*, **13** (5), 369-377 (2018)
14) L. Song, Calcium and Bone Metabolism Indices. *Adv. Clin. Chem.*, **82**, 1-46 (2017)
15) S. D'Oronzo, J. Brown, R. Coleman, The role of biomarkers in the management of bone-homing malignancies. *J. Bone Oncol.*, **11** (9), 1-9 (2017)
16) J. Bover, P. Ureña, A. Aguilar, S. Mazzaferro, S. Benito, V. López-Báez, A. Ramos, I. daSilva, M. Cozzolino, Alkaline Phosphatases in the Complex Chronic Kidney Disease-Mineral and Bone Disorders. *Calcif. Tissue Int.*, **103** (2), 111-124 (2018)
17) JL. Millán, MP. Whyte, Alkaline Phosphatase and Hypophosphatasia. *Calcif. Tissue Int.*, **98** (4), 398-416 (2016)
18) P. Khashayar, HA. Meybodi, G. Amoabediny, B. Larijani, Biochemical Markers of Bone Turnover and their Role in Osteoporosis Diagnosis, A Narrative Review. Recent Pat. Endocr. *Metab. Immune. Drug Discov.*, **9** (2), 79-89 (2015)
19) K. Madrasi, F. Li, MJ. Kim, S. Samant, S. Voss, T. Kehoe, ED. Bashaw, HY. Ahn, Y. Wang, J. Florian, S. Schmidt, LJ. Lesko, L. Li, Regulatory Perspectives in Pharmacometric Models of Osteoporosis. *J. Clin. Pharmacol.*, **58** (5), 572-585 (2018)
20) E. Canalis, MANAGEMENT OF ENDOCRINE DISEASE, Novel anabolic treatments for osteoporosis. *Eur. J. Endocrinol.*, **178** (2), R33-R44 (2018)
21) T. Vilaca, F. Gossiel, R. Eastell, Bone Turnover Markers, Use in Fracture Prediction. *J. Clin. Densitom.*, **20** (3), 346-352 (2017)
22) Agustina H, Asyifa I, Aziz A, Hernowo BS. The Role of Osteocalcin and Alkaline Phosphatase Immunohistochemistry in Osteosarcoma Diagnosis. *Patholog. Res. Int.*, 2018, 6346409 (2018)
23) Chen SM, Peng YJ, Wang CC, Su SL, Salter DM, Lee HS. Dexamethasone Down-regulates Osteocalcin in Bone Cells through Leptin Pathway. *Int. J. Med. Sci.*, **15** (5), 507-516 (2018)

第24章　インスリンが関わる生細胞応答のセンシング

重藤　元[*1]，舟橋久景[*2]

1　はじめに

人間は，食事などで摂取した物質を代謝することによりエネルギーを得て生命活動を維持する。代表的なエネルギー源はグルコースであり，このグルコースの血中濃度を適切にコントロールするために必要なホルモンがインスリンである。食事によって血中グルコース濃度が上昇すると，インスリンは膵臓のβ細胞から分泌され，血流に乗って各種の細胞へ送達される。インスリンを受容した筋肉や肝臓の細胞は，血中のグルコースを細胞内へ取り込み，その結果血中のグルコース濃度が低下する。このインスリンを介した一連の糖代謝に異常が発生すると，糖尿病などの疾病が発症する。したがって，インスリンが関わる生細胞の応答を解析，評価することは，基本的な生命活動の理解だけでなく，糖尿病の診断や治療法開発のためにも大変重要である。筆者らはインスリンが関わる生細胞応答として，インスリン分泌応答（第2節）とインスリン受容により誘導される遺伝子発現応答（第3節）の二つに着目し，それらを解析・評価するためのバイオセンシングプローブを開発してきている。本章ではその一例を紹介する。

2　生細胞のインスリン分泌応答のセンシング

膵β細胞は血中グルコース濃度を感知してインスリンを分泌する。糖尿病ではこのインスリン分泌機能が働いていないことも多く，治療薬開発の代表的な標的となっている。例えば，1型糖尿病治療などに用いられるTolbutamideは膵β細胞のインスリン分泌を誘導する薬剤である。

従来インスリン分泌応答の評価は，培養中の膵β細胞に刺激を与え，培地中に分泌されたインスリンをEnzyme-Linked Immunosorbent Assay（ELISA）法などで検出することによって行われてきた。ELISAは検出感度が高く，使用する抗体の標的認識能に応じた解析が可能であるが，洗浄操作などの煩雑な操作が必要である。また，生細胞が示すインスリン分泌応答の経時的な変化を解析するためには，経時的な培地のサンプリングが必要であることから，インスリン分泌応答の評価には多大な手間と時間がかかる。したがって，インスリン分泌誘導薬のハイスループット・スクリーニングなどには向かない手法である。そこで筆者らは，洗浄操作不要のインスリン検出法を開発し，これを用いた生膵β細胞が示すインスリン分泌応答のセンシング法開発を行った[1]。

＊1　Hajime Shigeto　（国研）産業技術総合研究所　健康工学研究部門　研究員

＊2　Hisakage Funabashi　広島大学大学院　先端物質科学研究科　准教授

2.1　インスリン検出用タンパク質プローブの開発

生膵β細胞が示すインスリン分泌応答のセンシングのためには，培地中のインスリン濃度を連続的に測定することが望ましい。そこでまず，プローブ分子の2つの状態（標的分子が結合した状態と遊離した状態）を区別する必要のない，すなわち洗浄操作などが必要ないホモジニアスアッセイ方式でインスリンの検出が可能なタンパク質プローブの開発を行った[1)]。

通常，血中のインスリンは細胞表面に提示されているインスリン受容体によって捕らえられる。インスリンとインスリン受容体の相互作用のメカニズムは長らく不明であったが，インスリンがインスリン受容体に結合した状態の立体構造が，2013年にJ. G. Mentingらによって詳細に報告された[2)]。その報告によると，インスリンはインスリン受容体のcarboxy-terminal α-chain（αCT）セグメントとleucine-rich-repeat（L1)-Cysteine Rich(CR）ドメインに挟まれる形で結合する。そこで筆者らはαCTとL1-CRをインスリン認識部位として利用したインスリン検出用タンパク質プローブを開発した。発光タンパク質（nano-luc[3,4)]：Nluc，promega）とαCTセグメントを融合したタンパク質と，L1-CRと蛍光タンパク質（YPet[5)]）を融合したタンパク質（Nluc-αCT，L1-YPet）を遺伝子組換えによって作製した（図1)。2つの融合タンパク質はαCTセグメントとL1-CRドメインがインスリンと特異的に結合し，融合タンパク質・インスリンの3分子複合体を形成する。その結果NlucとYPetが物理的に近接する。その際Nlucの発光基質を添加するとNlucの発光エネルギーが，近接したYPetに移動するBioluminescence Resonance Energy Transfer（BRET）現象が生じ，YPetから蛍光としてエネルギーが放出される。したがって発光強度と蛍光強度を計測し，それらの強度比をBRET効率（BRETシグナル）として評価することでインスリンの検出が可能となる。このBRET現象はNlucとYPetが近接している場合のみ生じる。つまりインスリンを認識し複合体を形成したプローブからのみシグナルが生じ，複合体を形成していないプローブ間ではBRET現象が生じない。したがってインスリンと複合体を形成していないプローブを分離する必要がなく，洗浄操作などを行わないホモジニアスアッセイ方式によるインスリンの測定が可能である。

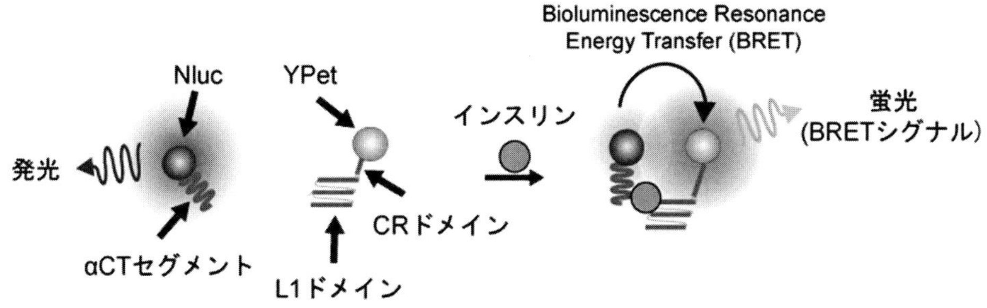

図1　本章で紹介するインスリン検出用タンパク質プローブとインスリン検出の基本原理

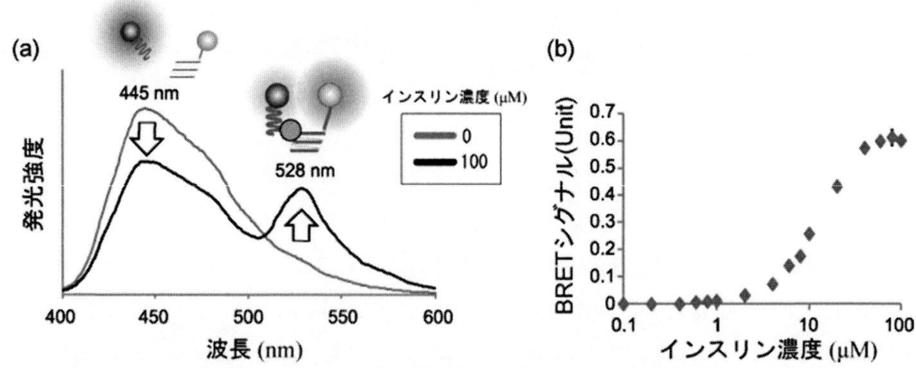

図２　インスリン検出用タンパク質プローブの機能解析
(a)インスリン添加時の発光スペクトル，(b)BRET シグナルのインスリン濃度依存性。文献 1)の図を改変した。Modified and reprinted with permission from ref 1. Copyright 2015 American Chemical Society.

まず融合タンパク質がインスリン検出用タンパク質プローブとして機能するか検討した。Nluc-αCT と L1-YPet，さらにインスリンを混合した後，発光基質を添加し発光スペクトルを測定した（図 2a)。その結果，インスリンを混合した場合，Nluc 由来の発光値（445 nm）が減少し，YPet 由来の発光（蛍光）値（528 nm）が上昇したスペクトルが得られた。2 つの融合タンパク質・インスリンが 3 分子複合体を形成した結果，Nluc と YPet が近接し BRET 現象が生じたと考えられる。インスリンの濃度を 0～100 μM まで変化させて BRET シグナルの評価を行ったところ，濃度依存的な BRET シグナル応答が測定された（図 2b)。これらの結果から，Nluc-αCT と L1-YPet はインスリン検出用タンパク質プローブとして機能しており，これを用いれば洗浄操作などなしにインスリンを検出することが可能であると結論した。

2.2　インスリン検出用タンパク質プローブを用いた生細胞インスリン分泌応答のセンシング

次に筆者らは，開発したプローブを用いて膵 β 細胞株である MIN6[6]（大阪大学・宮崎純一先生より分与頂いた）のインスリン分泌応答のセンシングを行った。MIN6 細胞を培養し，Nluc-αCT と L1-YPet を添加した KREBS-Ringer buffer へ培地を交換し，さらに発光基質を添加した。その後直ちにグルコースで細胞を刺激した。刺激後，Nluc と YPet の発光値を 30 分間にわたり連続的に測定し，得られた測定値を用いて BRET シグナルを算出し，その経時変化を解析した。その結果，細胞をグルコースで刺激した場合には，測定開始からおよそ 10 分後にかけて BRET シグナルが急激に上昇し，ピークに達した後，徐々に減少していった（図 3a)。同様の条件で細胞を刺激した後適宜培地を回収し，ELISA 法によりインスリン濃度を測定したところ，同様の経時変化を示したことから，インスリン検出用タンパク質プローブを用いたインスリン分泌応答のセンシングに成功したと結論した。

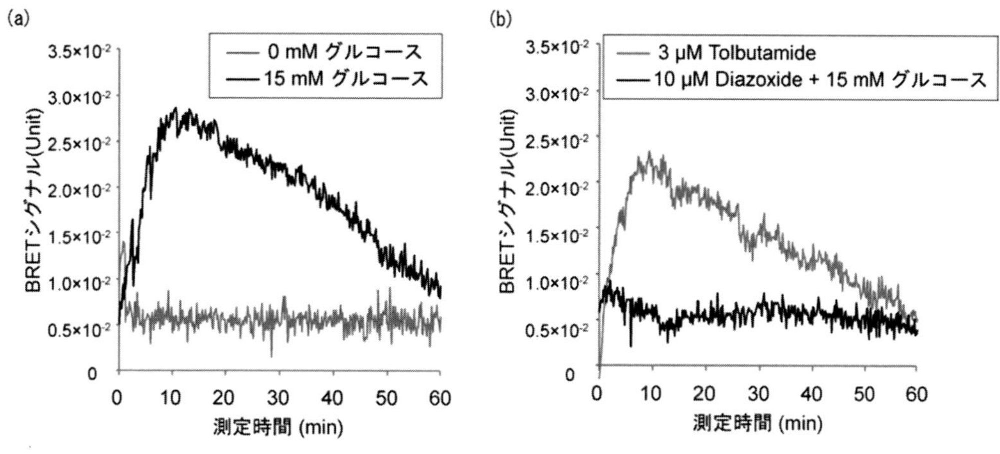

図３　MIN6細胞刺激時のBRETシグナル経時変化
(a)0mMもしくは15mM グルコースで細胞刺激時のBRET シグナルの経時変化,
(b)3μMTolbutamideで刺激もしくは10μM Diaoxideと15mM グルコースで刺激時のBRETシグナルの経時変化。
文献1）の図を改変した。Modified and reprinted with permission from ref 1. Copyright 2015 American Chemical Society.

次に代表的な糖尿病治療薬である，Tolbutamide（インスリン分泌誘導薬）とDiazoxide（インスリン分泌阻害薬）でMIN6細胞を刺激しながらインスリン分泌応答のセンシングを行った（図3b)。Tolbutamideで刺激した場合，BRETシグナルの上昇とそれに続く減少が観察され，明らかなインスリン分泌応答の誘導効果が測定された。一方，単独では十分なインスリン分泌応答を引き起こすグルコース濃度（15mM）を混合したにも関わらず，Diazoxideで刺激した場合はBRETシグナルの上昇は観察されず，インスリン分泌応答の阻害効果が測定された。

以上のことから，インスリン検出用タンパク質プローブを用いたインスリンの連続測定によって，生膵β細胞インスリン分泌応答のセンシングが可能であり，また本センシング法を用いて薬剤効果の評価が可能であることが示された。本法はタンパク質プローブと発光基質を培養液に添加するだけで，生細胞のインスリン分泌応答が評価可能であることから，薬剤開発におけるハイスループット・スクリーニングなどへの応用が期待される。

3　インスリン受容によって誘導される遺伝子発現応答のセンシング

インスリンを受容した細胞はグルコースの取り込みを活性化すると同時にタンパク質合成や細胞増殖を促進する。特にインスリンの主要な受容組織である肝臓や脂肪の細胞は，インスリンを受容すると様々な遺伝子の発現を調節し代謝機能を変動させる。インスリン受容によって発現量が変動する代表的な遺伝子として，グルコーストランスポーター（Glucose transporter; GLUT）であるGLUT1[7,8]やGLUT4[8]の遺伝子が挙げられる。インスリンを受容すると*GLUT1* mRNA

の発現量は一時的に上昇し，*GLUT4* mRNA の発現量は一時的に低下することが報告されている。これらの遺伝子発現を調節することにより，グルコースの取り込み量を調整しているものと考えられる。したがって，このようなインスリン受容によって誘導される遺伝子発現応答の解析は，糖尿病患者のインスリン抵抗性の診断や，2型糖尿病用治療薬開発のためにも重要であろう。

近年頻繁に用いられる遺伝子発現応答解析法である Reverse-Transcription Polymerase Chain Reaction（RT-PCR）法は検出感度が高く，かつ遺伝子特異的な解析が可能である。しかし一方で，細胞を回収し，破砕して内容物を抽出する必要があることから，同一細胞が示す遺伝子発現の変動を解析することは不可能である。先に示した例のように，インスリン受容によって誘導される遺伝子発現は一時的な上昇や減少を示すものも多いと考えられることから，やはり生細胞が示す応答として，同一細胞の経時的な遺伝子発現変動を解析する手法の開発が望まれる。これまでに，細胞を破砕することなく遺伝子発現応答を測定する方法として，RNA の特定の配列を認識する RNA 結合タンパク質と蛍光タンパク質の融合タンパク質を発現させる方法[9]などが報告されている。しかしながら，遺伝子組換えを必要としていることから，バイオプシーなどで患者から採取した細胞に対する適用は難しいと考えられる。そこで筆者らは，遺伝子組換えに頼らない，生細胞遺伝子発現応答センシング法の開発を行った。

3.1 GLUT 遺伝子検出用 DNA ナノ構造体プローブの開発

遺伝子組換えに頼らず生細胞の遺伝子発現応答を解析するセンシングプローブとして，ヘアピン状の DNA ナノ構造体である Molecular Beacon（MB）が知られている[10]。MB はヘアピン構造のループ部分で標的 mRNA を認識すると，この部分が標的と二重らせん構造を形成することから直線状の分子へと構造変化を起こす。この構造変化にともなって，当初近接した状態にあったヘアピン構造の幹部分の両端が引き離されることを利用してシグナルを発生させる。このような動作原理から，MB を生細胞に導入した際に，DNase などよって分解されると両端が引き離された状態と同じような状況となり，非特異的なシグナルが発生してしまうという問題がある。この問題を解決するために，2つの MB 間に修飾した蛍光色素間で生じる Fluorescence Resonance Energy Transfer（FRET）を利用した遺伝子発現応答センシング法も開発されている[11]。この方法では，標的 mRNA 上の近接した配列を認識し結合する2つの MB を用いる。2つの MB が1つの mRNA 上に結合すると，それぞれの MB に修飾していた蛍光色素も近接することになり，FRET シグナルが生じるという原理である。この場合，DNase により各 MB が分解されたとしても蛍光色素が近接しないので，非特異的な FRET シグナルの生成を抑えることが可能である。しかし，1つの標的に対し2つの MB が結合し3分子複合体を形成する必要があることから，細胞内における標的検出速度が大きく低下してしまうことが懸念される。そこで筆者らは，非特異シグナル産生に強い FRET シグナル方式を利用し，かつ検出反応速度低下を考慮する必要のない単独のセンシングプローブで標的を検出することが可能な，新たな DNA ナノ構造体プローブを開発した[12,13]。このプローブは標的認識部位を含む2つの ssDNA と，Cy3

とCy5の2つの蛍光色素を修飾したssDNAの3本のssDNAを自己集積させることによって作製する（図4）。通常は，開いた構造をとっているが，標的の核酸配列を認識すると閉じた状態へと構造変化を起こし，標的をつまむように結合するDNAナノピンセット構造体（DNA-nano-tweezers（DNA-NT））である。DNA-NTが標的核酸と結合し構造が閉じると両腕部分に標識しておいた蛍光色素が近接することから，FRETシグナルを生じる。本節では*GLUT1* mRNAと*GLUT4* mRNAを検出するためのDNAナノ構造体プローブを用いた，インスリン受容によって誘導される遺伝子発現応答のセンシング例を紹介する。

まず*GLUT1* mRNA配列の一部分を標的配列とするDNA-NTを作製し，mRNA検出用プローブとして機能するか検討した。初めに標的配列と同様の配列を持つDNAを反応させ，蛍光スペクトルを解析した。その結果，標的DNAが存在した場合にはCy3の蛍光値が減少し，Cy5の蛍光値が上昇した（図5）。DNA-NTが標的DNAを認識して構造変化を起こした結果，Cy3とCy5が近接しFRET現象が生じたものと考えられる。そこで，実際の細胞内のmRNAが検出可能か検討した。肝臓細胞株であるHepa1-6細胞[14]を固定化後，免疫染色の要領でDNA-NTを反応させた。蛍光観察したところ（図6）Cy3，Cy5ともに全体的に蛍光シグナルが観察され

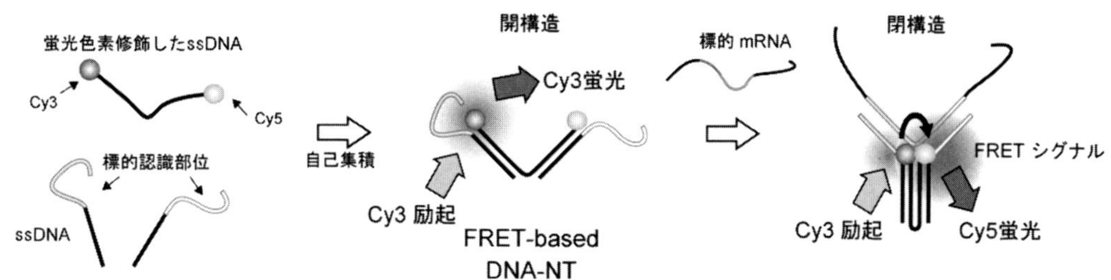

図4　本章で紹介するDNA-NTの構造と標的mRNA検出の基本原理
文献12）の図を改変した Modified and reprinted with permission from ref 12. Copyright 2015 Royal Society of Chemistry.

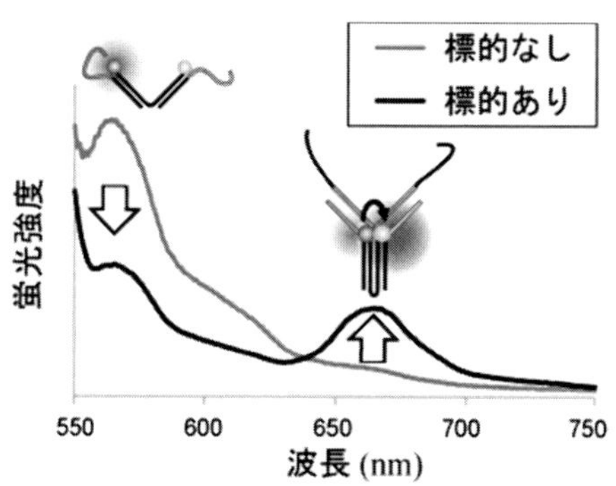

図5　512 nmで励起した際の*GLUT1* mRNA検出用DNA-NTの蛍光スペクトル

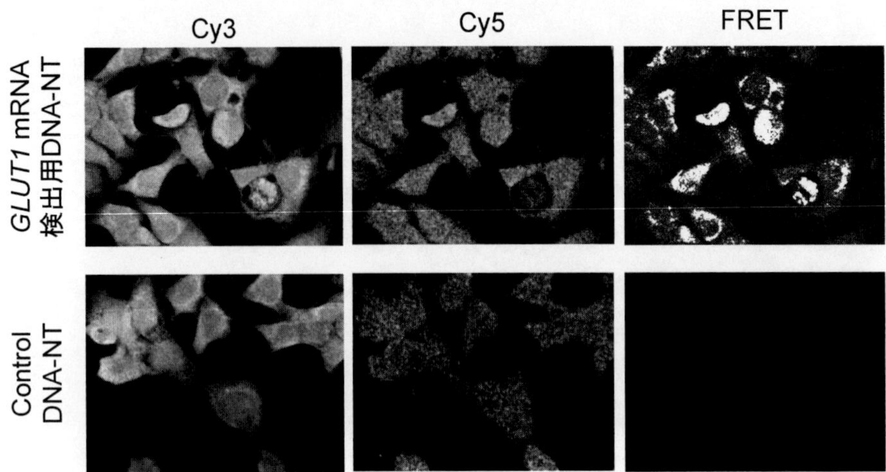

図6　*GLUT1* mRNA 検出用 DNA-NT と Control DNA-NT による固定した細胞内の標的 mRNA 検出

FRET の画像は以下の方法で作成した：FRET＝(f)−[(b)/(a)]×(e)−[(c)/(d)]×(g)。(a)は Cy3 のみを修飾した DNA-NT を用いて取得した「Cy3 励起 Cy3 蛍光の画像」，(b)は Cy3 のみを修飾した DNA-NT で取得した「Cy3 励起 Cy5 蛍光の画像」，(c)は Cy5 のみを修飾した DNA-NT で取得した「Cy3 励起 Cy5 蛍光の画像」，(d)は Cy5 のみを修飾した DNA-NT で取得した「Cy5 励起 Cy5 蛍光の画像」，(e)は Cy3 と Cy5 を修飾した DNA-NT で取得した「Cy3 励起 Cy3 蛍光の画像」，(f)は Cy3 と Cy5 を修飾した DNA-NT で取得した「Cy3 励起 Cy5 蛍光の画像」，(g)は Cy3 と Cy5 を修飾した DNA-NT で取得した「Cy5 励起 Cy5 蛍光の画像」。

文献 12）の図を改変した。Modified and reprinted with permission from ref 12. Copyright 2015 Royal Society of Chemistry.

たことから，DNA-NT が非特異的に細胞組織に吸着していることが考えられる。FRET 画像を作成したところ，核と思われる部分やその周辺部分に強い FRET シグナルを示す画像が得られた。細胞内の mRNA を特に認識しないように設計した Control DNA-NT の場合は，*GLUT1* の場合と同様に Cy3，Cy5 ともに蛍光シグナルが観察されたが，FRET 画像を作成したところ，FRET シグナルは得られなかった。このことから *GLUT1* の場合に観察された核と思われる部分の FRET シグナルは *GLUT1* mRNA を検出した結果であると結論した。また，非特異吸着の多さにも関わらず Control DNA-NT でシグナルが得られなかったことから，FRET シグナル方式を採用したことによって，本法が高いシグナル／非特異シグナル（ノイズ）比（S/N 比）を有していると示唆される。以上の結果からインスリン受容によって誘導される遺伝子発現応答のセンシングが可能であると考え，次に生細胞内 *GLUT* mRNA 発現挙動の連続測定を行った。

3.2　DNAナノ構造体プローブを用いた生細胞が示す遺伝子発現応答のセンシング

生細胞の遺伝子発現応答をセンシングするにあたり，DNA-NTを生細胞内へ導入する必要がある。本研究ではstreptolysin O[15]を利用して細胞膜に一時的に穴をあけDNA-NTを導入した。穴の修復培養を行った後，培地にインスリンを添加し，その後15分ごとに6時間にわたり蛍光画像を取得した。得られた蛍光画像からFRET画像を作成し（図7a，b），各時間に撮影した画像中のすべての細胞のFRETシグナルの平均値を解析した。その結果，*GLUT1* mRNA検出用DNA-NTを導入した場合，FRETシグナルは徐々に増加し，4時間後をピークとしてその後減少した（図8a）。一方*GLUT4* mRNA検出用DNA-NTを導入した場合には，FRETシグナルが減少し，4時間後を谷としてその後回復上昇する挙動が見られた（図8b）。そこで従来法であるRT-PCR法を用いてインスリン刺激後の両mRNA発現量を測定したところ（図8c，d），DNA-NTによって検出したFRETシグナル挙動と同様の経時変化を示した。このことから，DNA-NTを用いたインスリン受容に誘導される遺伝子発現応答のセンシングに成功したと結論した。

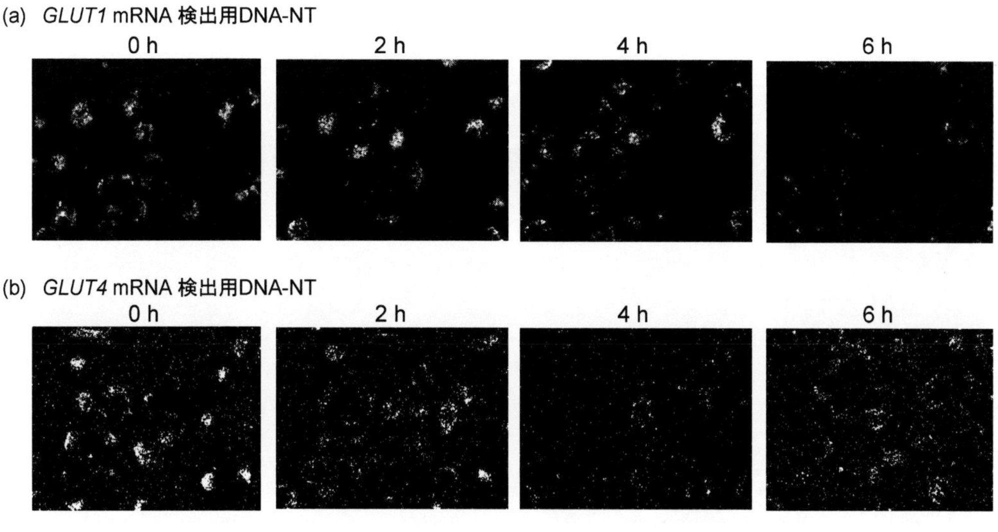

図7　インスリン刺激後の各時間におけるFRET画像
(a)*GLUT1* mRNA 検出用DNA-NT導入細胞，(b)*GLUT4* mRNA 検出用DNA-NT導入細胞。各FRET画像は図6と同じ手法で作成した。
文献13）の図を改変した。Modified and reprinted with permission from ref 13. Copyright 2016 American Chemical Society.

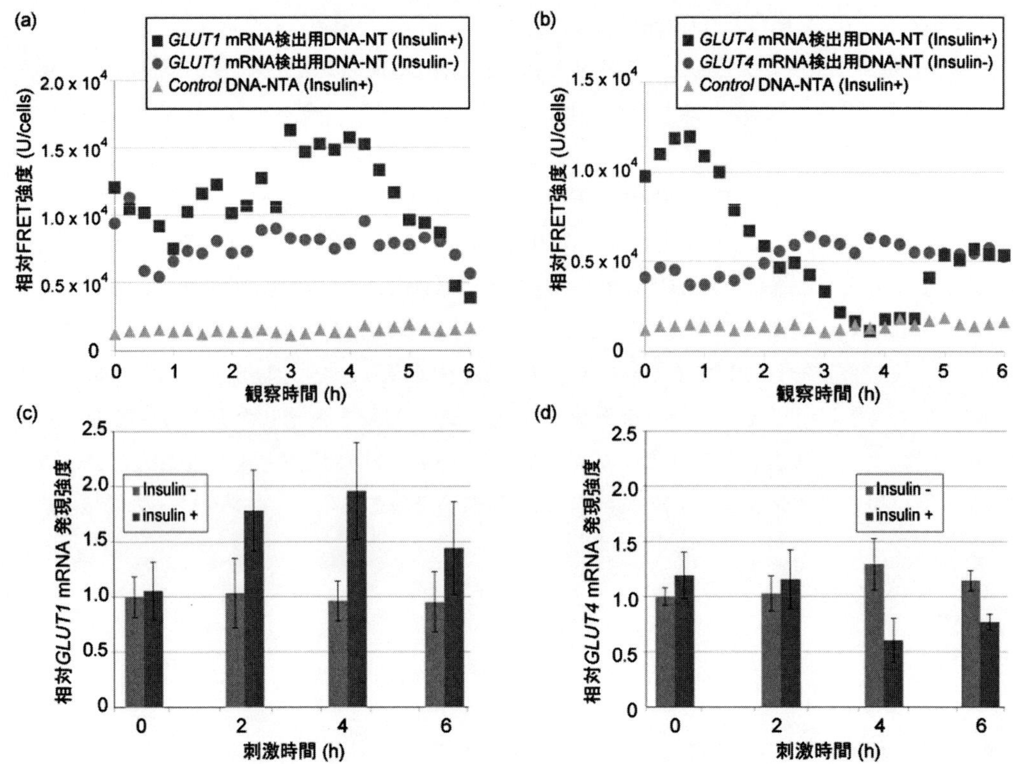

図８　インスリン刺激後の生細胞 *GLUT* mRNA 発現の経時変化

(a)インスリン刺激後の FRET シグナルの経時変化；*GLUT1* mRNA 検出用 DNA-NT による測定，(b)インスリン刺激後の FRET シグナルの経時変化；*GLUT4* mRNA 検出用 DNA-NT による測定，(c)インスリン刺激後の生細胞 *GLUT1* mRNA 発現の経時変化；RT-PCR 法による測定，(d)インスリン刺激後の生細胞 *GLUT4* mRNA 発現の経時変化；RT-PCR 法による測定。RT-PCR 法による測定は，3 回測定した平均値で示した。

文献 13）の図を改変した。Reprinted with permission from ref 13. Copyright 2016 American Chemical Society.

4　おわりに

食事によるエネルギー獲得は生命維持のために必須の代謝であるが，過剰な食事などは糖尿病などの疾病を引き起こす。現代では糖尿病患者数は増加の一途をたどる深刻な問題である。本章では，インスリン検出用タンパク質プローブを用いた生膵β細胞のインスリン分泌応答のセンシングと，GLUT 遺伝子検出用 DNA ナノ構造体プローブを用いたインスリン受容により誘導される遺伝子発現応答のセンシングを，インスリンが関わる生細胞応答のセンシング例として紹介した。それらは薬剤スクリーニングや再生医療のために作製した細胞の機能評価，糖尿病などの疾患患者から採取した細胞の遺伝子発現応答センシングなどへ適応が期待される。

インスリンが関わる糖代謝は，現代人が健康な生活を送るための鍵となる最も重要な代謝の一つであろう。本章で紹介したそれぞれのセンシングに用いたプローブは，洗浄操作などの必要ないホモジニアスアッセイ方式での標的検出や連続測定に適応が可能である。多くのインスリンが関わる生細胞応答のセンシングに適応され，糖尿病治療に限らず現代人が健康な生活を送るための一助となれば幸いである。

謝辞

膵β細胞株であるMIN6細胞をご分与いただきました，大阪大学大学院教授　宮崎純一先生に深く感謝申し上げます。

文　　献

1) H. Shigeto *et al., Anal. Chem.*, **87**, 2764–2770 (2015)
2) J. G. Menting *et al., Nature*, **493**, 241–245 (2013)
3) M. P. Hall *et al., ACS Chem. Biol.*, **7**, 1848–1857 (2012)
4) C. G. England *et al., Bioconjug. Chem.*, **27**, 1175–1187 (2016)
5) A. W. Nguyen & P. S. Daugherty, *Nat. Biotechnol.*, **23**, 355–360 (2005)
6) J. I. Miyazaki *et al., Endocrinology*, **127**, 126–132 (1990)
7) A. Barthel *et al., J. Biol. Chem.*, **274**, 20281–20286 (1999)
8) J. R. Flores-Riveros *et al., Proc. Natl. Acad. Sci. U. S. A.*, **90**, 512–516 (1993)
9) T. Ozawa *et al., Nat. Methods*, **4**, 413–419 (2007)
10) S. Tyagi & F. R. Kramer, *Nat. Biotechnol.*, **14**, 303–308 (1996)
11) P. J. Santangelo, *Nucleic Acids Res.*, **32**, e57 (2004)
12) H. Funabashi *et al., Analyst*, **140**, 999–1003 (2015)
13) H. Shigeto *et al., Anal. Chem.*, **88**, 7894–7898 (2016)
14) G. J. Darlington *et al., J. Natl. Cancer Inst.*, **64**, 809–819 (1980)
15) M. Palmer *et al., Biochemistry*, **37**, 2378–2383 (1998)

第25章　動物培養細胞の^{13}C代謝フラックス解析

岡橋伸幸[*1]，松田史生[*2]，清水　浩[*3]

1　はじめに

中心炭素代謝経路は，糖などの炭素源を分解し，エネルギーや細胞を構成するタンパク質，脂質，核酸などの前駆体を獲得する重要な役割を担っている。中心炭素代謝経路の活性は，疾患や細胞の分化と関連があることが知られている。例えば，がん細胞は酸素の有無にかかわらず解糖系に依存した代謝（ワールブルク効果）を行うことが古くから知られている[1)]ほか，T細胞やマクロファージといった免疫細胞の分化には中心炭素代謝経路の活性変化が関わっていることが示されている[2)]。これは中心炭素代謝経路の制御メカニズムを解明することで，疾患細胞特異的な代謝を標的とした創薬や，代謝を指標とした細胞医薬品の分化制御，品質評価の実現につながる可能性を示唆している。

中心炭素代謝経路の活性を正確に理解するためには，個別の反応に注目するだけでなく，複数の酵素反応から成る代謝ネットワークを一つのシステムとして捉え，細胞が取り込んだ炭素の“流れ”（炭素源をどの経路で分解し，どのような用途に利用しているのか）を定量する必要がある。これを実現するには，細胞あたり，時間あたりの化学反応量で定義される代謝フラックスを指標として代謝の活性化度合を議論すればよい。残念ながら，代謝フラックス自体は機器等で直接計測できる量ではないため，これまでの研究では，反応に関わる代謝物（基質や生産物）の量，反応を触媒する酵素のタンパク量や遺伝子発現量の計測を通して，間接的に代謝フラックスの増減が推定されてきた。しかし，これらのデータから実際の代謝フラックスを定量的に推定するのは必ずしも容易ではない。例えば，ある代謝物の蓄積が観測された場合，上流の代謝反応が活性化して代謝物が蓄積したのか，下流の代謝反応が停滞して代謝物が蓄積したのか，一意に解釈するのが難しい場合がある。また，代謝フラックスはタンパク質の翻訳後修飾やアロステリック制御など定量の難しい要因の影響を受けるため，酵素遺伝子の発現量や酵素タンパク量だけから代謝フラックスを推定するのは限界がある。この問題を解決するには，物質収支の計測，^{13}C標識

＊1　Nobuyuki Okahashi　大阪大学　大学院情報科学研究科　バイオ情報工学専攻
バイオ情報計測学講座　助教

＊2　Fumio Matsuda　大阪大学　大学院情報科学研究科　バイオ情報工学専攻
バイオ情報計測学講座　教授

＊3　Hiroshi Shimizu　大阪大学　大学院情報科学研究科　バイオ情報工学専攻
代謝情報工学講座　教授

実験，情報解析技術を組み合わせた^{13}C代謝フラックス解析法を利用し，直接測れない代謝フラックスを定量化することで，代謝活性の定量的な理解と，活性化・抑制されている代謝反応の発見が可能になる。^{13}C代謝フラックス解析法は元来，微生物の代謝工学分野で発展してきた手法であるが，近年では *in vitro* 培養がん細胞の中心炭素代謝経路の解析に盛んに利用されている[3)]。本稿では，^{13}C代謝フラックス解析法の原理や動物培養細胞に適用する際に満たすべき条件，薬剤処理した細胞の中心炭素代謝経路のフラックス分布の変化を観測した解析例について概説する。

2　原理

^{13}C代謝フラックス解析法は(a)物質収支の決定，(b)^{13}C標識炭素源を用いたトレーシング実験，(c)代謝モデルを用いた計算機上での代謝フラックスの計算の3つのパートに分けられる（図1）。

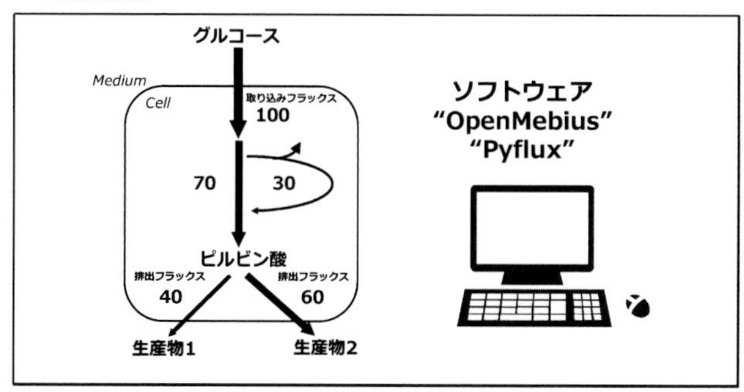

図1　^{13}C代謝フラックス解析法の概要

2.1　物質収支の決定

^{13}C 代謝フラックス解析を実施する際に最初に行うのは，ディッシュ上で細胞を培養した際の細胞数と培地成分の経時変化の計測である（図 1a)。このデータから時間当たり，細胞当たりの取り込みフラックスと排出フラックス（単位：mol/cell/time）を計算できる。詳細な計算方法は文献[4]にて紹介されているので参照されたい。物質収支を計算することで，細胞がどの炭素源（グルコースやグルタミン，分岐鎖アミノ酸など）に依存し，どの物質（乳酸や非必須アミノ酸など）を細胞外に排出しているのかという，炭素の“キャッシュフロー”を知ることができる。培地成分を計測するにあたり，成分は出来るだけ既知成分で構成されているほうが解析上都合がよいため，雑多な炭素源など未知の低分子をできるだけ排除した透析血清を含む培地を用いる。取り込んだ炭素源は排出するだけでなく，細胞増殖に必要な構成成分の生合成にも利用される。これらの生合成に必要なフラックスは乾燥細胞重量当たりに占めるタンパク質，脂質，核酸など文献値[5]と実測した細胞の比増殖速度から算出する。

2.2　^{13}C 標識炭素源を用いたトレーシング実験

物質収支の計測からは，細胞が取り込む，もしくは排出する物質のフラックスを知ることができるが，一方で，代謝経路の分岐点でのフラックスを推定することはできない。それらを決定するためには炭素の安定同位体 ^{13}C で位置特異的に標識した炭素源を用いたトレーサー実験を行う（図 1b)。例えば，グルコースの 1 位の炭素が ^{13}C で置換された［1-^{13}C］グルコースを含む培地中で細胞を培養し，細胞内のピルビン酸（もしくはピルビン酸から合成され，同一の炭素骨格を持つアラニン）の ^{13}C 標識割合を質量分析装置で計測すると，解糖系と酸化的ペントースリン酸経路の代謝フラックスの分岐比を計測できる。解糖系で代謝された［1-^{13}C］グルコースからは，非標識のピルビン酸と 1つ ^{13}C を含むピルビン酸が 1：1 の割合で生じるのに対し，［1-^{13}C］グルコースが酸化的ペントースリン酸経路で代謝された場合，1 位の ^{13}C は脱炭酸反応で失われるため，非標識のピルビン酸のみを生じる（図 1b，図 2a)。このように［1-^{13}C］グルコースが代謝される経路の違いが代謝物質中に蓄積する ^{13}C 標識のパターンに影響することから，^{13}C 標識代謝物の割合を質量分析装置や核磁気共鳴装置で計測することで，代謝経路の分岐点におけるフラックスの分岐比を推定できる。このような解析は ^{13}C 代謝フラックス比解析（以下，比解析と記述）と呼ばれ，本手法単独でもよく利用されている。比解析では，炭素源のどの位置に ^{13}C 標識を施すかが肝心であり，汎用されるものについては総説[4,6]で紹介されている。代表的な例は，［1-^{13}C］グルタミンを使った酸化的代謝と還元的代謝の区別である[7]（図 2b)。［1-^{13}C］グルタミンは細胞内に取り込まれて［1-^{13}C］α ケトグルタル酸（αKG）を生じる。［1-^{13}C］αKG は酸化的に代謝されると 1 位の炭素が CO_2 として失われ，以降の代謝物は非標識となるのに対し，還元的に代謝されると標識を保持したクエン酸を生じるため，クエン酸の ^{13}C 標識割合を計測することで，酸化的代謝と還元的代謝を区別することができる（図 2b)。一般に比解析はある 1 か所の分岐点におけるフラックス分岐比を決定することが目的であり，解釈のしやすいシンプルな

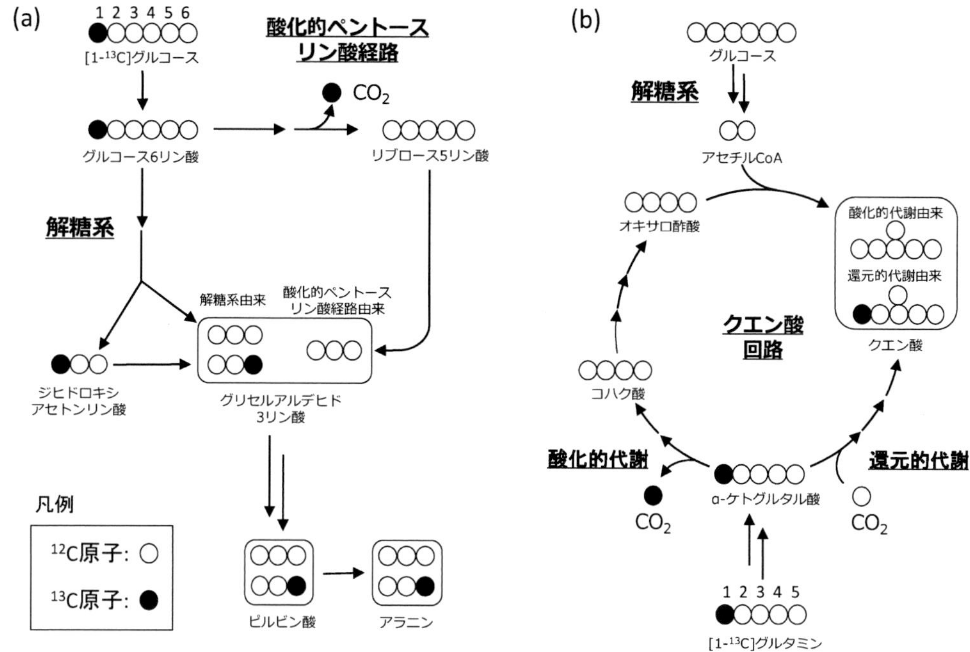

図2　^{13}C 代謝フラックス比解析の例
[1−^{13}C]glucose を用いた解糖系と酸化的ペントースリン酸経路のフラックス分岐比の推定，(b)[1−^{13}C]glutamine を用いた酸化的代謝と還元的代謝の区別

標識基質が望ましい。一方，2. 3節に示すように，中心炭素代謝経路の種々の分岐比を同時に精度よく推定するためには，複数の標識基質や標識パターンを混合して用いる場合[8]や，各ディッシュに別々の標識基質を添加して，それぞれから得た ^{13}C 標識情報を統合して解析するパラレルラベリング法[9]を用いる場合もある。注意するべき事項は，測定した代謝物から天然に存在する酸素や水素などの同位体の影響を考慮する必要があることである。これはそれぞれの同位体の天然存在割合とあり得る同位体の組み合わせ計算により天然同位体の影響を除去できる[10]。

2. 3　計算機上の代謝モデルを用いた代謝フラックスの計算

2. 2節ではシンプルな代謝経路の例について考えたが，実際の中心炭素代謝経路は分岐点が複数あり，^{13}C 炭素原子が代謝物中をどのように伝播していったかを頭で考えて追跡するのは煩雑である。そこで，炭素原子の移動様式を記述した代謝モデルを用いて計算機上で計算を行う。実験に用いた ^{13}C 標識炭素源と実測した取り込みおよび排出フラックスの情報を代謝モデルに与えると，物質収支を満たす範囲でフラックス分布が生成され，用いた ^{13}C 標識炭素源からそれぞれの代謝物に蓄積する ^{13}C 標識割合をシミュレートすることができる。この計算された ^{13}C 標識割合（計算値）を実測した ^{13}C 標識割合（実測値）と比較しながら，計算値が実測値に近づくように非線形最適化法を使ってフラックス分布に調整を加える。最終的に十分計算値が実測値に近づいた際のフラックス分布が細胞内で起こっている代謝反応のフラックス分布であると推定する。この時に計算値が実験値にどれぐらい近づいたかをχ^2検定で統計的に評価することで推定結果の妥当性を確認できる。また，この時に許容されるフラックスの範囲が信頼区間となる[11]。これらの一連の計算機上での解析を行うため，我々はMatlab環境で動作する^{13}C代謝フラックス解析ソフトウェア“OpenMebius”[12]，およびそのPythonバージョン“Pyflux”を構築してきた。また海外のグループからも同様のソフトウェアが発表されている[13~16]。

3　適用可能な条件

^{13}C代謝フラックス解析を行うにはいくつかの条件を満たす必要がある[17]。まず，物質収支の測定や^{13}Cトレーサー実験を行う際には，細胞の代謝状態が経時的に変化しない状態でなければならない。代謝状態が一定であると仮定できるのは細胞の増殖速度が一定の対数増殖期が代表的である。増殖していない細胞の解析では，取り込みフラックスや排出フラックスが一定であることを担保すればよい。代謝物の^{13}C標識割合をフラックス解析に用いる際には，計測対象代謝物の炭素が十分^{13}Cで置換され，標識割合が定常に達していることが条件となる[17,18]（図3）。そのため別々のディッシュに均一に播種した細胞の代謝物を経時的に回収，分析し，^{13}C標識割合が一定に達していることを確認する必要がある。細胞ごと，代謝状態ごとに物質の取り込み速度や代謝物の蓄積量，ターンオーバー速度が異なるため，実験系ごとに確認することが望ましいが，*in vitro*培養がん細胞の場合には24時間ほど対数増殖させる培養系がよく用いられる。近年では，同位体定常状態に達成する前の同位体非定常状態の^{13}C標識割合の時系列データを用いてフラックス分布を推定する手法も開発されている[12,16]。

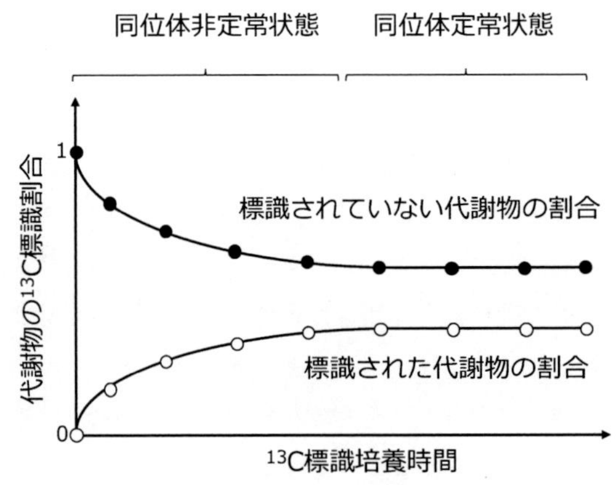

図3　同位体定常状態と同位体非定常状態

4　パクリタキセルを処理したヒト乳がん細胞株MCF-7の解析例

^{13}C代謝フラックス解析の例として，有糸分裂阻害剤パクリタキセルを処理したヒト乳がん細胞株MCF-7の解析結果を紹介する[19]。パクリタキセルを処理した細胞の増殖挙動を観測すると，処理直後から6時間までは細胞数が減少するのに対し，その後は増殖を回復したことから，何らかのメカニズムで細胞がパクリタキセル処理に適応したことが示唆された（図4）。過去の知見では，パクリタキセル処理された細胞ではミトコンドリアの脱分極が起こり，呼吸速度が増大すること[20]，コハク酸脱水素酵素（SDH）やリンゴ酸脱水素酵素（MDH）などのクエン酸回路の酵素タンパク量や呼吸鎖タンパク量が増加すること[21]が報告されている。パクリタキセルへの適応には中心炭素代謝におけるエネルギー獲得が関与している可能性が考えられたため，活性の変化した代謝反応を特定するべく^{13}C代謝フラックス解析を行った。MCF-7を［1-^{13}C］グルコースを含む培地で培養し，培地成分および細胞内代謝物の^{13}C標識割合の分析を行った。培地成分の計測から，細胞あたり時間当たりのグルコースの取り込み量や乳酸の排出量を調べたところ，グルコース取り込みフラックスが858 nmol$(10^6\mathrm{cells})^{-1}\mathrm{h}^{-1}$から673 nmol$(10^6\mathrm{cells})^{-1}\mathrm{h}^{-1}$に，乳酸排出が1451 nmol$(10^6\mathrm{cells})^{-1}\mathrm{h}^{-1}$から821 nmol$(10^6\mathrm{cells})^{-1}\mathrm{h}^{-1}$に低下していた（表1）。一般に解糖系では1分子のグルコースから最大2分子の乳酸を産生できるが，パクリタキセル処理ではグルコースに対する乳酸産生収率が1.72から1.21に低下し，がんで活性化しているとされる好気的解糖が緩和していることが示唆された。グルコースに次いで重要な炭素源であり，窒素源でもあるグルタミンの取り込みに差はみられなかった（表1）。

続いて，代謝経路の分岐点におけるフラックスの分岐比を決定するために，細胞から抽出した代謝物の^{13}C標識割合をガスクロマトグラフ質量分析装置で計測した。図5にはピルビン酸の^{13}C標識割合の経時変化を示した。コントロール，パクリタキセル処理した細胞の細胞内ピルビン酸の^{13}C標識割合は標識実験開始後9時間から24時間にかけて一定となっており，同位体定常状態が確認できた。上述の通り，［1-^{13}C］グルコースが解糖系ですべて代謝された場合は，非標識のピルビン酸（M+0）と一つ^{13}Cを持つピルビン酸（M+1）が1：1で生じ，酸化的ペントースリン酸経路の割合が増えるにしたがって非標識のピルビン酸（M+0）の割合が増加する（図

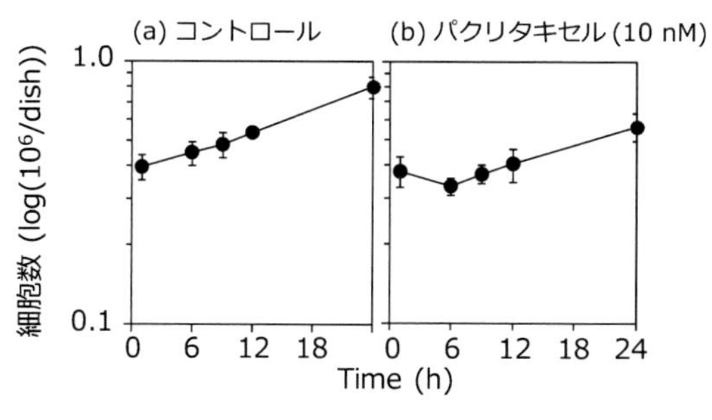

図4　細胞数の挙動

表1　取り込みフラックスと排出フラックス

	フラックス（nmol(10^6 cells)$^{-1}$ h^{-1}）	
	コントロール	10 nM パクリタキセル
取り込まれた代謝物		
グルコース	858±351	673±164
グルタミン	91.2±25.6	95.3±11.0
アルギニン	46.5±2.7	49.3±9.6
排出された代謝物		
乳酸	1451±26	821±53
グルタミン酸	22.5±0.8	34.9±2.2
プロリン	3.7±0.2	5.3±1.4
アスパラギン酸	4.2±1.2	9.8±0.3
アスパラギン	10.5±0.6	15.2±3.6
アラニン	25.6±1.2	23.1±1.3

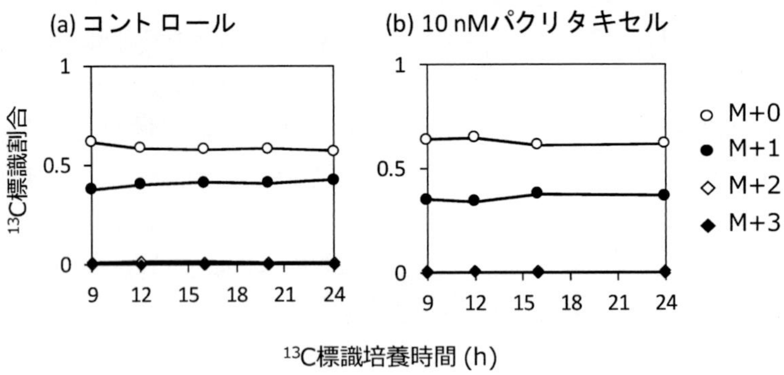

図5　ピルビン酸の ^{13}C 標識割合の経時変化

2a)。本実験では，コントロールではM+0：M+1=57：42であるのに対し，パクリタキセル処理では62：37と非標識ピルビン酸の割合が増加していることから（図5），パクリタキセルを処理した細胞では解糖系に流れ込むフラックスの割合が減少し，酸化的ペントースリン酸経路へのフラックスの割合が増加していることが示唆された。

これまでに得た物質収支のデータと細胞内代謝物の ^{13}C 標識割合のデータをソフトウェアOpenMebius[12]で統合的に解析し，中心炭素代謝経路のフラックス分布を算出した（図6）。解析結果を見ると，解糖系の最初の反応グルコースリン酸イソメラーゼ（PGI）のフラックスは742 nmol(10^6 cells)$^{-1}$h^{-1} からパクリタキセル処理で547 nmol(10^6 cells)$^{-1}$h^{-1} に低下しており，以降の解糖系のフラックスもパクリタキセル処理で有意に低下していた（図6，PGI）。一方，グルコース6リン酸脱水素酵素（G6PDH）酸化的ペントースリン酸経路のフラックスに有意な変化はみられなかった（図6，G6PDH）。続いてクエン酸回路のフラックスに注目すると，イソクエン酸脱水素酵素（IDH）のフラックスはコントロールでは αKG からクエン酸の方向に反応が進む還元的代謝が起こっているのに対し，パクリタキセル処理した場合にはクエン酸から αKG の方向

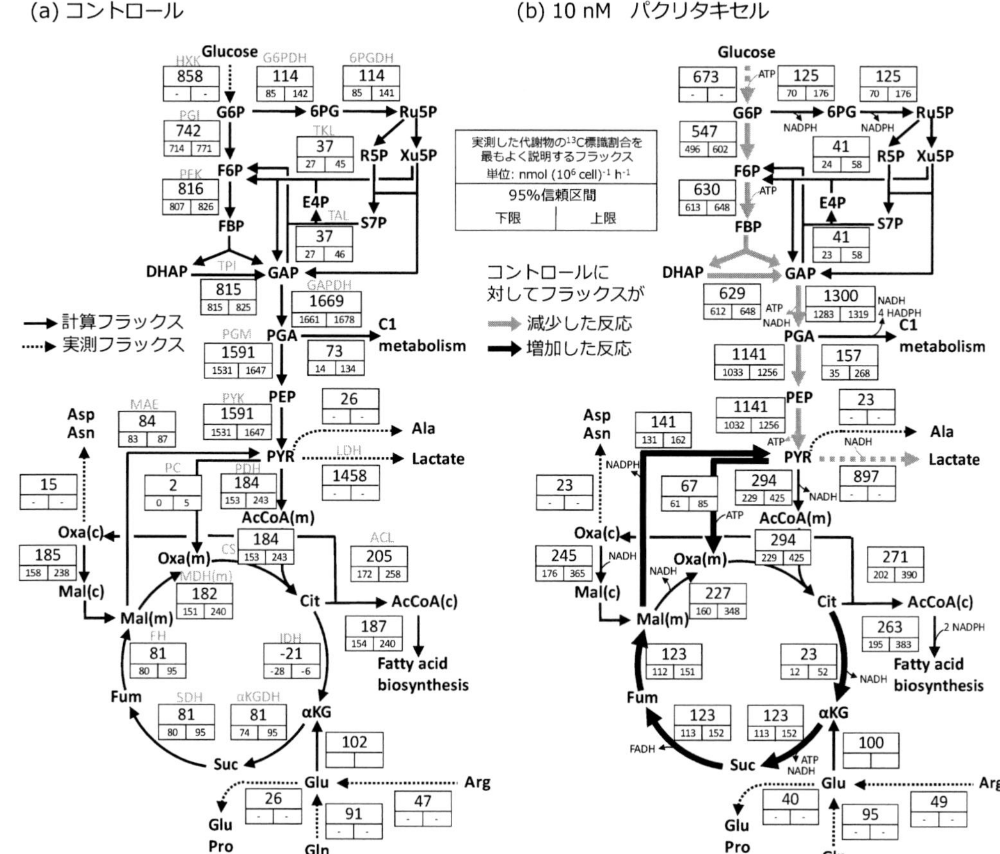

図 6　MCF-7 のフラックス分布
(a) コントロール細胞と，(b) パクリタキセル処理細胞

に反応が進む酸化的代謝に変化していた（図 6，IDH）。クエン酸回路のフラックスや補充経路のフラックスはパクリタキセルを投与した場合に増加しており，解糖系依存的な代謝が緩和され，クエン酸回路を中心とした代謝に変化することが定量的に明らかとなった。このように，注目する反応の向きやフラックスの増減がわかるだけでなく，その変化がほかの反応のフラックス値に対してどれぐらいなのかを量的に議論することができる。このような代謝反応間での活性の比較が可能である点が ^{13}C 代謝フラックス解析の最大の利点であり，この特徴を生かせば，中心炭素代謝経路で再生される補酵素 ATP，NADH などの再生にいずれの反応が寄与しているのかを量的に知ることができる（図 7）。例えば，NADH は中心炭素代謝経路のグリセルアルデヒド 3 リン酸脱水素酵素（GAPDH），ピルビン酸脱水素酵素（PDH），α-ケトグルタル酸脱水素酵素（αKGDH），SDH，MDH で再生される。これらのフラックスを足し合わせると，中心炭素代謝経路での NADH の総再生速度がわかる（図 7a）。コントロールでは GAPDH が 6 割程度を占める主要な NADH 再生反応であることがわかる。一方，再生された NADH は LDH の反応で

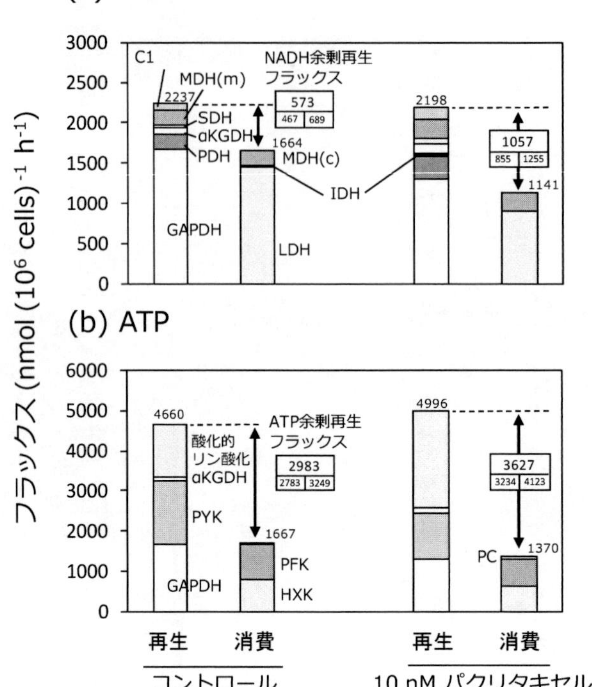

図７　補酵素の再生フラックスと消費フラックスのバランス
(a)NADH，(b)ATP

その多くが消費されており，余剰になったNADHは酸化的リン酸化によってATP再生に利用されていると推測される。パクリタキセル処理時のNADHの再生と消費を比較すると，総再生速度に大きな変化はないが，その内訳はGAPDHの割合が低下し，クエン酸回路の反応の割合が増加している。一方，消費についてはLDHのフラックスが減少したことから，酸化的リン酸化で再酸化されるNADHが増加していることが示唆された。ATPについて見ると（図7b），基質レベルのリン酸化（GAPDHとPYK）と酸化的リン酸化で再生されるATP比はおよそ7：3であり，このうちの36％がグルコース取り込みのヘキソキナーゼ（図6, HXK）と続く解糖系のホスホフルクトキナーゼ（PFK）の反応で消費されることが分かった。再生と消費の差には大きな開きがあり，中心炭素代謝経路以外の多くの細胞機能の維持にATPを利用していることが示唆された。パクリタキセル処理では基質レベルでのリン酸化のフラックスは減少しているものの，酸化的リン酸化で再生されるATPの割合が50％まで増加していた。ATP総再生フラックスは4660 nmol $(10^6$ cells$)^{-1}$h^{-1}から4996 nmol $(10^6$ cells$)^{-1}$h^{-1}に増加しているが，一方で解糖系フラックスの減少によりATPの消費は1667 nmol $(10^6$ cells$)^{-1}$h^{-1}から1370 nmol $(10^6$ cells$)^{-1}$h^{-1}に減少しているため，その差分が示すATPの余剰再生フラックスはコントロールの1.2倍に増加していた。以上から，パクリタキセル処理された細胞ではATPの余剰再生フラックスを増加

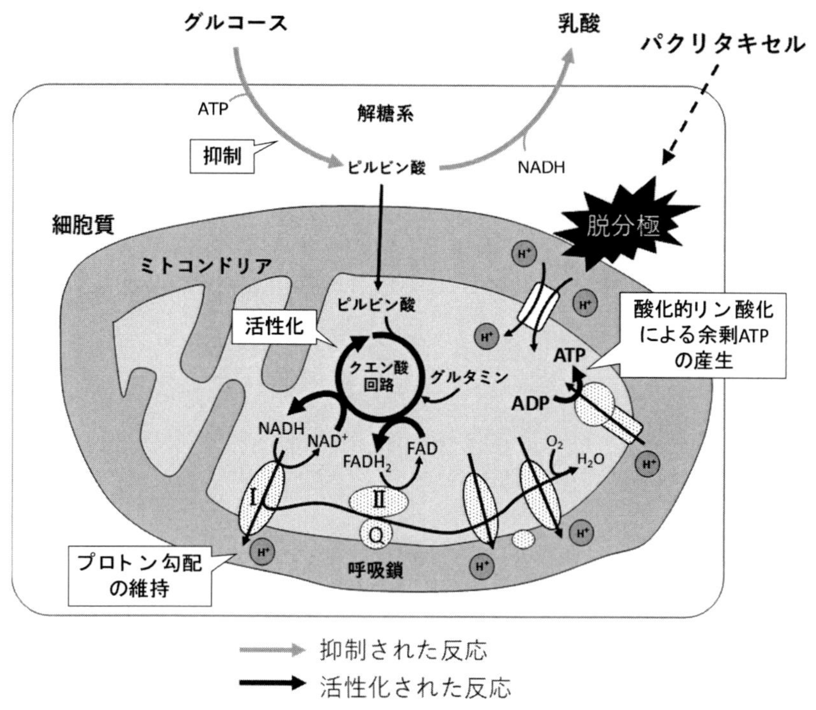

図8　パクリタキセル処理でおこる細胞での代謝適応

させるように代謝を変化させることで，他の細胞機能へのATP利用性を高め，細胞増殖を回復させた可能性が考えられる。過去の報告では，パクリタキセル処理した細胞ではミトコンドリアの脱分極が引き起こされることから[20]，本研究で観測されたクエン酸回路や呼吸鎖の活性増大は，脱分極によってマトリックスに放出されたプロトンを汲み出し，プロトン勾配を維持することで，パクリタキセルの効果を打ち消した可能性がある（図8)。この仮説が正しければ，クエン酸回路での酸化的な代謝や呼吸鎖を阻害するような薬剤をパクリタキセルと併用するような薬剤の開発が有望であると提言できる。このように^{13}C代謝フラックス解析法を用いて，中心炭素代謝の活性の変化やエネルギー獲得状況を直接的かつ定量的に理解することで，薬剤投与による適応後の代謝表現型の適切な理解と適応を阻害するような薬剤併用戦略の提案が期待できる。

5　おわりに

本稿では代謝の流れをとらえ，定量に理解することのできる^{13}C代謝フラックス解析法の原理や適用可能な条件，解析例について概説した。2節で述べたように，^{13}C代謝フラックス解析法では，物質収支の計測や^{13}C標識実験，*in silico*代謝モデルや非線形最適化などの情報解析技術を高度に組み合わせることで，直接計測できない代謝フラックスの定量化を実現している。現状の解析原理では3節に記したような適用条件を満たす必要があるため，*in vitro* 培養細胞の解析例が主要であるが，一方，先駆的な試みとしてマウスの肝臓[22]など，*in vivo* の ^{13}C 代謝フラックス解析も実施されつつあり，今後の技術開発が望まれる。4節では，パクリタキセル処理したヒト乳がん細胞株の解析を例にとり，代謝フラックスを計測することで，活性の変化した反応や経路の特定，エネルギー獲得状況の定量的な理解が可能になることを示した。今後，疾患細胞に特異的に活性化している反応の特定やそれを阻害するような薬剤のスクリーニング，幹細胞など細胞製剤の品質評価などにも ^{13}C 代謝フラックス解析法は効果を発揮すると期待され，代謝センシング技術としてますます重要な手法となっていくであろう。

文　献

1) O. Warburg, *Science*, **123**, 309-314 (1956)
2) L. A. J. O' Neill *et al.*, *Nat. Rev. Immunol.*, **16** (9), 553-565 (2016)
3) C. S. Duckwall *et al.*, *J. Carcinog.*, **12**, 1-7 (2013)
4) F. Matsuda *et al.*, *Biotechnol. Adv.*, **35** (8), 971-980 (2017)
5) K. Sheikh *et al.*, *Biotechnol. Prog.*, **21** (1), 112-121 (2005)
6) C. Jang *et al.*, *Cell*, **173** (4), 822-837 (2018)
7) C. M. Metallo *et al.*, *Nature*, **481** (7381), 380-384 (2012)
8) J. L. Walther *et al.*, *Metab. Eng.*, **14** (2), 162-171 (2012)
9) M. R. Antoniewicz, *Curr. Opin. Biotechnol.*, **36**, 91-97 (2015)
10) W. A. van Winden *et al.*, *Biotechnol. Bioeng.*, **80** (4), 477-479 (2002)
11) M. R. Antoniewicz *et al.*, *Metab. Eng.*, **8** (4), 324-337 (2006)
12) S. Kajihata *et al.*, *Biomed Res. Int.*, **2014**, 1-10 (2014)
13) N. Zamboni *et al.*, *BMC Bioinformatics*, **6**, 1-8 (2005)
14) M. Weitzel *et al.*, *Bioinformatics*, **29** (1), 143-145 (2013)
15) M. S. Shupletsov *et al.*, *Microb. Cell Fact.*, **13**, 1-25 (2014)
16) J. D. Young, *Bioinformatics*, **30** (9), 1333-1335 (2014)
17) N. Okahashi *et al.*, *J. Biosci. Bioeng.*, **120** (6), 725-731 (2015)
18) J. M. Buescher *et al.*, *Curr. Opin. Biotechnol.*, **34**, 189-201 (2015)
19) C. Araki *et al.*, *Mass Spectrom.*, **7** (1), 1-9 (2018)
20) N. Andre *et al.*, *Cancer Res.*, **60** (19), 5349-5353 (2000)
21) P. Senthilnathan *et al.*, *Life Sci.*, **78** (9), 1010-1014 (2006)
22) C. M. Hasenour *et al.*, *Am. J. Physiol. Endocrinol. Metab.*, **309** (2), E191-E203 (2015)

第26章　NAD代謝による老化制御機構

中川　崇*

1　はじめに

ニコチンアミドアデニンジヌクレオチド（NAD）は，HardenとYoungによりアルコール発酵の際の補酵素として，100年以上前に発見された非常に歴史の深い代謝物である[1]。また，原核生物，真核生物を問わず，ほとんどの生物はNADを補酵素として利用し，解糖系を始めとするエネルギー代謝において重要な役割を果たしている。現在では，NADは補酵素として細胞内の酸化還元反応に関わるだけでなく，DNA修復酵素PARP（poly（ADP-ribose）polymerase）によるポリADPリボシル化や老化関連分子Sirtuinによる脱アセチル化反応において基質としてタンパク質の翻訳後修飾にも関わっており，エネルギー代謝にとどまらず，分化・増殖やストレス応答といった様々な細胞機能の調節を行っている[2]。このように，NADはエネルギー代謝，DNA修復，Sirtuinの活性化と，複雑な老化因子の交差点となっており，NAD代謝は抗老化の重要なターゲットとして考えられている（図1）。特に老化関連分子として重要なSirtuinは，細胞内のエネルギー状態を反映するNAD量をセンシングして，その酵素活性が制御されていることから，NAD代謝-Sirtuin経路を介した老化制御機構が注目を浴びている。実際，加齢とともに

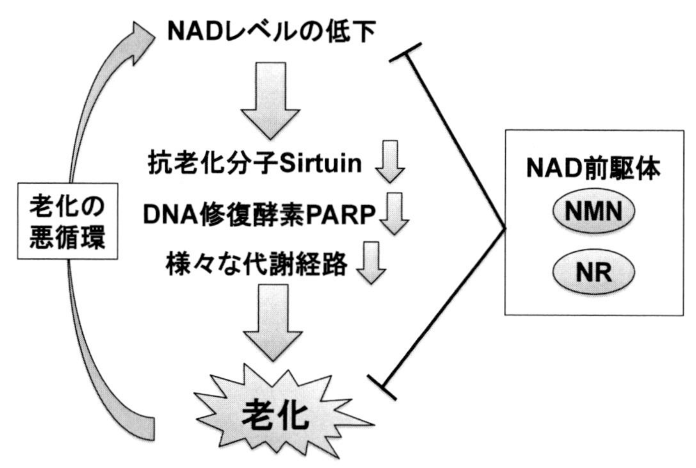

図1　NAD代謝は老化に深く関与している

*　Takashi Nakagawa　富山大学　大学院医学薬学研究部(医学)　病態代謝解析学講座
准教授

にさまざまな組織においてNAD量は減少することが知られており，肥満や糖尿病，アルツハイマー病などの加齢性疾患への関与が報告されている[3,4]。さらには，NAD前駆体を投与することで，こうしたNADレベルの減少を予防・補充し，様々な加齢性疾患の予防や治療に用いられることが動物実験レベルで示されており，ヒトにおいての臨床試験も日本や米国で進んでいる[5]。一方で，NAD代謝の生化学的な合成経路に目を向けると，NADは水溶性ビタミンであるビタミンB3（いわゆるナイアシン）もしくはトリプトファンから合成され，これらは食餌性に取り込まれる。こうした意味において，NADは代謝センシング機構を介して健康そして老化，疾患に深く関わっており，NAD代謝は食餌によっても制御されていることがわかる。本稿では，基本的なNAD代謝の概略について説明するとともに，老化や様々な老化関連疾患との関わりについて，ヒトでの臨床試験も含め，最近の知見を交えて紹介していく。

2 NADの生合成経路

NADは栄養素として，直接的な吸収・取り込みはできないことから，生体内で生合成が行われ，その恒常性が維持されている。哺乳類におけるNADの生合成経路には，トリプトファンを出発物質とした，*de novo*経路，ニコチン酸（NA）を利用するPreiss-Handler経路，ニコチンアミド（NAM）を再利用するsalvage経路の3つがある[2]。salvage経路では，生体内のNAMの再利用だけでなく，食餌性に取り入れられたニコチンアミドリボシド（NR）などもNAD合成に利用されることがわかっている（図2）。

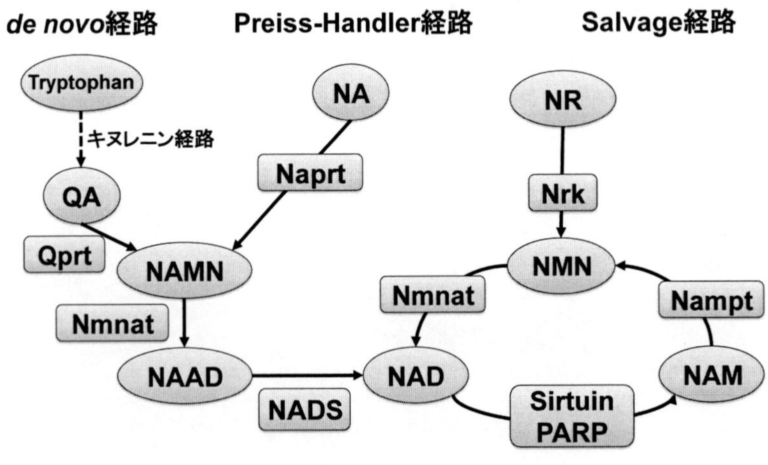

図2　哺乳類における NAD 代謝経路

2.1　*de novo* 経路，Preiss-Handler 経路

トリプトファンは，別名キヌレニン経路と呼ばれる6つの酵素・非酵素学的な反応により，キノリン酸（QA）に変換される。QAは神経毒性を有することが知られており，速やかにQuinolinate phosphoribosyltransferase（Qprt）によってニコチン酸モノヌクレオチド（NAMN）に変換される。一方で，食餌性に取り込まれたNAについてはNicotinic acid phosphoribosyltransferase（Naprt）により，NAMNに変換される。NAMNはさらにNicotinamide mononucleotide adenylyltransferase（Nmnat）とNAD synthetase（NADS）によってニコチン酸アデニンジヌクレオチド（NAAD）に変換されNADが合成される（図2）。トリプトファンからNADへの変換については，主に肝臓において行われていると考えられている。しかしながら，Qprtのノックアウトマウスでは，QAの過剰な蓄積は見られるものの，特にNADやNAMのレベルには変化がなく，哺乳類においては必須の経路ではないと考えられている[6)]。一方で，Qprtのノックアウトマウスにナイアシン欠乏食を与えた場合，肝臓や脳を含めた様々な組織でNAD量が減少することから，後述するSalvage経路のバックアップ経路として働いていると考えられる[6)]。実際，マウスに安定同位体でラベルしたトリプトファンを投与した際のトレーサー解析では，肝臓がトリプトファンからのNAD合成のほとんどを担っているが，NAMからの合成に比較すると割合が低いことが報告されている[7)]。一方で，NAのNAD合成の寄与については，トリプトファンの10分の1程度と見積もられており，生体内でのNAD合成での重要性はさらに低いと考えられている[7)]。今後，様々なNAD合成酵素のノックアウトマウスや安定同位体によるトレーサー解析を用いて，食餌性ナイアシンの重要性についてさらなる知見の積み重ねが重要であると考えられる。

2.2　Salvage 経路

Salvage経路はNAD消費酵素であるサーチュインやPARPの反応副産物であるNAMを再利用してNADを合成する経路である。この経路ではNicotinamide phosphoribosyltransferase（Nampt）によりNAMからニコチンアミドモノヌクレオチド（NMN）を合成し，続いてNmnatがNMNとATPからNADを合成する[2)]。この経路の律速段階はNamptによるNMNの合成反応であり，Nampt特異的阻害剤であるFK866で培養細胞を処理すると細胞内のNAD量は著しく減少する[8)]。また，Namptの全身でのノックアウトマウスは，胎生致死であり，骨格筋や脂肪細胞特異的Namptノックアウトマウスでは，それぞれでのNAD量が著明に低下することから，生体内で利用可能なNADレベルはNamptに大きく依存すると考えられている[9,10)]。一方で，salvage経路のもう一つの酵素であるNmnatは，ヒトを含めた哺乳類においては3つのアイソザイムが知られており，組織や細胞内のコンパートメントによって発現パターンが異なっている。Nmnat1は核に，Nmnat2は細胞質とゴルジに，Nmnat3はミトコンドリアと細胞質に局在すると考えられており[2)]，特に核では，PARPにより恒常的にNADが消費されていることから，核におけるNAD合成活性は非常に高い。実際，核に局在するNmnat1は各種組織にユビ

キタスに発現しており，全身でのノックアウトマウスは，胎生致死であることから，Nmnat1の生体内での重要性性を示唆している[11]。Nmnat2は比較的，神経特異的に発現しており，その欠損マウスは中枢，末梢神経の発達不全のため胎生致死となる[12]。Nmnat3は当初ミトコンドリアでのNAD合成の責任酵素と考えられていたが，そのノックアウトマウスではミトコンドリアNADレベルに異常はなく，むしろミトコンドリアのない成熟赤血球でのNAD合成に必須であることが解った。また，Nmnat3ノックアウトマウスは溶血性貧血を呈することが報告されている[13,14]。ミトコンドリアでのNAD合成については古くからその合成経路が不明であり議論のあるところであったが，このように現在でもその機構の詳細は解かっておらず，今後の研究が期待される。

3 NAD代謝と加齢

各組織中でのNADレベルは，その合成と分解のバランスによって調節されていると考えられている（図3）。特にDNA1本鎖損傷の修復酵素であるPARPは，生理的条件下でも大量に発生するDNA1本鎖損傷に対応し，NADを使った自己ポリADPリボシル化を介して大量のNADを消費していることが知られている。例えば，1つの細胞内においては，1日で約25万カ所のDNA1本鎖損傷が発生することから，生体内でのNADの半減期は非常に短いと考えられている[2]。一般に加齢に伴い活性酸素の産生量が上昇するが，これらは二次的なゲノムDNA損傷も増加させると考えられており，PAPRによるNAD消費を増大させることがわかっている。また，NAD glycohydrolaseであるCD38は加齢に伴い発現量が増加し，加齢に伴いNADレベルを低下させる原因の一つとなっている。実際CD38のノックアウトマウスやCD38の阻害剤を投与したマウスでは加齢に伴うNAD量の減少が抑制されており，耐糖能の悪化などNADレベルの減少で引き起こされる加齢性疾患が改善されている[15,16]。一方で，NAD合成酵素であるNamptの発現量は加齢に伴い減少することが報告されている。興味深いことに，この加齢に伴うNamptの発現レベルの低下には概日リズムの異常が関与していることが報告されている。Namptの発現は概日リズムのコアレギュレーターであるBMAL：CLOCK複合体により直接的に制御されており，一方でNAD依存性脱アセチル化酵素SIRT1はBMAL：CLOCKの脱アセチル化を介して，概日リズムの厳密性・強度をコントロールしている。そのため，一度老化により概日リズムの異常が起こると，Namptの発現低下が引き起こされ，さらにSIRT1-Nampt-NADループの悪循環により，さらなるNamptの低下を引き起こす[17]。また，慢性炎症の増加などでもNamptの発現低下が起こることが報告されており，加齢によるNADレベル低下の一因となっていると考えられている[2]。現在までに，こうした加齢によるNADレベルの低下を防止するため，NAD前駆体の投与による補充療法が試みられている。しかしながら古典的なナイアシンであるNAMの長期投与は，NADレベルを上げることはできず，NMNもしくはNRが主な前駆体として利用されている。NMNやNRのマウスに対する長期投与では特に副作用もなく，様々

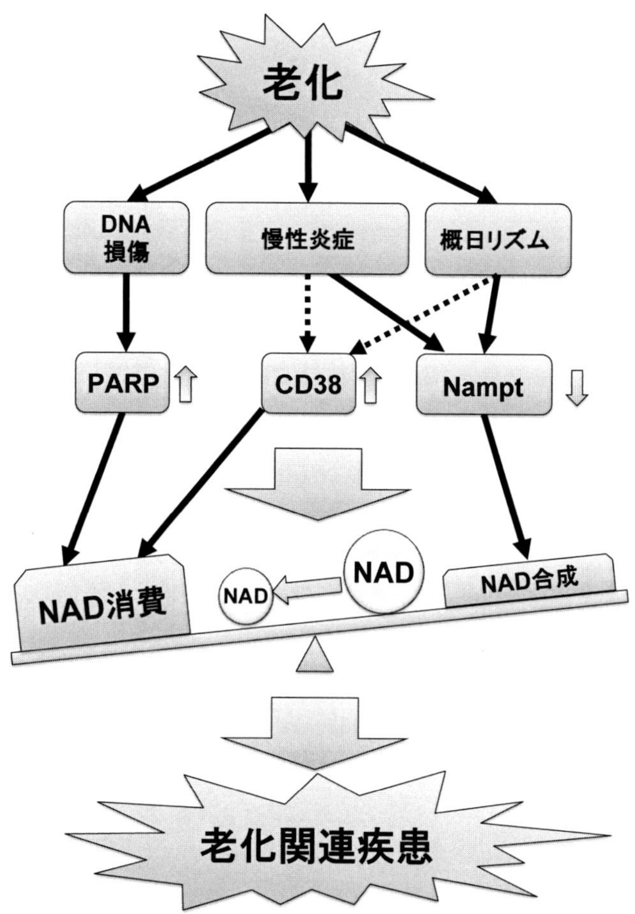

図 3　老化に伴い NAD 合成と分解のバランスが崩れ，NAD レベルは低下する

な加齢性変化に対し効果があることが報告されている。特に NR の老化マウスに対する投与は寿命延長効果も認められており，抗老化物質として大きく期待されている[18]。

4　NAD 代謝と老化関連疾患

4. 1　肥満，糖尿病などの代謝性疾患

マウスやヒトにおいて，肥満や糖尿病において NAD レベルの低下が引き起こされ，これらが病態の形成に関与していることが数多く報告されている[3]。NAD レベルの低下は補酵素として直接的にミトコンドリアでのエネルギー代謝の低下を引き起こし，結果的にミトコンドリアの機能不全を引き起こす。また，SIRT1 やミトコンドリアに局在する SIRT3 の活性低下が引き起こされ，これらを介した PGC1α や FOXO1 経路の不活性化や，ミトコンドリアでの呼吸鎖や脂肪

酸酸化の不活性化は，やはりミトコンドリアの機能不全を引き起こし，骨格筋や脂肪細胞でのインスリン抵抗性を惹起する[19~21]。実際，Nampt の脂肪細胞特異的欠損マウスでは，インスリン抵抗性の悪化が見られ，NAD 代謝が糖代謝の恒常性維持に重要であることを示している[10]。一方で，NMN や NR のマウスへの投与は，NAD の濃度上昇を来たし，SIRT1 だけでなく SIRT3 も活性化し，ミトコンドリア機能の上昇や脂肪酸酸化を亢進させることで，最終的に高脂肪食により誘導された耐糖能異常を改善することが報告されている[19~21]。また体重増加も抑制されることから，肥満に対する効果も期待される。近年，ヒトに対する NR 経口投与の臨床試験が複数報告されているが，健常人を対象とした試験では，NR は非常に忍容性・安全性が高く，若年者，高齢者ともに NAD レベルを有意に上昇させることが示された[22,23]。一方で，肥満患者を対象にした試験では，12 週間の NR の投与では，特にインスリン感受性やエネルギー代謝の改善は見られなかった[24]。NMN では臨床試験は行われているものの，まだその結果については報告されていない。今後，NMN の結果や，NR のさらなる長期投与の肥満や耐糖能異常への効果を検討する臨床試験が望まれる。

4.2 神経変性疾患

NAD 代謝の神経保護作用については Wallerian 変性が著明に遅延する Wlds mutant マウスに関する発見から盛んに研究されている[25]。Wallerian 変性は軸索が細胞体から切り離された後にフラグメント化される過程であるが，これらは外傷性の神経損傷だけでなく，アルツハイマー病やパーキンソン病など多くの神経変性疾患の進展に寄与しており，Wallerian degeneration を遅らせることによって疾患の症状が改善されると考えられている。Wlds mutant マウスはユビキチン化酵素 Ube4b の N 末端側 70 アミノ酸残基分をコードする遺伝子と Nmnat1 の全長遺伝子の融合遺伝子である Wlds 遺伝子を持ったマウスであり，Wlds マウスではこの融合タンパク質が過剰発現し，NAD 合成活性が亢進している[25]。このマウスでは外傷後の軸索変性が著明に遅延するが，Nmnat1 や Nmnat3 を過剰発現したマウスでも同様の効果があることから，Nmnat 活性はこの変異において重要な役割を果たしていると考えられる[26,27]。また，Nmnat1 は Leber congenital amourosis（LCA）の原因遺伝子として報告されている[28]。アルツハイマー病モデルマウスでは，病態の進行とともに NAD レベルが減少することが報告されている[29]。これらマウスでは，NMN や NR の投与により，β アミロイドの沈着やタウタンパク質のリン酸化の抑制や，神経炎症が低下することが報告され，実際に認知機能低下など病勢の進行が遅くなることが解っている[29~31]。また，ショウジョウバエモデルでは NR 投与によりパーキンソン病の発症が抑制される[32]。そのほか，ミトコンドリアミオパチーや筋ジスロトロフィーのマウスモデルでも NR 投与による予防・治療効果が確認されており[33,34]，今後これら疾患を対象としたヒトでの臨床試験が期待される。

5　おわりに

高齢化社会は先進国を中心として世界的な問題となっている。特に日本は例を見ない超高齢社会を既に迎えており，いかに健康寿命を延ばすかが喫緊の課題である。現在までに多くの研究により，加齢に伴うNAD代謝の異常が様々な老化関連疾患を引き起こすことが解ってきた。またNAD前駆体投与により，加齢や疾患に伴うNADレベルの低下を防止することができ，糖尿病やアルツハイマー病など様々な疾患に有効であることが，動物実験を中心に積み重ねられてきている。最近では，ヒトでの臨床研究なども始まっており，その結果が期待される一方で，NAD合成に関わる代謝機構には，細胞内コンパートメントごとの合成機構や，NAD前駆体の細胞内取り込み機構など未知の部分も多く，今後解決していかなければならない課題も多く残されている。また，NAD代謝はナイアシンをはじめとして，食にも大きな影響を受けることがわかっている。老化の防止，健康寿命の延長という観点からは食による介入が大きなウエイトを占めており，食習慣を通した実践的なNAD代謝の活性化というのも大きな課題の一つである。今後，さらにNAD代謝研究が進むことで，NAD代謝を標的とした抗老化戦略がより発展することが期待される。

文　献

1) A. Harden *et al., Proc. R Soc. Lond. B,* **77**, 405 (1906)
2) K. Yaku *et al., Ageing Res. Rev.,* **47**, 1 (2018)
3) J. Yoshino *et al., Cell Metab.,* **27**, 513 (2018)
4) K. Yaku *et al., Biomed. Chromatogr.,* **32**, e4205 (2018)
5) L. Rajman *et al., Cell Metab.,* **27**, 529 (2018)
6) M. Terakata *et al., J. Nutr.,* **142**, 2148 (2012)
7) L. Liu *et al., Cell Metab.,* **27**, 1067 (2018)
8) J. R. Revollo *et al., J. Biol. Chem.,* **279**, 50754 (2004)
9) D. W. Frederick *et al., Cell Metab.,* **24**, 269 (2016)
10) K. L. Stromsdorfer *et al., Cell Rep.,* **16**, 1851 (2016)
11) L. Conforti *et al., FEBS J.,* **278**, 2666 (2011)
12) A. N. Hicks *et al., PLoS One,* **7**, e47869 (2012)
13) K. Hikosaka *et al., J. Biol. Chem.,* **289**, 14796 (2014)
14) M. Yamamoto *et al., PLoS One,* **11**, e0147037 (2016)
15) J. Camacho-Pereira *et al., Cell Metab.,* **23**, 1127 (2016)
16) M. G. Tarrago *et al., Cell Metab.,* **27**, 1081 (2018)
17) Y. Nakahata *et al., Biomed. Res. Int.,* **2016**, 3208429 (2016)

18) H. Zhang *et al., Science,* **352**, 1436 (2016)
19) J. Yoshino *et al., Cell Metab.,* **14**, 528 (2011)
20) K. F. Mills *et al., Cell Metab.,* **24**, 795 (2016)
21) C. Canto *et al., Cell Metab.,* **15**, 838 (2012)
22) S. E. Airhart *et al., PLoS One,* **12**, e0186459 (2017)
23) C. R. Martens *et al., Nat, Commun.,* **9**, 1286 (2018)
24) O. L. Dollerup *et al., Am. J. Clin. Nutr.,* **108**, 343 (2018)
25) L. Conforti *et al., Nat. Rev. Neurosci.,* **15**, 394 (2014)
26) Y. Sasaki *et al., J. Neurosci.,* **29**, 6526 (2009)
27) N. Yahata *et al., J. Neurosci.,* **29**, 6276 (2009)
28) M. J. Falk *et al., Nat. Genet.,* **44**, 1040 (2012)
29) E. F. Fang *et al., Trends Mol. Med.,* **23**, 899 (2017)
30) Y. Hou *et al., Proc. Natl. Acad. Sci. U S A,* **115**, E1876 (2018)
31) V. Sorrentino *et al., Nature,* **552**, 187 (2017)
32) D. C. Schondorf *et al., Cell Rep.,* **23**, 2976 (2018)
33) D. Ryu *et al., Sci. Transl. Med.,* **8**, 361ra139 (2016)
34) N. A. Khan *et al., EMBO Mol. Med.,* **6**, 721 (2014)

第27章　代謝・疾病に基づく生体ガス成分の高感度バイオセンシング

魚臭症候群：トリメチルアミン，口臭：メチルメルカプタン，加齢：ノネナール

三林浩二[*1]，當麻浩司[*2]，荒川貴博[*3]

1　はじめに

癌を嗅覚にて検知可能な「探知犬」が世界中で話題になっている。癌に限らず，病気や身体の代謝に由来するガス成分（揮発性成分）が存在する（図1）。例えば，糖尿病患者では進呼気中のアセトン濃度が高いことが広く知られており，また健常者でも有酸素運動・空腹状態においても，体内での糖の不足により，脂質代謝によるエネルギー産生が亢進しケトン体の一つであるアセトン濃度が増加することから，呼気アセトンをもとに糖尿病や脂質代謝を呼気にて評価できる（第Ⅰ編第4章を参照）[1]。他にも，遺伝子異常による代謝疾患である魚臭症候群（Fish-odor syndrome）では，体内の腸内細菌で産生された魚臭成分（トリメチルアミン）を代謝すべき「酵素（薬物代謝酵素の一つであるFMO3）」が遺伝子的な欠損により，呼気・皮膚ガス・尿として体内にトリメチルアミンが放出される。このように，生体が発生するガスには疾病や代謝に基づ

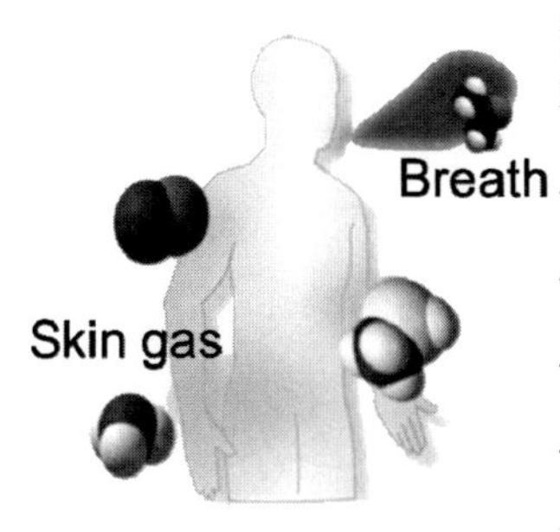

揮発性成分	関連する疾患・代謝
アセトン	糖尿病，脂質代謝
エタノール	アルコール代謝
アンモニア	肝機能障害，肝硬変
トリメチルアミン	魚臭症候群
ノネナール	加齢臭

図1　疾患・代謝に関連する呼気・皮膚ガス等の生体ガスに含まれる成分

＊1　Kohji Mitsubayashi　東京医科歯科大学　生体材料工学研究所　医療デバイス研究部門　センサ医工学分野　教授

＊2　Koji Toma　東京医科歯科大学　生体材料工学研究所　医療デバイス研究部門　センサ医工学分野　助教

＊3　Takahiro Arakawa　東京医科歯科大学　生体材料工学研究所　医療デバイス研究部門　センサ医工学分野　講師

く揮発性成分が含まれており，生体ガスを高感度にセンシングすることで，疾病や代謝の状態を理解することが可能である。

生体の代謝を司るタンパク質が酵素であり，先に述べたように，魚臭症候群では薬物代謝酵素の一つであるFMO3（flavin-containing monooxygenase type3）の遺伝子的な欠損が発症の原因となる。そして，このFMO3は体内で魚臭成分トリメチルアミンを認識し代謝することから，FMO3の認識機能を利用することで，トリメチルアミンガスの高感度検知が可能となる。また，このような代謝酵素を認識素子として用いたセンシングでは，嗅覚の受容レセプターとは関係しないことから，「無臭な揮発性成分の検知」や「嗅覚では検知できない低濃度の匂い成分の高感度計測」も可能となる。

本章では，病気や代謝でのメカニズムの観点で開発した「生化学式ガスセンサ（バイオスニファ）」について，まず肝臓の薬物代謝酵素を用いたトリメチルアミン，口臭成分であるメチルメルカプタンのバイオセンシングを詳解し，次に加齢による代謝産物であるノネナール用のバイオスニファについても解説する。

2　薬物代謝酵素を用いたバイオセンシング

2.1　薬物代謝機能にもとづく匂い成分計測（バイオスニファ）

肝臓などの薬物代謝酵素を用いて，疾病や代謝のセンシングが行える（図2）。本節では，先に記述した魚臭症候群にて発せられる魚臭成分：トリメチルアミンのバイオスニファと，他の薬物代謝酵素を用いて口臭計測用として開発したメチルカプタン用バイオスニファについて説明する。

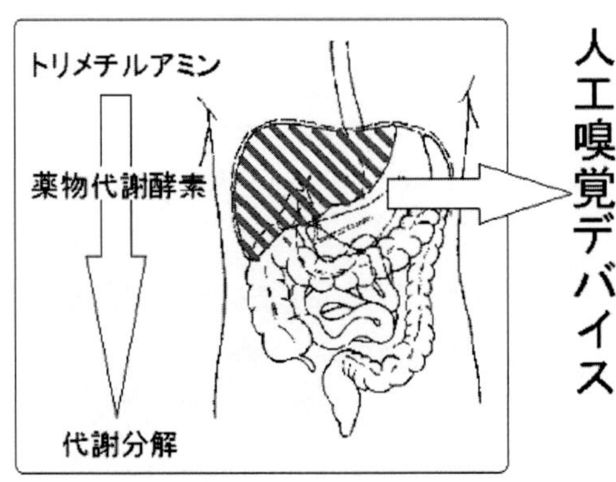

図2　薬物代謝酵素を用いた代謝センシング用人工嗅覚の概念図

2. 2　魚臭成分トリメチルアミンの代謝酵素によるバイオセンシング

遺伝疾患である魚臭症候群（Fish-odor syndrome）では，汗や呼気，尿に魚臭成分であるトリメチルアミン（trimethylamine: TMA）を伴う。健常人では腸内細菌にて食品成分（コリン，カルニチン，レシチン等）より産生されたTMAは薬物代謝により無臭の酸化型TMAOへと代謝される。その薬物代謝酵素がフラビン含有モノオキシゲナーゼ（FMO）である。FMOには複数の異性体（1～5）があり，窒素化合物や硫黄化合物を酸化触媒する。特にFMO3は，生体内におけるTMAの主な酸化触媒酵素である[2)]。魚臭症候群はこの酵素の遺伝子欠損に基づくことから，このFMO3を認識素子として用いることで魚臭成分TMAのバイオセンシングが可能となる。なお一般的に薬物代謝酵素の多くはその酵素活性は極めて低いことから，TMA計測では還元剤（アスコルビン酸：AsA）による基質リサイクリング反応を酵素反応に組み合わせることで，センサ出力の増幅を図った（図3）。

TMA用バイオスニファの構築では，まずFMO3（EC 1.14.13.8）を固定化した酵素膜をクラーク型酸素電極の感応部に取り付けることでFMO3固定化電極を構築し，次に揮発性ガスの計測を可能とする隔膜気液二相セル（図5のメチルメルカプタン用を参照）に酵素電極を組み込み作製した[3)]。この反応セルでは，「酵素電極の感応部を含む液相セル」と「対象ガスを送る気相セル」が，隔膜である多孔性PTFE膜にて隔てられいる。そして気相セル内のトリメチルアミンガスが膜を介して液相セル内に流入することで，FMO3固定化電極にて検出する。なお液相セルにはリン酸緩衝液を常時送液し，「酵素の活性維持」「還元剤であるAsAの供給」を行うと共に，嗅粘膜層と同様に「余剰なTMAや反応生成物の除去」「感応部の清浄化」を行うことで，TMAの連続計測を可能とする。

実験では，種々の濃度の標準TMAガスを感応部に負荷し，FMO3の酸化触媒反応に伴う溶存酸素量の減少を検出し，得られた出力値をもとにセンサ特性を調べた[4)]。図4は標準TMAガスの濃度変化に伴う，FMO3固定化バイオスニファの出力変化を示したもので，この図からわかるように，TMAガスの負荷に対するセンサ出力の増加が観察され，また濃度に応じた定常値が確認された。またガス濃度の低下に応じて出力値が減少し，TMAガス濃度を連続的にモニタ

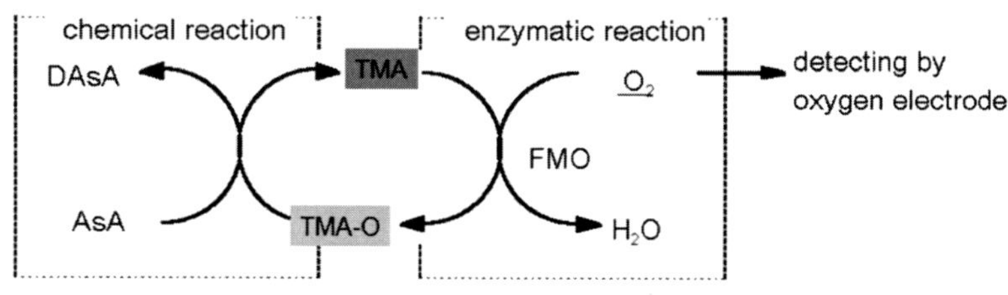

FMO　: flavin-containing monooxygenase
S　: substrates　SO　: products
AsA　: L-ascorbic acid　DAsA　: Dehydroascorbic acid

図3　FMOの酵素反応とアスコルビン酸による還元反応を組み合わせたリサイクリング反応

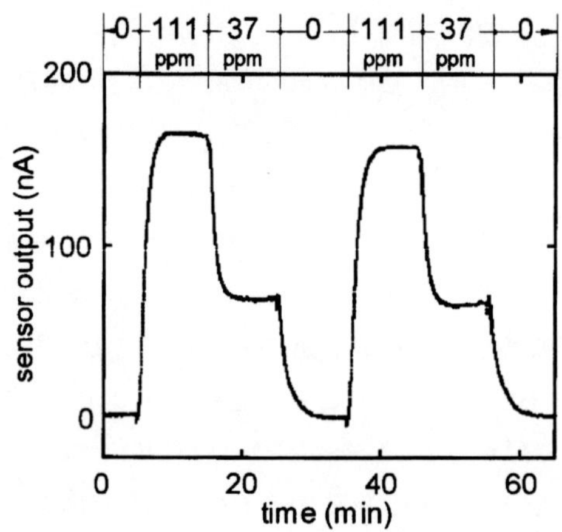

図４　FMO3 固定化バイオスニファによるトリメチルアミンガス連続計測での出力応答

リングすることも可能であった。これは先述のリン酸緩衝液の送液による効果である。各濃度のTMA ガスでの定常値をもとに，センサの定量特性を調べたところ，0.52～105 ppm の範囲でTMA の測定が可能であった[5]。また異なるガス成分を負荷し出力を比較し，センサのガス選択性を調べたところ，酵素の基質特異性に基づく高いガス選択性が得られた。本センサでは高感度な TMA 測定が可能であることから，今後，生体臭計測による疾病の早期スクリーニングや予備診断等の代謝センシングへの応用が考えられる。

2. 3　口臭成分メチルメルカプタンのバイオセンシング

2. 3. 1　メチルメルカプタンガス用の電気化学式バイオスニファ

先進国を中心に口腔衛生に対する意識が高まっている。口腔内が原因となる口臭は，加齢や疾病に伴う唾液の分泌代謝の低下が原因であり，その成分には揮発性硫化物が多く含まれる。特にメチルメルカプタン（methyl mercaptan: MM）はその主要成分で，MM 濃度 200 ppb が病的口臭の判断値とされている。現在，歯科医療の診断では小型のガスクロマトグラフィー装置やフィルター付きガスセンサが用いられているが，「装置の操作性」や「ガス種に対する選択性」などに課題があり，新たな口臭計測法が求められている。

前節でのトリメチルアミンと同様，薬物代謝酵素のなかにはメチルメルカプタンを認識し触媒する酵素が存在する。モノアミンオキシダーゼ typeA（MAO-A）は薬物代謝酵素の一つで，モノアミン類の窒素化合物のほか，メチルメルカプタンのような硫化物も基質とする。式(1)に示すように，MAO-A は基質の酸化触媒反応時に酸素を要求することから，反応時の酸素濃度の変化を調べることでメチルメルカプタン濃度を定量することができる。

$$R\text{-}CH_2\text{-}NH_3^+ + H_2O + O_2 \xrightarrow{\text{MAO-A}} R\text{-}CHO\text{-}NH_4^+ + H_2O_2 \qquad (1)$$

図5上はMAO-A固定化電極を用いた，「MMガス計測用バイオスニファ」の構造図を示す。先のTMA用ガスセンサと同様に，MAO-A固定化膜を装着した酵素電極を隔膜気液二相セルに組み込み構築した[6,7]。バイオスニファの作製では，まず光架橋性樹脂によりMAO-A酵素を透析膜上に包括固定化した後，酵素固定化膜をクラーク型酸素電極の感応部に装着し，MAO-A固定化電極とした。次に隔膜気液二相セルにMAO-A固定化電極を組み込み，MM用バイオスニファとした。隔膜気液二相セルでは，「リン酸緩衝液を送液するための液相セル」と「サンプルガスを導入するための気相セル」を，撥水性の多孔質膜が隔膜となるように配置した。また先述のFMO3と同様に，薬物代謝酵素であるMAO-Aは触媒活性が低いことから，還元剤であるアスコルビン酸（AsA）を用い，基質のリサイクリング反応にてセンサ出力の増幅を行った[8]。計測実験では，ガス発生装置にて調整した一定濃度の標準MMガスを気相セルへ導入し，酵素反応に伴うセンサ出力の変化を調べた。

作製したセンサの定量特性を調べたところ，口臭計測での閾値である200ppbを含む，0.087～

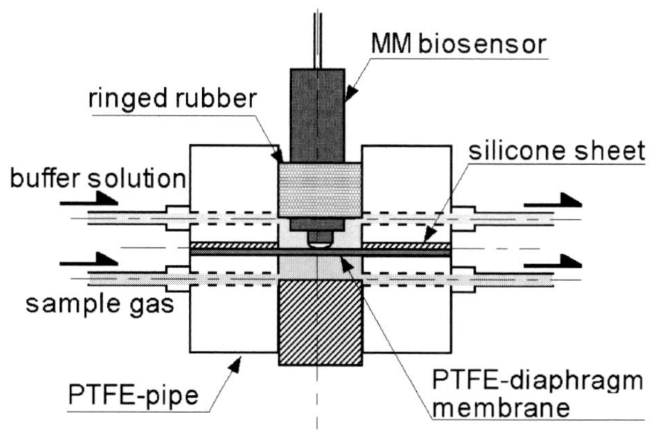

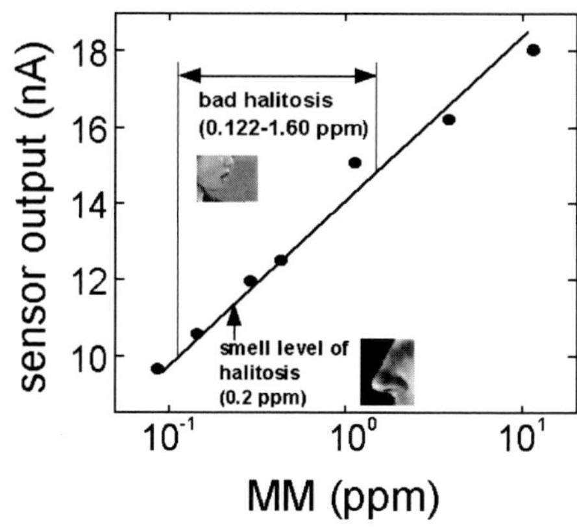

図5　MAO-A固定化バイオスニファの構造図（上）と
メチルメルカプタンガスに対する定量特性（下）

11.5ppm の濃度範囲で MM の定量が可能であった（図5下)。また MM の他に，エタノールやアセトン，TMA などのガスを用いて選択性を調べ，市販の半導体型ガスセンサと比較した。半導体型ガスセンサでは全てのガス成分に応答を示すものの，MAO-A バイオスニファでは，MM に対する出力を最大として，アミン類であるトリエチルアミンには僅かに応答を示すものの，エタノールやアセトンなどの他の化学物質にはほとんど応答を示さず，MAO-A 酵素の基質特異性に基づく選択性が得られた。

2. 3. 2　メチルメルカプタンガス用の光ファイバー型バイオスニファ

近年，光ファイバーを利用した化学センサが幾つか開発され，大気中や溶液中の酸素濃度を測定する酸素感応式光ファイバーも市販化されている。そこで口臭計測におけるセンサの小型化と高感度化を図るため，酸素感応式光ファイバーを用いたメチルメルカプタン計測用バイオスニファを開発した（図6上)。この酸素感応式光ファイバーは，先端にルテニウム有機錯体が固定

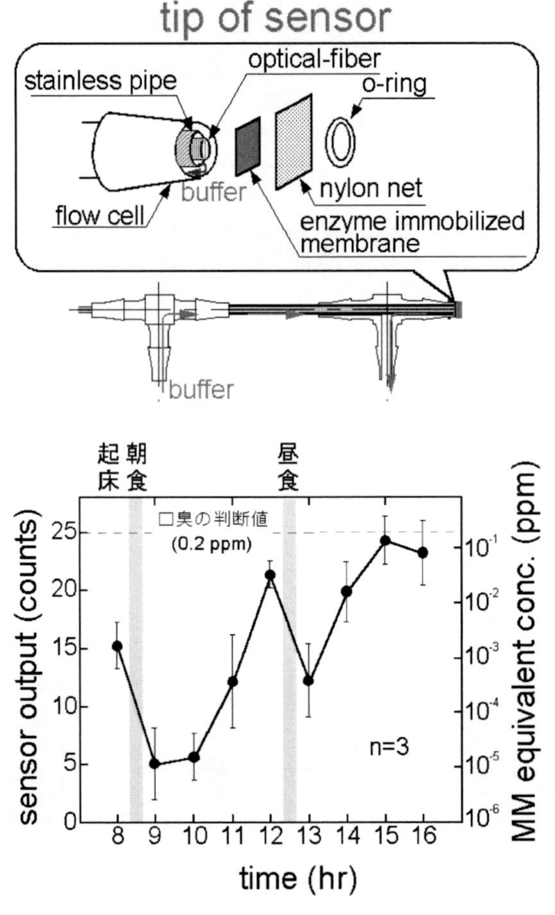

図6　MAO-A を用いた光ファイバー型バイオスニファの構造図（上）と口臭サンプルに対するバイオスニファの出力変化（日内変動）（下）

化されており，酸素分子との電化移動錯体の形成による蛍光（励起光波光波長：470nm，蛍光波長：600nm）の消光現象により，酸素濃度の定量を行うことができる。

ガス計測ではステンレス管およびT字管からなるフローセルに酸素感応式光ファイバーを組み込み，MAO-A 固定化膜を装着し，MM ガス用の光ファイバー型バイオスニファとした[9)]。本センサでは，MM 標準ガスをセンサ感応部に負荷することで，MAO-A 酵素の触媒反応により生じる酵素の消費を，光ファイバー先端での蛍光強度の変化として検出する。本スニファの定量特性を調べたところ，先述の電極型より高感度化が図られ，口臭評価値 200ppb を含む，0.0087～11.5ppm の濃度範囲で MM ガスの定量が可能であった。なお光ファイバーを用いることで，酵素電極型よりセンサが小型化され，使用時の操作性も向上した。

次に，作製した光ファイバー型バイオスニファを口臭計測に適用した。一般の口臭計測と同様に，マウスピースを介して呼気をサンプリングバックに採取し，呼気中に含まれる MM ガスの濃度を測定した。実験では複数の被験者を対象に，食事前後を含めて，呼気を 1 時間毎に採取し用いた。採取した呼気サンプルを光学式バイオスニファに負荷したところ，センサ出力の増加が観察され，出力値の日内変動を調べた結果（図 6 下），朝食と昼食による著しい出力の減少とその後のセンサ出力の漸次増加が確認された。一般に口臭は口腔内の細菌の働きにより，時間経過に伴い増加し，また唾液分泌は口臭を抑制する作用がある。つまり，唾液分泌が少ない睡眠を経た後の起床時に口臭は高いレベルを示し，口腔内の清浄に寄与する飲食では唾液の分泌も増し，顕著に口臭は低下する。本スニファの出力結果は，このような口臭の日内変動と合致する結果であった。呼気中の MM ガス濃度をセンサ出力をもとに計算したところ，既報値とほぼ同程度の値が得られ，バイオスニファによる口臭評価の有効性が示された[10)]。光ファイバー型センサは小型かつ簡便な計測が可能で，対象部位である口腔内にセンサ感応部を導入することができることから，今後，口臭の有無だけではなく，「口臭のピンポイント計測」「口臭源の診断」等の応用が期待される（図 7）。

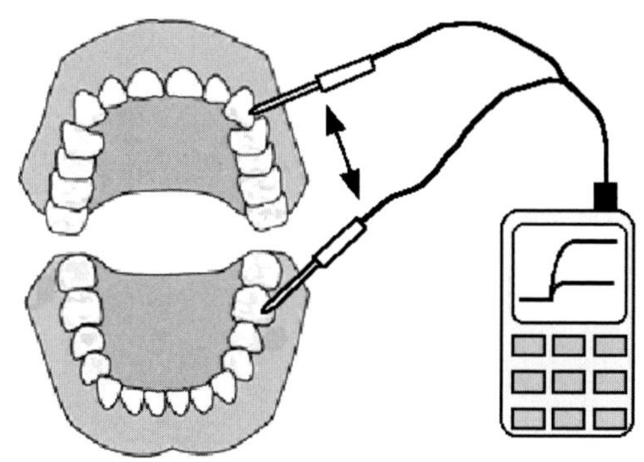

図 7　口腔内における口臭のピンポイント計測（イメージ図）

3　加齢臭ノネナールガスのバイオセンシング

生体臭は快・不快といった感覚を与えるだけでなく，その中には疾病や代謝に関連する成分も含まれ，加齢に伴う揮発性成分には，疾患や代謝能と密接に結びつくものがある[11～13]。年齢を重ね，代謝が衰え変化することで発生する加齢臭成分の一つとして，ノネナール（trans-2-nonenal）が報告されている。ノネナールは青臭さと油臭の混ざり合った強い臭気成分であり，図8に示すようにアルデヒド基とα，β-不飽和結合を持つ不飽和アルデヒドの一つである。ノネナールは，40歳を過ぎると発生する臭気で，中高年の皮膚ガスには数ppmのノネナールが含まれると報告されている[14～16]。

ノネナールは加齢に伴う代謝能の低下が原因となり発生する。加齢に伴い細胞の老化が進むと，体内で活性酸素が生じ，体内の脂質を連鎖的に酸化分解することで過酸化脂質が生成される。この過酸化脂質が脂肪酸の一種である9-ヘキサデセン酸を分解することで，ノネナールが生成される[16～18]。若年者では，9-ヘキサデセン酸は代謝により分解され体外に排出されることから，ノネナールが生成されることはほとんどない。加齢に伴い基礎代謝が低下することで分解されなくなり，体内に蓄積され，皮脂腺から排出される。このようにノネナールの発生は基礎代謝機能の低下の指標であることから，その皮膚ガスを検知・定量することで，加齢に伴う代謝能を評価できるものと考えられる[19,20]。

先述のように，ノネナールは不飽和アルデヒド類に分類されることから，アルデヒド類を特異的に触媒するアルデヒド脱水素酵素（ALDH）を用いることでノネナール用バイオセンサ，そしてバイオスニファを開発した[21]。

3.1　ノネナール用バイオセンサ

ALDHの酵素反応式を下式(2)に示す。ALDHは基質であるノネナールの存在下において，酸化型ニコチンアミドアデニンジヌクレオチド（NAD^+）を電子受容体としてNADHを生成する。NADHは自家蛍光（ex. 340 nm, fl. 490 nm）を有することから，ALDHの触媒反応でのNADHの増加を検知し，ノネナールを測定することとした。

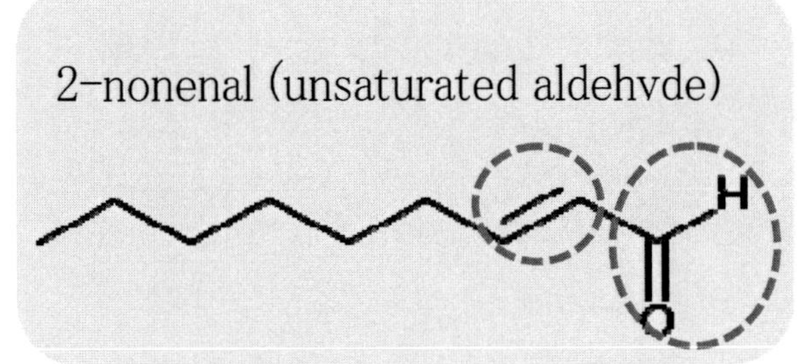

図8　加齢臭成分 trans-2-nonenal の構造式

$$\text{2-nonenal} + \text{NAD}^+ \xrightarrow{\text{ALDH}} \text{2-nonen asid} + \text{NADH} \tag{2}$$

ALDHを用いるバイオセンサは，光ファイバーをプローブとする光学系からなるNADH蛍光検出系を用いて構築した。NADH蛍光検出系（図9上）は，紫外線発光ダイオード（ultraviolet-light emitting diode, UV-LED）の励起光源及び光電子増倍管をバンドパスフィルタ（BPF：λ＝340±10nm，BPF：λ＝490±10nm）およびY字型の光ファイバーを介して，光ファイバープローブに接続し構築した。このNADH蛍光検出系の特性について，標準NADH溶液を用いて評価したところ（図9下），NADHの負荷に応じた蛍光出力の増加と，濃度に応じた安定値が観察され，10nM～1mMの範囲でNADHの定量が可能であった。

ノネナール測定用のALDH固定化バイオセンサは，上述のNADH蛍光検出系のプローブ先端に，ALDH酵素膜を装着することで作製した。ALDH酵素膜は，2-メタクリロイルオキシエ

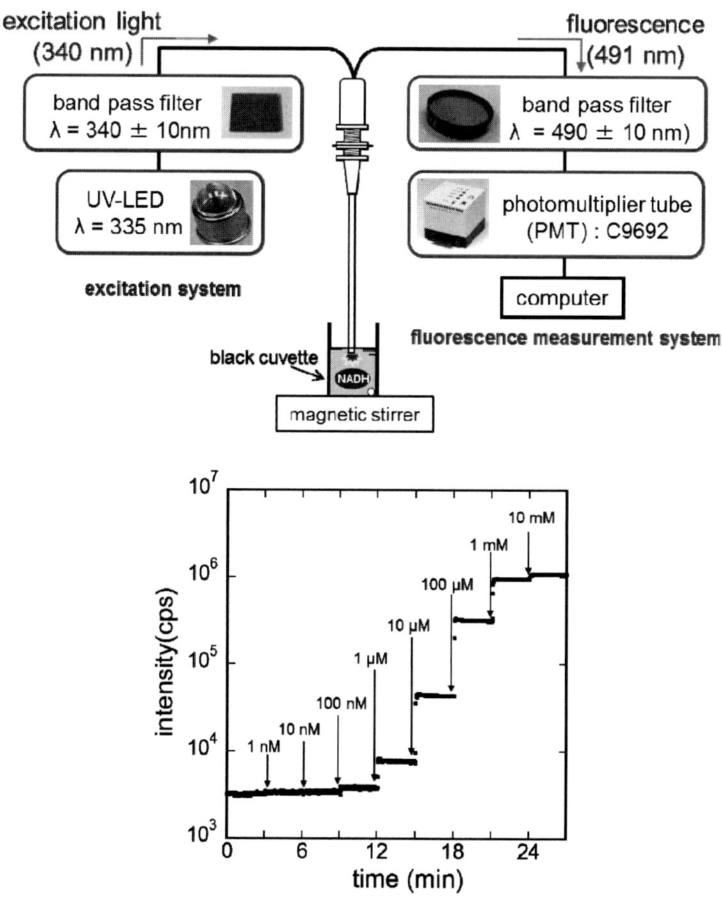

図9　UV-LEDと光電子増倍管を用いたファイバー型NADH蛍光検出系（上）とNADH蛍光測定での出力応答（下）

チルホスホリルコリン（2-methacryloyloxyethyl phosphorylcholine: MPC）とメタクリル酸2-エチルヘキシル（2-ethylhexyl methacrylate: EHMA）の共重合体であるPMEHを用いて，ALDHを親水性の多孔質PTFE膜に包括固定化し，作製した。この酵素膜をプローブ先端に取り付け，ALDH固定化バイオセンサとした。作製したALDHセンサの特性評価では，エタノール溶液で希釈したノネナール溶液を負荷した際のNADH蛍光強度の変化を光電子増倍管にて調べたところ，濃度に応じた蛍光出力の増加と安定値が確認され，ALDH固定化バイオセンサによるノネナール溶液の測定が可能であった。

3.2 ノネナール用バイオスニファの開発および皮膚由来ノネナールガスのバイオセンシング

次に，ALDH固定化バイオセンサを用いて，ノネナールガス測定用の生化学式ガスセンサ（バイオスニファ）の構築を行った（図10上）。バイオスニファでは，ALDH固定化バイオセンサをフローセルに組み込み，酵素反応の補酵素であるNAD^+を含むリン酸緩衝液を常時供給する

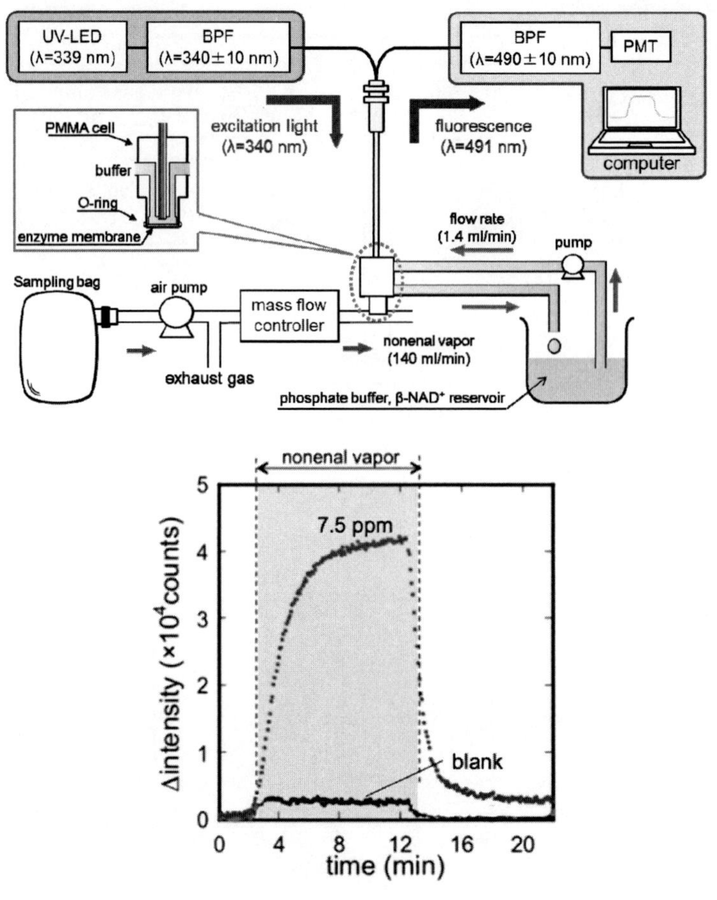

図10　ALDH固定化バイオスニファによるノネナールガス測定の実験系（上）と標準ノネナールガスに対する出力応答（下）

とともに，NAD$^+$の供給，余剰基質及び反応生成物の除去を行い，ノネナールガスの連続測定が可能な系とした。ガスセンサの特性評価では，NAD$^+$を含むリン酸緩衝液をフローセル内部に循環させ，標準ノネナールガスを小型DCダイヤフロムエアポンプにてセンサ感応部に負荷した際の蛍光出力の変化を観察した。図10下は，ALDHバイオスニファに標準ノネナールガス（7.5ppm）を負荷した際の蛍光出力の変化を示す。この図に示すように，ガスの負荷に伴う蛍光出力の増加が観察され，本センサにてノネナールガスの連続測定が可能であった。出力応答の増加は，ノネナールガスの暴露に伴いALDH固定化膜にてNADHが生成されることを示しており，本センサでは，加齢臭濃度（約2.6ppm）を含む，7.5ppmまでの濃度範囲でノネナールガスの定量が可能であった。

次に作製したALDH固定化バイオスニファを生体皮膚由来のサンプルガスの計測に応用した。実験では，生体由来の加齢臭成分を測定するため，生体部位での皮膚表面よりサンプルを採取した。エタノール溶液を含んだ脱脂綿にて，首筋部位の皮膚より拭取りサンプルを採取した後，スクリュー管に入れ密閉し，1日暗所に放置することで揮発性成分を気化させた。また加齢による生体成分濃度への影響を調べるため，20代と50代の被験者よりサンプルを採取した。採取した皮膚由来ガスの計測を実施したところ，ガス負荷に応じた出力の増加と安定値が観察された。図11に，20代と50代の異なる男性のサンプルでの結果を示す。この図からわかるように，20代男性のサンプルBに対し，50代男性のサンプルAでは2倍近く有意に高い出力が確認された。検量線をもとに50代男性のサンプルAの濃度を求めたところ1.3ppmと算出され，既報値に準ずる値が得られた。先述のように，ノネナールは加齢に伴い生成された過酸化脂質が，脂肪酸の一種である9-ヘキサデセン酸を分解することでノネナールが生成され，40代以上で高い値を示

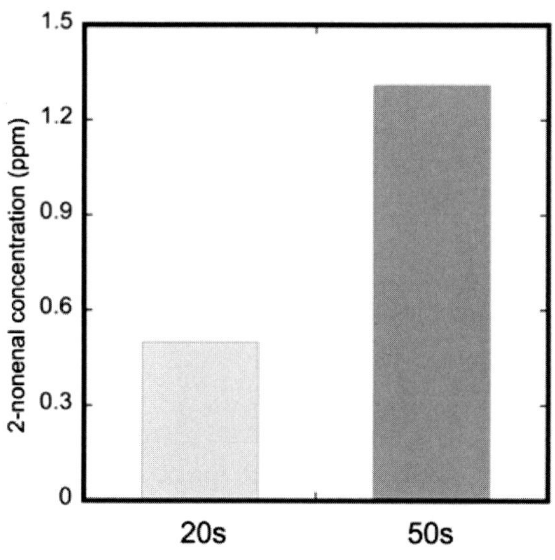

図11　20代と50代男性の首筋部位由来のサンプルに含まれるノネナールガス濃度（バイオスニファ出力より換算）の比較

す。このことから，本結果は皮膚表面のノネナールを反映しているものと考察された。

なお生体ガスには低濃度であるものの，各種のアルデヒド物質（オクタナールやノナナール，デカナール）が含まれることが報告されており，生体ガス計測ではセンサの選択性を更に向上することが必要である。先述のようにノネナールは，α，β-不飽和結合も有することから現在，同結合を特異的に還元するエノン還元酵素を用いたノネナール用センサの開発を進め，ガス選択性の向上を進めている。

4　おわりに

生体では疾病や代謝に基づき，呼気・皮膚ガス等の生体ガスに多様な揮発性成分が含まれており，その発生メカニズムに着目した生化学式ガスセンサ（バイオスニファ）を開発した。本章では，肝臓の薬物代謝酵素を用いたトリメチルアミン用とメチルメルカプタン用のバイオスニファ，また加齢による代謝産物であるノネナール用のバイオスニファについてそれぞれ解説し，生体サンプル計測にて本センサによる代謝センシングの可能性を示した。バイオスニファは今後，ppt・ppq レベルの高感度計測や可視化計測が可能であり，「疾病の診断・スクリーニング」「代謝の非侵襲センシング」への利用が期待される。

謝辞

本章の内容は，日本学術振興会科学研究費補助金，文部科学省特別教育研究経費，科学技術振興機構に基づく研究成果を含む成果であり，本学学生をはじめ多くの共同研究者に謝意を表します。

文　　献

1）T. P. J. Blaikie, J. A. Edge, G. Hancock, D. Lunn, C. Megson, R. Peverall, *et al.*, Comparison of breath gases, including acetone, with blood glucose and blood ketones in children and adolescents with type 1 diabetes. *J Breath Res* **8**:46010 (2014)

2）C. T. Dolphin, A. Janmohamed, R. L. Smith, E. A. Shepard, I. R. Philips, Missense mutation in flavin-containing monooxygenase 3 gene FMO3, underlies fish-odor syndrome, *Nat. Genet.*, **17**, 491-494 (1997)

3）K. Mitsubayashi, Y. Hashimoto, Development of a gas-phase biosensor for trimethylamine using a flavin-containing monooxygenase 3, *Electrochemistry*, **68** (11), 901-903 (2000)

4）Y. Hasebe, Highly sensitive biosensors using the oxidise-amplified reaction induced by reducing agents, *Chem. Sens.*, **14** (11), pp.115 (1998)

5）K. Mitsubayashi, Y. Hashimoto, Bioelectronic Sniffer Device for Trimethylamine Vapor

Using Flavin Containing Monooxygenase, *IEEE Sensors J.*, **2**, 133-139 (2002)
6) K. Mitsubayashi, K. Yokohama, T. Takeuchi, and I. Karube, Gas-Phase Biosensor for Ethanol, *Anal. Chem.*, **66**, 3297-3302 (1994)
7) T. Minamide, K. Mitsubayashi, N. Jaffrezic-Renault, K. Hibi, H. Endo, H. Saito, Bioelectronic sniffer with monoamine oxidase for halitosis monitoring, *The Analyst*, **130** (11), 1490-1494 (2005)
8) Y. Hasebe, K. Oshima, O. Takise, S. Uchiyama, Chemically amplified kojic acid responses of tyrosinase-based biosensor, based on inhibitory effect to substrate recycling driven by tyrosinase and L-ascorbic acid, *Talanta*, **42**, 2079-2085 (1995)
9) K. Mitsubayashi, T. Minamide, K. Otsuka, H. Kudo, H. Saito, Optical bio-sniffer for methyl mercaptan in halitosis, *Anal. Chim. Acta*, **573-574**, 75-80 (2006)
10) 大森みさき，今井理江，佐藤修一，堀玲子，長谷川明，生理的口臭の日内変動に関する研究，日歯周誌，**42** (1), 43-48 (2000)
11) 五味常明，40代からの気になる口臭・体臭・加齢臭，旬報社 (2004)
12) 楢崎正也，におい―基礎知識と不快対策・香りの活用―，オーム社 (2010)
13) RICHARD G. CUTLER, Human Longevity and Aging: Possible Role of Reactive Oxygen Species, ANNALS NEW YORK ACADEMY OF SCIENCES, 1-28 (1991)
14) Shinichiro Haze, 2-Nonenal Newly Found in Human Body Odor Tends to Increase with Aging, *The Society for Investigative Dermatology*, **116**, 520-524 (2002)
15) J. R. Santos, Determination of E-2-nonenal by high-performance liquid chromatography with UV detection Assay for the evaluation of beer ageing, Journal of Chromatography A, 985, 395-402 (2003)
16) JON H. RUTH, Odor Thresholds and Irritation Levels of Several Chemical Substances: A Review, *Am Ind. Hyg. Assoc. J.*, **47**, 142-151 (1986)
17) T. Seya, Analysis of Human Body Odor Components Adhered to Clothes by Gas Chromatography-Mass Spectrometry, *Journal of the Japan Research Association*, **51** :333-337 (2010)
18) 堀田晴美，高齢者の体臭について，繊維機械学会誌，**663**, 448-455 (2003)
19) 林晶，男性の体臭とニオイケア製品の動向，香料，**263**, 93-101 (2014)
20) 清水宏，新しい皮膚科学，中島書店 (2011)
21) 荒川貴博，森 英久，叶 明，當麻 浩司，三林 浩二，加齢臭成分ノネナール計測のための気相用バイオスニファに関する研究，*Chem. Sensors*, **33** (A) (2017)

代謝センシング

―健康，食，美容，薬，そして脳の代謝を知る―

2018年9月28日　第1刷発行

監　　修	三林浩二	（T1091）
発 行 者	辻　賢司	
発 行 所	株式会社シーエムシー出版	
	東京都千代田区神田錦町1－17－1	
	電話 03(3293)7066	
	大阪市中央区内平野町1－3－12	
	電話 06(4794)8234	
	http://www.cmcbooks.co.jp/	
編集担当	深澤郁恵／仲田祐子	

〔印刷　倉敷印刷株式会社〕

ISBN978-4-7813-1350-4 C3045 ¥76000E